21 世纪全国本科院校电气信息类创新型应用人才培养规划教材

电子电路基础实验与课程设计

主　编　武　林
副主编　楼恩平　张长江
　　　　郑青根　冯根良

U0231896

北京大学出版社
PEKING UNIVERSITY PRESS

内 容 简 介

本书是按照教育部高等学校电工电子技术基础课程教学基本要求，结合编者多年来相关课程实践教学经验，还收集了近年来模拟和数字电路综合应用性设计项目、电子设计竞赛项目作为课程设计内容，以加强学生专业实践能力和创新能力培养为目标，采取分层次教学模式而编写的电子技术基础实验和课程设计教材。

本书可作为高等学校电类和非电类专业本科生学习电路基础、模拟电路及课程设计、数字电路及课程设计、高频电路的实验指导教材或电子线路的综合实验教材，也可供相关专业专科学生和从事电工电子技术的工程技术人员使用。同时也为本科生进行电子制作、毕业设计提供了参考。

图书在版编目(CIP)数据

电子电路基础实验与课程设计/武林主编．—北京：北京大学出版社，2013.5

(21世纪全国本科院校电气信息类创新型应用人才培养规划教材)

ISBN 978-7-301-22474-8

Ⅰ.①电… Ⅱ.①武… Ⅲ.①电子电路—实验—课程设计—高等学校—教材 Ⅳ.①TN710－33

中国版本图书馆CIP数据核字(2013)第089667号

书　　名：电子电路基础实验与课程设计
著作责任者：武　林　主编
策 划 编 辑：程志强
责 任 编 辑：程志强
标 准 书 号：ISBN 978-7-301-22474-8/TM・0053
出 版 发 行：北京大学出版社
地　　址：北京市海淀区成府路205号　100871
网　　址：http://www.pup.cn　新浪官方微博:@北京大学出版社
电 子 信 箱：pup_6@163.com
电　　话：邮购部62752015　发行部62750672　编辑部62750667　出版部62754962
印　刷　者：北京鑫海金澳胶印有限公司
经　销　者：新华书店
787毫米×1092毫米　16开本　18.25印张　423千字
2013年5月第1版　2014年12月第2次印刷
定　　价：36.00元

前　　言

电子电路基础实验与课程设计是学习电子电路基础课程的一个重要环节，对巩固和加深课堂教学内容、提高学生实际工作技能、培养科学作风、为学习后续课程和从事实践技术工作奠定基础具有重要作用。

全书共分 6 章，由 49 个实验项目组成，其中包括 30 个验证性实验，19 个综合应用性和设计性实验。最后为附录，主要包含双踪示波器、函数信号发生器、交流毫伏表、数字万用表及实验平台介绍。另外还介绍了实验中用到的部分常用集成电路引脚功能图等。

本书涵盖了“电子电路基础实验与课程设计”课程的主要实验内容，具体应用时可根据需要选做。本实验指导书适合电子信息工程、通信工程、应用电子技术、光信息技术、计算机、物理、机械交通等专业使用。

本书由武林担任主编，楼恩平、张长江、郑青根、冯根良担任副主编。武林编写了第 4 章、第 5 章、附录一、附录三，楼恩平编写了第 1 章、附录二，张长江编写了第 2 章，郑青根编写了第 6 章，冯根良编写了第 3 章。全书由武林统稿。同时感谢相关任课老师在本书编写过程中的大力支持！

由于编者水平有限，加上时间仓促，书中欠缺之处在所难免，希望读者提出宝贵意见。

编　　者

于浙江师范大学

2013 年 1 月

目　　录

第1章

电路基础实验

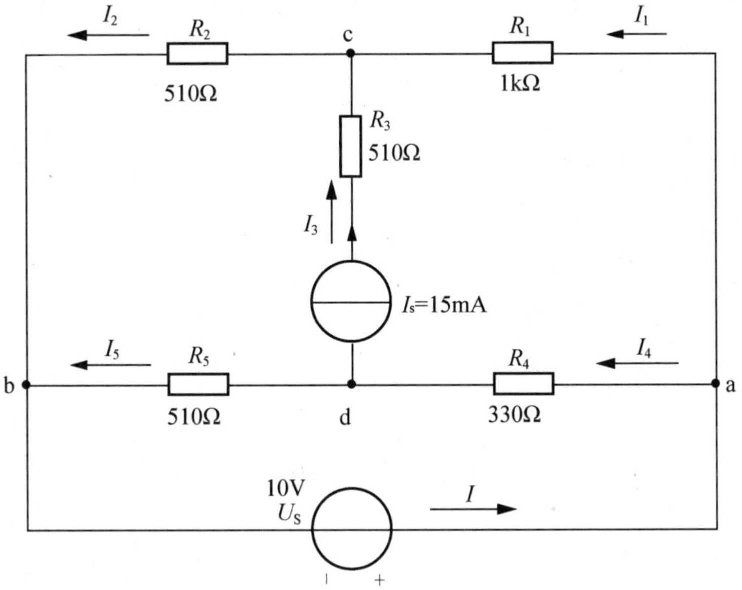

1.1 基尔霍夫定律与叠加定理

1.1.1 实验目的

（1）熟悉电路基础实验平台，学会搭建基尔霍夫定律、叠加定理实验电路。

（2）掌握常用直流仪器仪表的使用方法。

（3）验证基尔霍夫定律的正确性，加深对基尔霍夫定律的理解。

（4）验证线性电路中的叠加定理及其适用范围。

1.1.2 预习内容

（1）预习基尔霍夫定律和叠加定理。

(2) 理解实验电路中参考方向的意义。

(3) 叠加定理的适用条件是什么?

(4) 在验证叠加定理实验过程中,对不起作用的稳压源和稳流源应如何处理?

1.1.3 实验原理

1. 基尔霍夫定律

基尔霍夫定律是电路的基本定律,阐明了电路结构所必须遵守的规律,包括基尔霍夫电流定律(KCL)和基尔霍夫电压定律(KVL)。

基尔霍夫电流定律:在集总参数电路中,任何时刻,对任一节点,所有支路电流的代数和恒等于零。即

$$\sum I=0 \tag{1-1}$$

基尔霍夫电压定律:在集总参数电路中,任何时刻,沿任一回路内所有支路电压的代数和恒等于零。即

$$\sum U=0 \tag{1-2}$$

KCL 反映了汇集于节点的支路电流所遵守的约束,KVL 反映了构成闭合回路的支路电压所必须遵守的约束。

2. 叠加定理

在线性电路中,当有两个或者两个以上的独立电源共同作用时,它们在任一支路所产生的电流或电压等于各个独立电源单独作用时在该支路产生的电流分量或电压分量的代数和。

注意:叠加定理不适用于非线性电路。

1.1.4 实验内容

1. 验证基尔霍夫电流定律

实验步骤:

(1) 将电压源的输出电压 U_S 调至 10V,电流源的输出电流 I_S 调至 15mA。

(2) 断电,按图 1.1.1 所示连接实验电路。

(3) 根据图中所标各支路电流参考方向接入直流电流表,测量各支路电流,将测量结果记录于表 1-1-1。

(4) 根据测量数据验证基尔霍夫电流定律。

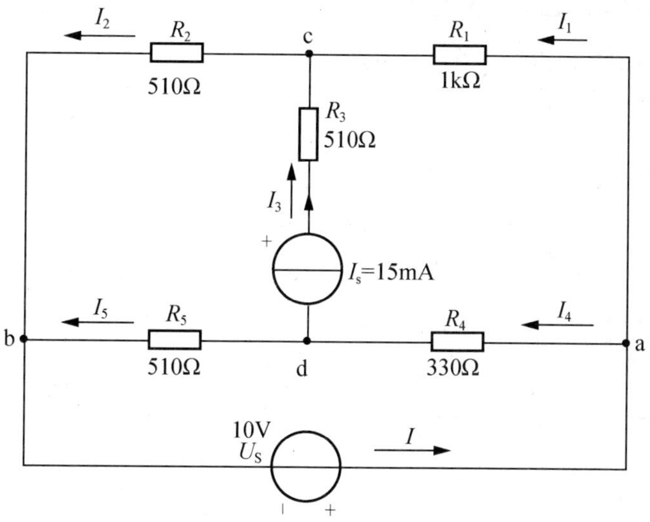

图 1.1.1　基尔霍夫定律、叠加定理实验电路图

表 1-1-1　支路电流测量数据

电流	I	I_1	I_2	I_3	I_4	I_5
计算值(mA)						
测量值(mA)						
误差						

2. 验证基尔霍夫电压定律

实验步骤：

(1) 将电压源的输出电压 U_S 调至 10V，电流源的输出电流 I_S 调至 15mA。

(2) 断电，按图 1.1.1 所示连接实验电路。

(3) 用直流电压表分别测量出各条支路电压，将测量结果记录于表 1-1-2。

(4) 根据测量数据验证基尔霍夫电压定律。

表 1-1-2　支路电压测量数据

电压	U_{ad}	U_{ac}	U_{dc}	U_{db}	U_{cb}	U_S
计算值(V)						
测量值(V)						

3. 验证叠加定理

实验步骤：

(1) 将电压源的输出电压 U_S调至 10V，电流源的输出电流 I_S调至 15mA。

(2) 断电，按图 1.1.1 所示连接实验电路。

(3) 电压源U_S单独作用时，测各条支路的电流和电压，将测量结果记录于表1-1-3。

(4) 电流源I_S单独作用时，测各条支路的电流和电压，将测量结果记录于表1-1-3。

(5) 电压源、电流源共同作用时，测各条支路的电流和电压，将测量结果记录于表1-1-3。

表1-1-3 支路电压、电流测量数据

测量对象	U_{ad}(V)	U_{ac}(V)	U_{dc}(V)	U_{cb}(V)	I_4(mA)
电压源单独作用					
电流源单独作用					
共同作用					

1.1.5 实验仪器设备

电路基础实验平台采用浙大方圆的GDS-2型高级电工系统实验装置(详见仪器设备介绍)，本实验所需仪器设备及选用实验挂箱见表1-1-4。

表1-1-4 实验仪器设备及选用实验挂箱

序号	名称	型号规格	数量
1	稳压、稳流源	GDS-02、GDS-03	1
2	直流电路实验	GDS-06A	1
3	直流电压、电流表	GDS-30	1

1.1.6 实验注意事项

(1) 在搭建实验电路时尽量使用短导线。

(2) 电压源、电流源接入电路时要注意极性，不要接错。

(3) 防止电压源两端短路。

(4) 使用电压表、电流表时注意不要接错正负极。

(5) 测量电压、电流时注意表头和参考极性相一致。

1.1.7 实验报告要求

(1) 写出本实验的实验目的、原理、内容和步骤，列出所选用的实验设备，画出实验电路图。

(2) 列表记录测量数据。

(3) 根据表1-1-1实验数据，验证KCL的正确性。

(4) 根据表1-1-2实验数据，验证KVL的正确性。

(5) 根据表1-1-3实验数据，验证线性电路叠加定理的正确性。

（6）分析讨论实验过程中出现的问题，并说明如何解决的。
（7）总结实验心得与体会。

1.2　戴维南定理、诺顿定理——线性有源二端网络等效参数的测定

1.2.1　实验目的

（1）加深对戴维南定理、诺顿定理的理解。
（2）验证戴维南定理和诺顿定理的正确性。
（3）掌握线性有源二端网络等效电路参数的测量方法。
（4）学习实验电路的设计方法。

1.2.2　预习内容

（1）复习戴维南定理和诺顿定理等知识。
（2）理解电路等效含义。
（3）有源二端网络有哪些等效参数?
（4）怎么测定有源二端网络等效参数?
（5）根据实验要求，设计实验电路，拟出实验步骤及实验数据记录表格。

1.2.3　实验原理

1. 戴维南定理和诺顿定理

任意一个线性有源二端网络都可以用一个电源模型来等效，此即为等效电源定理。所谓等效，是指有源二端网络被等效电路替代后，对端口的外电路无影响，即外电路中的电流和电压仍保持替代前的数据不变。

戴维南定理：任意一个线性有源二端网络，对端口外部电路而言，可以用一个理想电压源和电阻的串联组合来等效替代，如图 1.2.1 所示。该理想电压源的电压U_S等于该二端网络的开路电压U_{OC}，电阻R_0等于该二端网络化为无源二端网络(理想电压源视为短路，理想电流源视为开路)时的等效电阻。

诺顿定理：任一线性有源二端网络，对端口外部电路而言，可以用一个理想电流源和电阻的并联组合来等效替代，如图 1.2.2 所示。该理想电流源的电流I_S等于原二端网络的短路电流I_{SC}，电阻R_0等于原二端网络化为无源二端网络时的等效电阻。

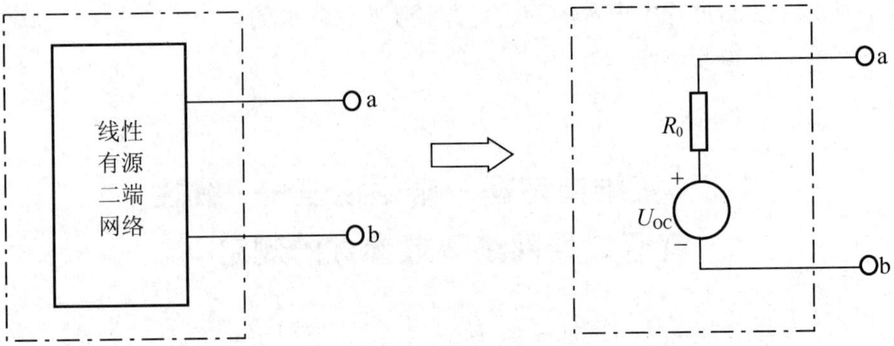

图 1.2.1　线性有源二端网络及戴维南等效电路

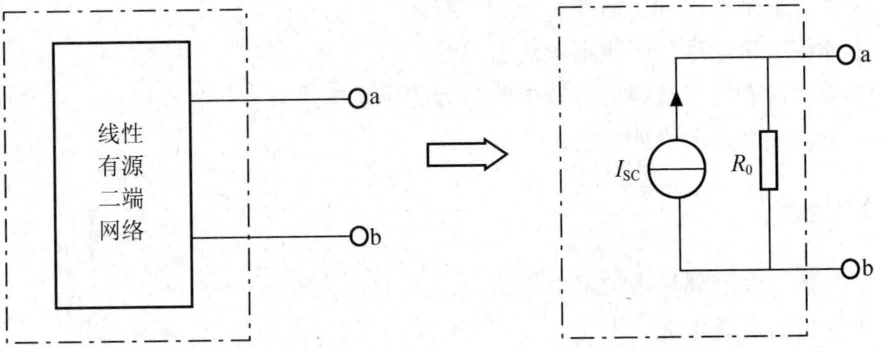

图 1.2.2　线性有源二端网络及诺顿等效电路

U_{OC}(U_S)、R_0或者 I_{SC}(I_S)、R_0称为有源二端网络的等效参数。

2. 线性有源二端网络等效参数的测量方法

1）开路电压U_{OC}的测量

方法一：直接测量法。当有源二端网络的等效内阻 R_0 比电压表的内阻小得多时，可以直接用电压表测量有源二端网络的开路电压。

方法二：零示法。当测量的有源二端网络的等效内阻 R_0为高阻时，则可按图 1.2.3 所示电路测量。测量原理：采用一个低内阻的直流稳压电源与被测有源二端网络相比较，当稳压电源的输出电压与该二端网络的开路电压相等时，电压表的读数将为“0”，此时将电路断开，测量直流稳压电源的输出电压即为所求线性有源二端口网络的开路电压 U_{OC}。

2）短路电流 I_{SC}的测量

将线性有源二端网络的输出端口短路，用直流电流表直接测量其短路电流 I_{SC}。

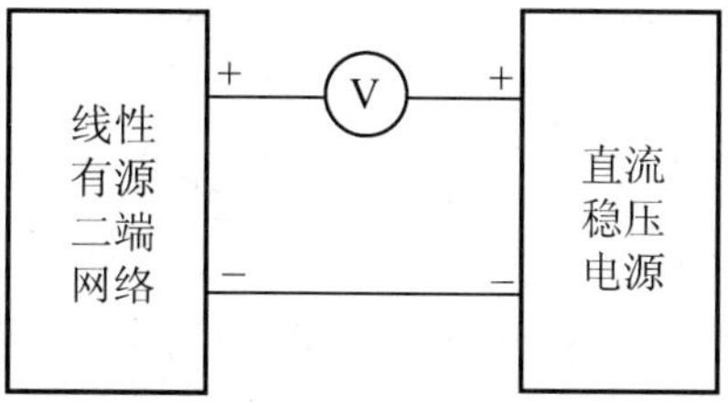

图 1.2.3　零示法测量电路

3）等效电阻的测量

方法一：直接测量法。若有源二端网络不含受控源，则只需将网络内的所有独立源置零，然后用万用表直接测得其电阻。该方法缺点：忽略了电源内阻，影响测量精度，且当有源二端网络含有受控源时此方法不适用。

方法二：外加电压法。若线性有源二端网络含有受控源，将该网络中独立源全部置零，然后在端口处外加电源电压 U，测出流入网络端口的电流 I，这时等效电阻即为

$$R_0 = U/I \tag{1-3}$$

方法三：开路电压短路电流法。在有源二端网络输出端开路时，测出其输出端的开路电压 U_{OC}，再将其短路，测得其短路电流 I_{SC}，则该二端网络的等效电阻为

$$R_0 = U_{OC}/I_{SC} \tag{1-4}$$

方法四：两次电压测量法。首先测量线性有源二端网络的开路电压 U_{OC}，然后在端口外接一电阻 R_L，测出负载电压，这时等效电阻为

$$R_0 = R_L(U_{OC}/U_L - 1) \tag{1-5}$$

1.2.4　实验设计要求

线性有源二端网络如图 1.2.4 所示，根据该电路完成如下实验内容。

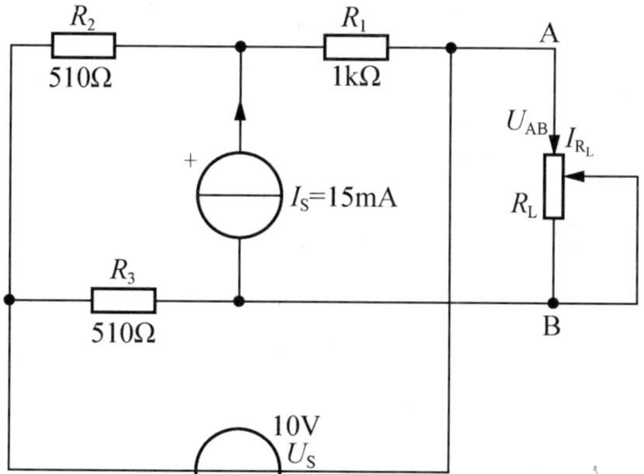

图 1.2.4　线性有源二端网络

(1) 测定线性有源二端网络的伏安特性(负载 R_L在 100Ω~10kΩ 范围内取 10 个值)。

(2) 设计实验方案测量有源二端网络的开路电压 U_{OC}、短路电流 I_{SC}和等效电阻 R_0。

(3) 设计实验电路，测定该网络的戴维南等效电路的伏安特性。

(4) 设计实验电路，测定该网络的诺顿等效电路的伏安特性。

1.2.5 实验仪器设备

本实验所需仪器设备及选用实验挂箱见表 1-2-1。

表 1-2-1 实验仪器设备及选用实验挂箱

序　号	名　称	型号规格	数　量
1	稳压、稳流源	GDS-02、GDS-03	1
2	直流电路实验	GDS-06A	1
3	直流电压、电流表	GDS-30	1
4	精密可调负载	GDS-07	1

1.2.6 实验注意事项

(1) 在连接实验电路时，电流源正负极不要接错。

(2) 直接法测量等效电阻时，有源二端网络内的独立源必须先置零。

(3) 电压源置零时，不可将稳压源短接。

(4) 测量时，要注意电压极性、电流方向。

(5) 改接线路时，要先关掉电源。

1.2.7 实验报告要求

(1) 设计实验步骤，测定线性有源二端网络的伏安特性，并绘制伏安特性曲线。

(2) 设计实验方案，测出有源二端网络的开路电压 U_{OC}、短路电流 I_{SC}和等效电阻 R_0。

(3) 设计实验线路，拟出实验步骤，测定该网络的戴维南等效电路的伏安特性，并绘制伏安特性曲线。

(4) 设计实验线路，拟出实验步骤，测定该网络的诺顿等效电路的伏安特性，并绘制伏安特性曲线。

(5) 整理实验数据并分析误差，讨论实验过程中出现的问题，说明解决过程。

(6) 总结实验心得与体会。

1.3　电压源与电流源及其等效转换

1.3.1　实验目的

（1）加深对理想电压源与理想电流源的外特性的认识。

（2）加深对实际电压源与实际电流源的外特性的认识。

（3）掌握电源外特性测试方法。

（4）验证电压源与电流源互相进行等效转换的条件。

（5）研究负载获得最大功率传输的条件。

1.3.2　预习内容

（1）电压源的输出端为什么不允许短路？

（2）了解理想电压源与理想电流源的外特性。

（3）实际电压源与实际电流源的外特性为什么呈下降趋势？下降的快慢受哪个参数影响？

（4）实际电压源与实际电流源等效变换的条件是什么？

（5）负载获得最大功率的条件是什么？

1.3.3　实验原理

1. 电压源与电流源

电压源可分为理想电压源和实际电压源。理想电压源内阻为零，其输出电压不随负载电流的变化而变化。实际电压源具有一定的内阻，其输出电压随着负载的变化而变化。

电流源可分为理想电流源和实际电流源。理想电流源内阻为无穷大，可以向外电路提供一个恒定电流。实际电流源当其端电压增大时，通过外电路的电流并非是恒定的，而是要减小的。

一个实际的电源，就其外特性而言，既可以看成是一个电压源，也可以看成是一个电流源。若视为电压源，可以用一个理想电压源 E_S 与一电阻 R_0 串联的组合来表示，如图 1.3.1(a)所示。若视为电流源，可以用一个理想电流源 I_S 与一电导 G_0 并联的组合来表示，如图 1.3.1(b)所示。如果它们的外特性相同，即它们向同样大小的负载供出同样端电压和电流，则视为等效。

实际电压源与实际电流源相互进行等效转换的条件为：

$$I_S=\frac{E_S}{R_0},\ G_0=\frac{1}{R_0}$$

或

$$E_S=R_0 I_S,\ R_0=\frac{1}{G_0}$$

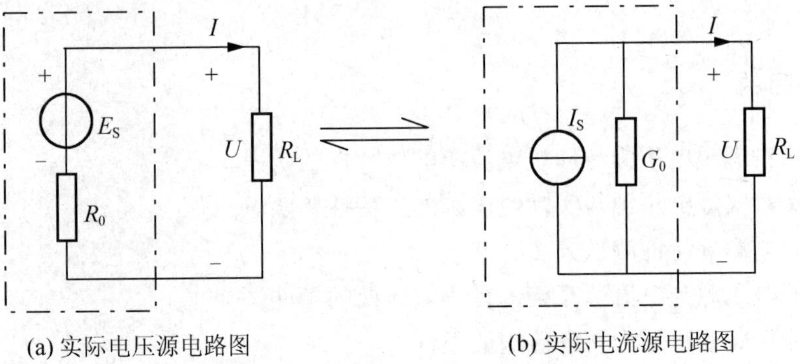

图 1.3.1　实际电压源、电流源电路图

2. 最大功率传输条件

图 1.3.1(a)可视为由一个电源向负载输送电能的模型，R_0可视为电源内阻和传输线路电阻的总和，R_L为可变负载电阻，负载R_L上消耗的功率P_L可由下式表示：

$$P_L=I_L^2 R_L=\left(\frac{E_S}{R_0+R_L}\right)^2 R_L \tag{1-6}$$

将R_L视为自变量，P_L视为应变量，根据求最大值的方法，当$dP_L/dR_L=0$时，即

$$\frac{dP_L}{dR_L}=\frac{[(R_0+R_L)^2-2R_L(R_L+R_0)]E_S^2}{(R_0+R_L)^4}=0 \tag{1-7}$$

时可求得负载所获得的最大功率。解式(1-7)，得$R_L=R_0$。

当满足$R_L=R_0$时，负载从电源获得的最大功率为：

$$P_{Lmax}=\left(\frac{E_S}{R_0+R_L}\right)^2 R_L=\left(\frac{E_S}{2R_L}\right)^2 R_L=\frac{E_S^2}{4R_L} \tag{1-8}$$

1.3.4　实验内容

1. 理想电压源的外特性测试

实验电路如图 1.3.2 所示，电压源为直流稳压电源，电阻$R_1=1\text{k}\Omega$，负载电阻R_L为电阻箱上的可变电阻。

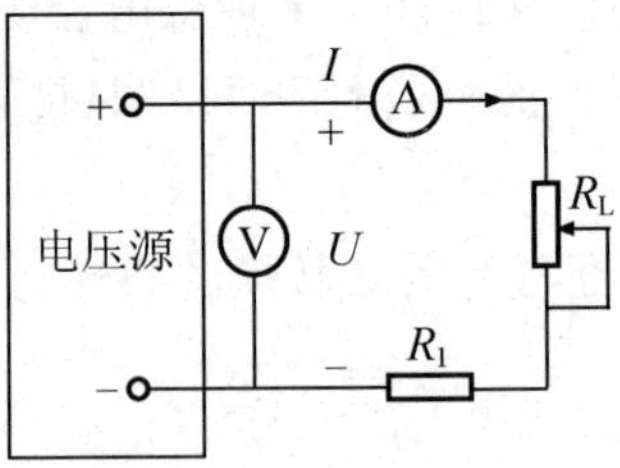

图 1.3.2　理想电压源外特性测试电路

实验步骤：

（1）按图 1.3.2 连接实验电路。

（2）调节可调直流电压源输出电压 10V，改变负载电阻（R_L取值见表 1－3－1），测量电压源端电压 U 和输出电流 I，将数据记录于表 1－3－1。

表 1－3－1　理想电压源外特性测量数据

电阻 R_L(Ω)	0	500	1k	1.5k	2k	3k	4k	5k	6k	8k	10k	∞
电压 U(V)												
电流 I(mA)												

2. 理想电流源的外特性测试

实验电路如图 1.3.3 所示，电流源为 GDS－03 挂箱稳流源，当负载电阻在一定的范围内变化时电流源输出电流保持基本不变，即可将其视为理想电流源。

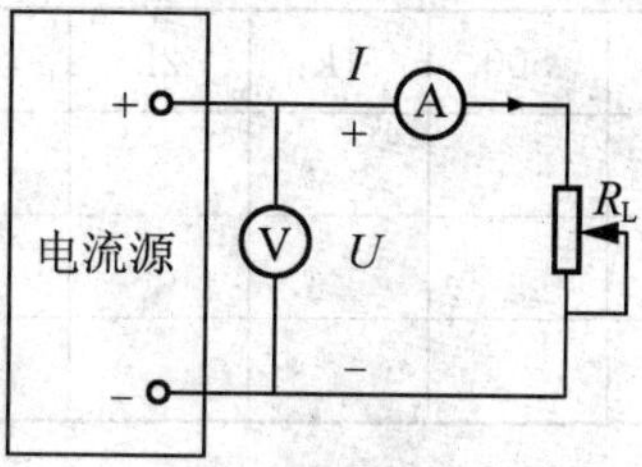

图 1.3.3　理想电流源外特性测试电路

实验步骤：

（1）按图 1.3.3 连接实验电路。

（2）先置负载电阻 $R_L=0$，调节稳流源，使其输出电流 $I=50$mA，测出此时电流源的端电压 U 和输出电流 I，将实验数据记录于表 1－3－2。

（3）改变负载电阻 R_L（R_L取值见表 1－3－2），测量电压源端电压 U 和输出电流 I，将数据记录于表 1－3－2。

注意：稳流源负载电压不可超过 20V。

表 1－3－2　理想电流源外特性测量数据

电阻 R_L(Ω)	0	40	80	120	160	200	240	280	320	360	400
电流 I(mA)											
电压 U(V)											

3. 实际电压源的外特性测试

实际电压源测量电路如图 1.3.4 所示，该电压源由理想电压源和电阻串联组成，内阻 $R_0=1\text{k}\Omega$，负载电阻 R_L为电阻箱上的可变电阻。

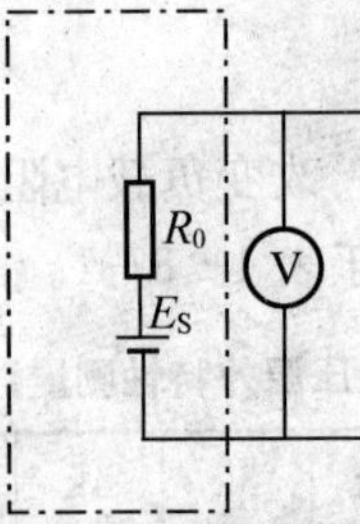

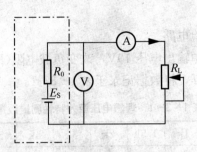

图 1.3.4　实际电压源外特性测试电路

实验步骤：

(1) 按图 1.3.4 连接实验电路。

(2) 调节可调直流电压源输出电压 25V，改变负载电阻 R_L(R_L取值见表 1-3-3)，测量负载两端电压 U 和支路电流 I，将数据记录于表 1-3-3。

表 1-3-3　实际电压源外特性测量数据

电阻 $R_L(\Omega)$	0	300	500	1k	2k	3k	4k	5k	10k	∞
电压 U(V)										
电流 I(mA)										
$P=I^2R$										

4. 电压源与电流源的等效转换

实际电流源电路如图 1.3.5 所示，根据等效转换的条件，$I_S=E_S/R_0$，内阻 $R_0=1\text{k}\Omega$。

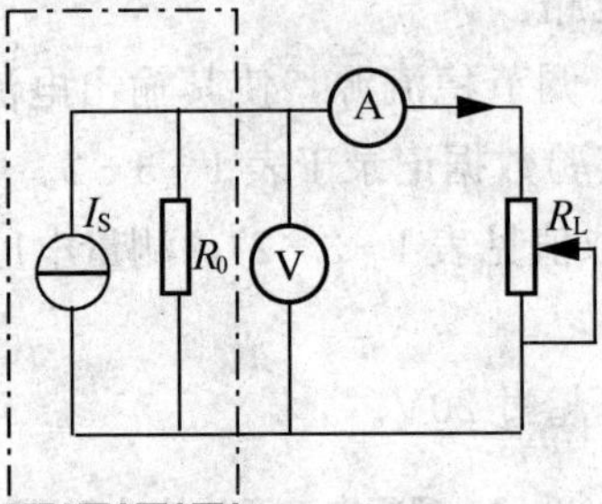

图 1.3.5　实际电流源外特性测试电路

实验步骤：

(1) 按图 1.3.5 连接实验电路。

(2) 改变负载电阻 R_L，为验证两个电路的等效性，R_L取值与表 1-3-3 相同，测量负载两端电压 U 和支路电流 I，将数据记录于表 1-3-4。

(3) 根据表 1-3-3 和表 1-3-4 实验数据，比较负载电阻相等的情况下其两端电压与支路电流，分析两个电路的等效特性。

表 1-3-4　实际电流源外特性测试数据

电阻 $R(\Omega)$	0	300	500	1k	2k	3k	4k	5k	10k	∞
电压 U(V)										
电流 I(mA)										
$P=I^2R$										

5. 最大功率传输条件验证

根据表 1-3-3 和表 1-3-4 实验数据，计算出 R_L 上的功率 P，验证实际电源电路中负载电阻 R_L 上的功率最大时，R_L 与 R_0(电源内阻)是否相等。

1.3.5　实验仪器设备

本实验所需仪器设备及选用实验挂箱见表 1-3-5。

表 1-3-5　实验仪器设备及选用实验挂箱

序　号	名　称	型号规格	数　量
1	稳压、稳流源	GDS-02、GDS-03	1
2	直流电路实验	GDS-06A	1
3	直流电压、电流表	GDS-30	1
4	精密可调负载	GDS-07	1

1.3.6　实验注意事项

(1) 连接实验电路时，必须先关闭电源开关。

(2) 测量电压、电流时要注意极性。

(3) 测量电压源外特性时，不要忘记测空载($I=0$)时的电压值；测量电流源外特性时，不要忘记测短路($U=0$)时的电流值。

(4) 稳流源负载电压不可超过 20V。

1.3.7　实验报告要求

(1) 写出本实验的实验目的、原理、内容和步骤，列出所选用的实验设备，画出实验电路图。

(2) 列表记录测量数据。

(3) 根据表 1-3-1、1-3-2 实验数据，总结理想电压源、电流源特性，并绘制其外特性曲线。

(4) 根据表 1-3-3、1-3-4 实验数据，总结实际电压源、实际电流源特性，并绘制其外特性曲线。

(5) 根据表 1-3-3、1-3-4 实验数据，验证电压源和电流源是否等效。

(6) 根据表 1-3-3、1-3-4 实验数据，验证负载获得最大功率的条件。

(7) 分析讨论实验过程中出现的问题，并说明如何解决的。

(8) 总结实验心得与体会。

1.4 受控源特性的研究

1.4.1 实验目的

(1) 学会在电路基础实验平台上搭建受控源特性测试电路。

(2) 加深对受控源电路的理解和认识。

(3) 掌握受控源的转移特性测试方法。

(4) 掌握受控源的负载特性测试方法。

1.4.2 预习内容

(1) 什么是受控源？它和独立源有什么异同点？

(2) 了解 4 种受控源的电路模型、控制量与被控量的关系。

(3) 当理想受控源控制支路的控制量是电压时，控制支路可视为开路还是短路？

(4) 当理想受控源控制支路的控制量是电流时，控制支路可视为开路还是短路？

(5) 4 种受控源中，转移参量 μ、g、r、α 分别有什么意义？如何测量？

(6) 若受控源控制量的极性反向，其输出极性是否发生变化？

1.4.3 实验原理

受控源是一种双口元件，有两条支路分别为控制支路和受控支路。受控支路的电压或电流(U_{out}，I_{out})受到控制支路的电压或电流(U_{in}，I_{in})控制。根据控制变量与受控变量的不同组合，受控源可以分为 4 类：即电压控制电压源(VCVS)、电压控制电流源(VCCS)、电流控制电压源(CCVS)及电流控制电流源(CCCS)，如图 1.4.1 所示。

理想受控源的控制支路中只有一个独立变量(电压或电流)，另一个独立变量为零。从输入端口看，理想受控源的控制支路或为开路或为短路。从输出端口看，理想受控源是一个理想电压源或理想电流源，受控源的控制端与受控端之间的函数关系称为转移函数。4 种受控源函数关系可表述如下。

(1) VCVS：$I_{in}=0$，$U_{out}=\mu U_{in}$，μ 为转移电压比。

(2) VCCS：$I_{in}=0$，$I_{out}=gU_{in}$，g 为转移电导。

(3) CCVS：$U_{in}=0$，$U_{out}=rI_{in}$，r 为转移电阻。

(4) CCCS：$U_{in}=0$，$I_{out}=\alpha I_{in}$，α 为转移电流比。

μ、g、r、α 称为受控源的转移函数参量。

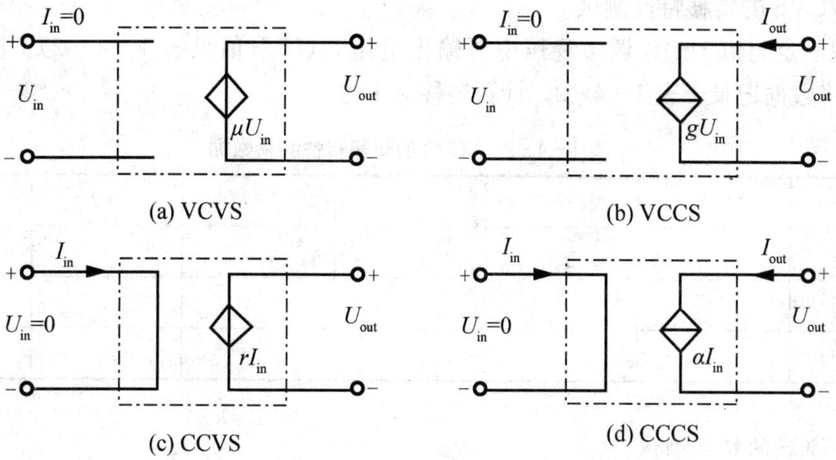

图 1.4.1　4 种受控电源

1.4.4　实验内容

1. VCVS 的特性测试

VCVS 特性测试电路如图 1.4.2 所示。图中，虚线框内为 VCVS 示意电路，U_{in}为控制端输入电压，U_{out}为受控端输出电压，$R_1=1\text{k}\Omega$。

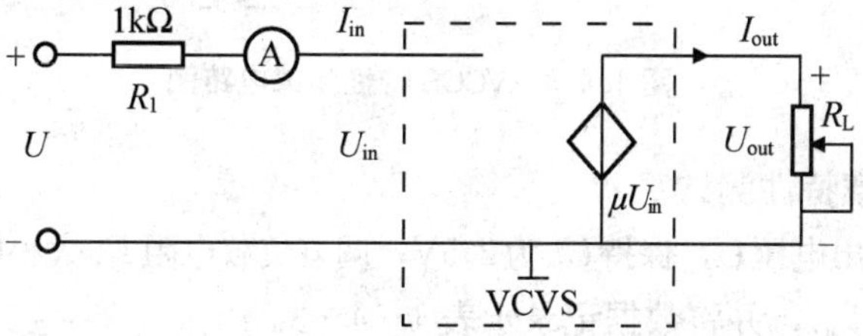

图 1.4.2　VCVS 特性测试电路图

1）VCVS 的负载特性测试

调节稳压电源输出电压U，保持U_{in}为 2.5V，调节负载电阻R_L大小(R_L取值见表 1-4-1)，测量U、I_{in}、U_{out}、I_{out}，将数据记录于表 1-4-1。

表 1-4-1　VCVS 的负载特性测量数据

R_L(Ω)	500	750	1k	1.5k	2k	2.5k	3k	3.5k	4k	5k	∞
U_{out}(V)											
I_{out}(mA)											
U(V)											
I_{in}(mA)											

2）VCVS 的转移特性测试

R_L取固定阻值 1kΩ，调节稳压电源输出电压 U(U 取值见表 1－4－2)。测量 U_{in}和 U_{out}，并将数据记录于表 1－4－2，计算转移电压比。

表 1－4－2　VCVS 的转移特性测量数据

U(V)	2.5	2	1	−1	−2	−2.5
U_{in}(V)						
U_{out}(V)						
$\mu=U_{out}/U_{in}$						

2. VCCS 的特性测试

VCCS 特性测试电路如图 1.4.3 所示。图中，虚线框内为 VCCS 示意电路，U_{in}为控制端输入电压，I_{out}为受控端输出电流，R_1＝1kΩ。

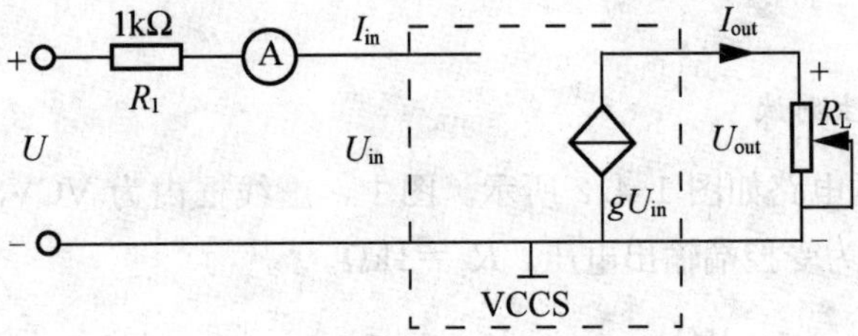

图 1.4.3　VCCS 特性测试电路图

1）VCCS 的负载特性测试

调节稳压电源输出电压 U，保持 U_{in}为 2.5V，调节负载电阻 R_L大小(R_L取值见表 1－4－3)，测量 U、I_{in}、U_{out}、I_{out}，并将数据记录于表 1－4－3。

表 1－4－3　VCCS 的负载特性测量数据

R_L(Ω)	1k	900	800	700	600	500	400	300	200	100
U_{out}(V)										
I_{out}(mA)										
U(V)										
I_{in}(mA)										

2）VCCS 的转移特性测试

R_L取固定阻值 1kΩ，调节稳压电源输出电压 U(U 取值见表 1－4－3)。测量 U_{in}、I_{out}，并将数据记录于表 1－4－4，计算转移电导。

表 1-4-4 VCCS 的转移特性测量数据

U(V)	2.5	2	1	−1	−2	−2.5
U_{in}(V)						
I_{out}(mA)						
$g=I_{out}/U_{in}$						

3. CCVS 的特性测试

CCVS 特性测试电路如图 1.4.4 所示。图中，虚线框内为 CCVS 示意电路，I_{in}为控制端输入电流，U_{out}为受控端输出电压，$R_1=1\text{k}\Omega$。

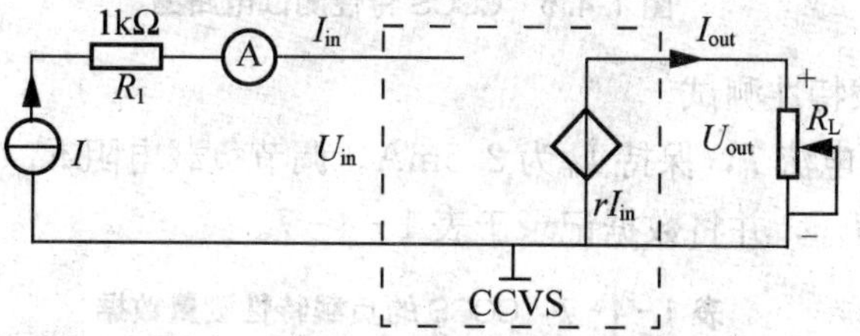

图 1.4.4 CCVS 特性测试电路图

1）CCVS 的负载特性测试

调节稳流源输出电流 I，使得 I_{in}为 2.5mA。调节负载 R_L（R_L取值见表 1-4-5），测量 U、I_{in}、U_{out}、I_{out}，并将数据记录于表 1-4-5。

表 1-4-5 CCVS 的负载特性测量数据

R_L(Ω)	1k	2k	3k	4k	5k	6k	7k	8k	9k	10k	∞
U_{out}(V)											
I_{out}(mA)											
U(V)											
I_{in}(mA)											

2）CCVS 的转移特性测试

R_L取固定阻值 1kΩ，调节稳流源输出电流 I（I 取值见表 1-4-6）。测量 I_{in}、I_{out}，并记录于表 1-4-6，计算转移电流比。

表 1-4-6 CCVS 的转移特性测量数据

I(mA)	2.5	2	1	−1	−2	−2.5
I_{in}(mA)						
U_{out}(mA)						
$r=U_{out}/I_{in}$						

4. CCCS的特性测试

CCCS特性测试电路如图1.4.5所示。图中，虚线框内为CCCS示意电路，I_{in}为控制端输入电流，I_{out}为受控端输出电流，$R_1=1k\Omega$。

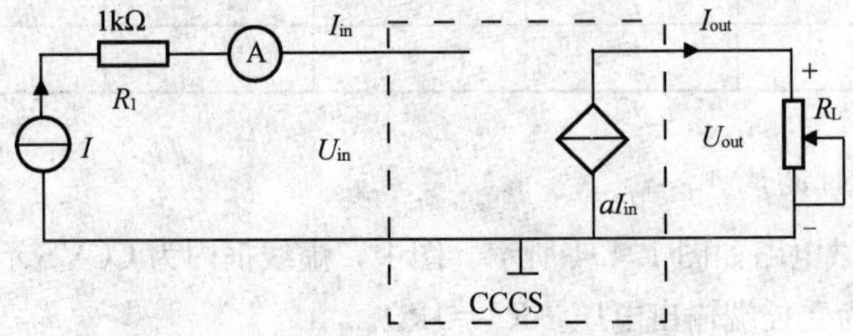

图1.4.5 CCCS特性测试电路图

1）CCCS的负载特性测试

调节稳流源输出电流I，保持I_{in}为2.5mA。调节负载电阻R_L（R_L取值见表1-4-7），测量U、I_{in}、U_{out}、I_{out}，并将数据记录于表1-4-7。

表1-4-7 CCCS的负载特性测量数据

$R_L(\Omega)$	1k	900	800	700	600	500	400	300	200	100
$U_{out}(V)$										
$I_{out}(mA)$										
$U(V)$										
$I_{in}(mA)$										

2）CCCS的转移特性测试

R_L取固定阻值1kΩ，调节稳流源输出电流（I取值见表1-4-8），测量U_{in}、I_{out}，并将数据记录于表1-4-8，计算转移电导。

表1-4-8 CCCS的转移特性测量数据

$I(mA)$	2.5	2	1	−1	−2	−2.5
$U_{in}(V)$						
$I_{out}(mA)$						
$\alpha=I_{out}/I_{in}$						

1.4.5 实验仪器设备

本实验所需仪器设备及选用实验挂箱见表1-4-9。

表 1-4-9　实验仪器设备及选用实验挂箱

序　　号	名　　称	型号规格	数　　量
1	稳压、稳流源	GDS-02、GDS-03	1
2	直流电路实验	GDS-06A	1
3	直流电压、电流表	GDS-30	1
4	精密可调负载	GDS-07	1
5	电路有源元件	GDS-14	1

1.4.6　实验注意事项

（1）在实验过程中，直流稳压电源不能短路。

（2）每次连接实验电路时，必须事先断开供电电源，但不必关闭总电源开关。

（3）使用电路有源元件实验挂箱时，不要忘记打开该挂箱电源。

（4）测量电压、电流时注意极性。

1.4.7　实验报告要求

（1）写出本实验的实验目的、原理、内容和步骤，列出所选用的实验设备，画出实验电路图。

（2）列表记录测量数据。

（3）根据表 1-4-1、1-4-2 实验数据，总结 VCVS 特性，并绘制其特性曲线。

（4）根据表 1-4-3、1-4-4 实验数据，总结 VCCS 特性，并绘制其特性曲线。

（5）根据表 1-4-5、1-4-6 实验数据，总结 CCVS 特性，并绘制其特性曲线。

（6）根据表 1-4-7、1-4-8 实验数据，总结 CCCS 特性，并绘制其特性曲线。

（7）分析讨论实验过程中出现的问题，并说明如何解决的。

（8）总结实验心得与体会。

1.5　交流电路频率特性的测试及 *RC* 低通滤波器的设计

1.5.1　实验目的

（1）熟练掌握函数信号发生器、交流毫伏表等常用电子仪器的使用。

（2）了解 R、L、C 元件阻抗与频率的关系，测定它们的频率特性曲线。

（3）加深理解 R、L、C 元件端电压与电流间的相位关系。

（4）掌握低通、高通滤波器的频率特性及有关参数。

（5）掌握滤波器的设计方法。

1.5.2 预习内容

(1) 预习函数信号发生器、交流毫伏表等常用电子仪器的使用方法。
(2) 正弦交流电路中，R、L、C 元件阻抗与频率有何关系？
(3) 如何测定正弦交流电路中各元件阻抗的大小？
(4) 如何使用电阻、电容构成低通滤波器？
(5) 低通滤波器截止频率怎么确定？

1.5.3 实验原理

1. R、L、C 元件的频率特性

交流电路中常用的实际无源元件有电阻器、电感器和电容器，它们的参数为电阻、电感和电容。

在低频正弦信号作用下，电阻元件通常略去其电感及分布电容而看成是纯电阻，阻值与频率无关，其端电压与流过的电流关系如下

$$U=RI \tag{1-9}$$

若电感元件略去其分布电容和电阻，看成是纯电感，其端电压与流过的电流关系如下

$$U=X_{\mathrm{L}}I \tag{1-10}$$

式中，$X_{\mathrm{L}}=2\pi fL$。

若电容元件略去其附加电感及电容极板间介质的功率损耗，看成纯电容，其端电压与流过的电流关系如下

$$U=X_{\mathrm{C}}I \tag{1-11}$$

式中，$X_{\mathrm{C}}=1/2\pi fC$。

在一定的频率范围内，电阻通常不随频率变化，电感的感抗与频率成正比关系，电容的容抗与频率成反比关系。R、L、C 的阻抗频率特性曲线如图 1.5.1 所示。

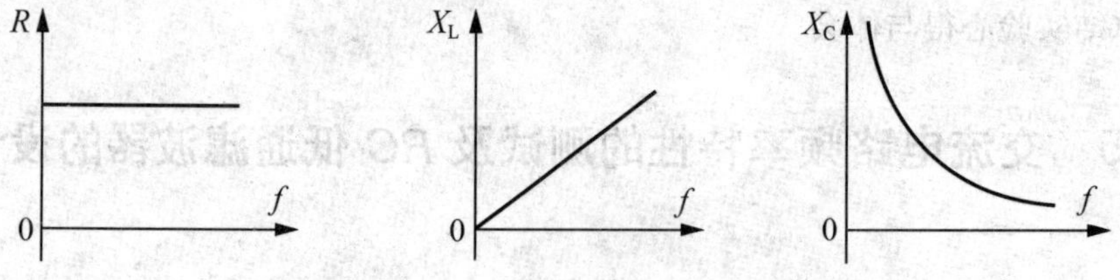

图 1.5.1 R、L、C 的阻抗频率特性曲线

2. 交流电路的频率特性

交流电路中，感抗 X_{L} 和容抗 X_{C} 是频率 f 的函数，因此，当激励信号大小不变时，改变信号的频率，电路的响应也会发生变化，这种电路响应随激励信号频率变化的特性称为频率特性。在正弦稳态情况下，电路的频率特性函数如下

$$H(\mathrm{j}\omega)=\frac{Y(\mathrm{j}\omega)}{X(\mathrm{j}\omega)}=|H(\mathrm{j}\omega)|\angle\varphi(\omega) \tag{1-12}$$

式中，$X(\mathrm{j}\omega)$是电路的激励信号，$Y(\mathrm{j}\omega)$是电路的响应信号，$|H(\mathrm{j}\omega)|$反映了响应信号与激励信号的幅值关系，称为幅频特性；$\varphi(\omega)$反映了输出响应与激励信号的相位关系，称为相频特性。

3. *RC* 一阶滤波器

滤波器是频率选择电路，允许某一频域内的信号通过，并阻止其他频域内的信号通过。*RC* 一阶电路具有频率选择的特性，因此可以作为简单的滤波器，有低通和高通两种类型。*RC* 一阶低通滤波器取电容两端的电压作为输出，*RC* 一阶高通滤波器取电阻两端的电压作为输出，电路如图 1.5.2(a)、图 1.5.2(b)所示。

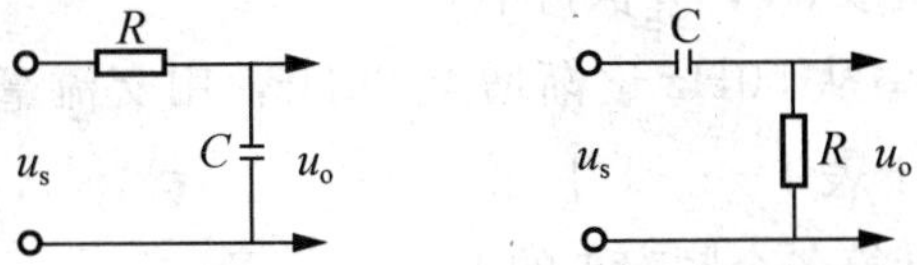

(a) *RC*一阶低通滤波器　　(b) *RC*一阶高通滤波器

图 1.5.2　*RC* 一阶低通滤波器和高通滤波器的电路

RC 一阶低通滤波器和高通滤波器的幅频特性曲线如图 1.5.3(a)、图 1.5.3(b)所示。

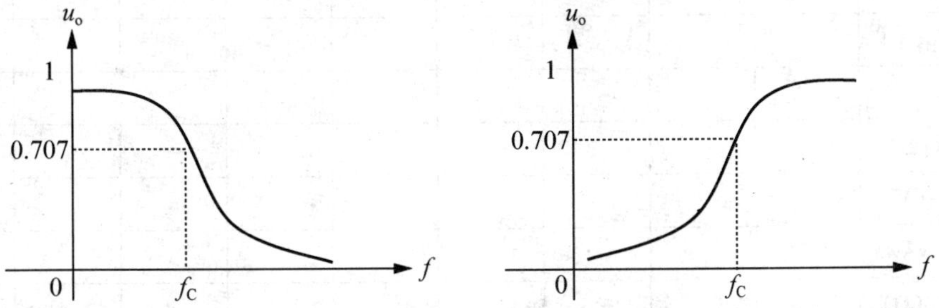

(a) *RC*一阶低通滤波器幅频特性曲线　　(b) *RC*一阶高通滤波器幅频特性曲线

图 1.5.3　*RC* 一阶低通滤波器和高通滤波器的幅频特性曲线

在 *RC* 一阶低通或高通滤波器中，当电容电抗等于电阻时的频率值叫做截止频率 f_C。

$$f_C=\frac{1}{2\pi RC} \tag{1-13}$$

在截止频率处，滤波器的输出电压为其最大值的 70.7%。截止频率描述的是滤波器允许或阻止某些频率充分通过的界限。通过滤波器的频率范围称为带宽。

1.5.4　实验内容

1. *R*、*L*、*C* 的阻抗频率特性测试

电阻、电感和电容的阻抗频率特性测试电路如图 1.5.4 所示。图中，$r=330\Omega$，$R=$

1kΩ，L=50mH，C=0.2μF。其中，r 是采样电阻，通过 r 上的电压来求得流过被测元件的电流。为了不对被测电路产生影响，r 的阻值应远小于被测元件的阻抗。

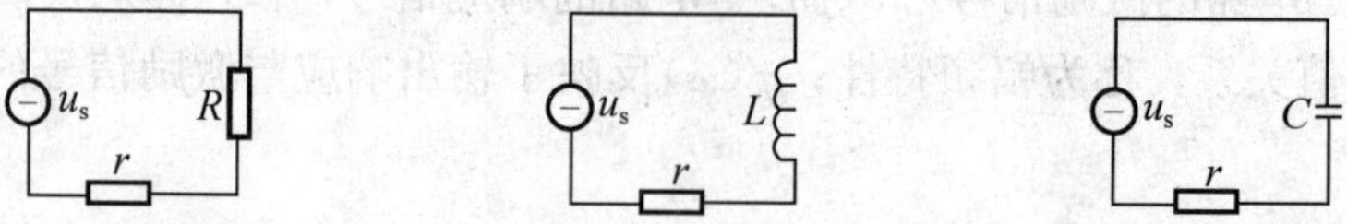

(a) 电阻阻抗测试电路　　(b) 电感感抗测试电路　　(c) 电容容抗测试电路

图 1.5.4　*RLC* 测试电路

实验步骤：

(1) 分别按图 1.5.4(a)、1.5.4(b)、1.5.4(c)连接实验线路，激励信号 u_s 连接函数信号发生器输出端，有效值取 3V，并保持不变。

(2) 调节信号源的频率从 50Hz 逐渐增至 2kHz，用交流毫伏表分别测量 U_R、U_L、U_C、U_r，将测量数据记录于表 1-5-1 中。

(3) 通过测量数据，计算各个频率点的 R、X_L、X_C。

表 1-5-1　*RLC* 频率特性测试数据

被测元件	频率/Hz	50	100	200	300	400	800	1000	1600	2000
R	U_R(V)									
	U_r(V)									
	R(Ω)									
L	U_L(V)									
	U_r(V)									
	X_L(Ω)									
C	U_C(V)									
	U_r(V)									
	X_C(Ω)									

2. RC 一阶低通滤波器设计及频率特性测试

(1) 试用 RC 元件设计一阶低通滤波器，滤波器截止频率为 1kHz。

(2) 根据设计要求，确定具体电路形式及各元件参数。

(3) 自拟实验步骤，测试该滤波器的幅频特性。

1.5.5　实验仪器设备

本实验所需仪器设备及选用实验挂箱见表 1-5-2。

表 1-5-2　实验仪器设备及选用实验挂箱

序　　号	名　　称	型号规格	数　　量
1	全智能函数信号发生器	GDS-04	1
2	荧光灯、可变电容	GDS-09	1
3	双踪示波器	V-252，20MHz	1
4	交流毫伏表	AS2294D，5Hz～2MHz	1

1.5.6　实验注意事项

（1）在测试电阻、电感和电容的阻抗频率特性时，输出频率改变后，应同时调节输出幅度，使实验电路的输入电压保持不变。

（2）使用交流毫伏表测量 U_R、U_L 时，注意调整量程。

1.5.7　实验报告要求

（1）写出本实验的实验目的、原理、内容和步骤，列出所选用的实验设备，画出实验电路图。

（2）列表记录测量数据。

（3）根据表 1-5-1 实验数据，分析 R、L、C 的阻抗频率特性并绘制特性曲线。

（4）根据 1.5.4 节 2. 中的设计要求，设计出实验电路及元件参数，并记录实验步骤及实验结果。

（5）根据实验数据，绘制 RC 一阶低通滤波器的幅频特性曲线。

（6）分析讨论实验过程中出现的问题，并说明如何解决的。

（7）总结实验心得与体会。

1.6　交流电路元件参数的测量

1.6.1　实验目的

（1）掌握常用交流仪表设备的使用方法。

（2）加深对交流电路参数物理意义的理解。

（3）掌握交流电路参数的测定方法。

（4）掌握判断电路阻抗的性质的方法。

（5）领会电路参数改变对功率因数的影响。

1.6.2　预习内容

（1）复习有关交流电路元件参数的知识。

(2) 了解功率表及功率因数表使用方法。

(3) 如何判断交流电路元件阻抗的性质?

1.6.3 实验原理

1. 阻抗及参数测定

正弦交流电路中，元件的阻抗值或无源一端口的等效阻抗值可表示为

$$Z=|Z|\angle\phi=R+jX \tag{1-14}$$

利用交流电压表、交流电流表和功率表分别测出元件(或网络)两端的电压U、流过该元件的电流I和它所消耗的有功功率P，即可测得交流电路元件的等效参数，这种测量方法简称“三表法”，是测量电流电路阻抗的基本方法。

电压U、电流I、有功功率P及阻抗Z有以下关系：

阻抗的模 $$|Z|=\frac{U}{I}$$

功率因数 $$\cos\phi=\frac{P}{UI}$$

等效电阻 $$R=\frac{P}{I^2}=|Z|\cos\phi$$

等效电抗 $$X=|Z|\sin\phi$$

若$X>0$，则负载呈感性，对应的等效电路参数$L=\dfrac{X}{\omega}=\dfrac{X}{2\pi f}$。

若$X<0$，则负载呈容性，对应的等效电路参数$C=\dfrac{1}{\omega X}=\dfrac{1}{2\pi fX}$。

2. 阻抗性质的测定

被测阻抗可能是感性，也可能是容性，由三表法可测得阻抗值，但无法判别阻抗属于何种性质，实际中可采用下列方法判定阻抗的性质。

(1) 在被测元件两端并联一只适当容量的试验电容，若并接后电流表的读数增大，则被测元件为容性；反之，则为感性。

(2) 用示波器观测阻抗元件的电压和电流间的相位关系。电压超前电流为感性；反之为容性。

(3) 用功率因数表直接测量功率因数$\cos\phi$，读数超前为容性，滞后为感性。

1.6.4 实验内容

1. 被测阻抗等效参数的测试

交流电路元件参数测试电路实验电路如图1.6.1所示。图中输入电压U接调压器输出端，被测元件分别为电感元件L、电容元件C、LC串联电路及RLC串联电路，其值分别取$L=50\text{mH}$，$C=5\mu\text{F}$，$R=1\text{k}\Omega$。

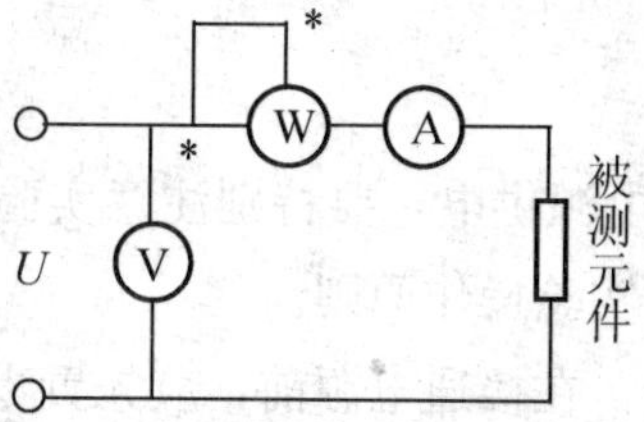

图 1.6.1 交流电路元件参数测量电路

实验步骤：

（1）按图 1.6.1 连接实验线路。

（2）测量电感元件 L 交流参数，将数据记录于表 1-6-1。

（3）测量电容元件 C 交流参数，将数据记录于表 1-6-1。

（4）测量 LC 串联后的等效阻抗，将数据记录于表 1-6-1。

（5）测量 RLC 串联后的等效阻抗，将数据记录于表 1-6-1。

表 1-6-1 交流电路元件参数测量数据

被测元件	测量值			计算值						被测阻抗性质
	U(V)	I(A)	P(W)	$\cos\Phi$	Z(Ω)	R(Ω)	X(Ω)	L(mH)	C(μF)	
电感 L										感性
电容 C										容性
LC 串联										
RLC 串联										

2. 阻抗性质的测定

用并接实验电容的方法判别 LC 串联和 RLC 串联后的阻抗性质，将测试结果记录于表 1-6-1。

1.6.5 实验仪器设备

本实验所需仪器设备及选用实验挂箱见表 1-6-2。

表 1-6-2 实验仪器设备及选用实验挂箱

序　号	名　　称	型号规格	数　量
1	全智能函数信号发生器	GDS-04	1
2	荧光灯、可变电容	GDS-09	1
3	双踪示波器	V-252，20MHz	1
4	交流毫伏表	AS2294D，5Hz～2MHz	1

1.6.6 实验注意事项

(1) 本实验使用220V交流电源供电，要特别注意实验安全，实验过程必须严格遵守先接线后通电，先断电后拆线的实验操作原则。

(2) 注意调压器的正确连接，在接通电源前，应先置零。

(3) 注意功率表的正确连接方法。

(4) 实验过程中，通过电阻和电感线圈电流不能太大，不要超过1A。

(5) 换被测元件时，要将调压器置零。

1.6.7 实验报告要求

(1) 写出本实验的实验目的、原理、内容和步骤，列出所选用的实验设备，画出实验电路图。

(2) 列表记录测量数据。

(3) 根据测试数据，计算被测元件等效参数。

(4) 分析讨论实验过程中出现的问题，并说明如何解决的。

(5) 总结实验心得与体会。

1.7 荧光灯功率因数提高实验

1.7.1 实验目的

(1) 了解荧光灯的工作原理。

(2) 掌握荧光灯电路的接线方法。

(3) 加深对提高功率因数意义的理解。

(4) 掌握功率因数提高的方法。

1.7.2 预习内容

(1) 预习荧光灯工作原理、启动过程。

(2) 熟悉R、L串联电路中电压与电流的向量关系。

(3) 了解提高功率因数的意义及方法。

(4) 为了提高功率因数，常在感性负载上并联电容器，此时增加了一条电流支路，试问电路的总电流是增大还是减小?

(5) 提高功率因数时所并联的电容是否越大越好?

1.7.3　实验原理

1. 荧光灯电路及工作原理

荧光灯电路如图 1.7.1 所示，主要由灯管 A、镇流器 L 和启辉器 S 三部分组成，可以看成是一个等值电感 L 和等值电阻 R 串联而成的电路，因此它是一种感性负载。

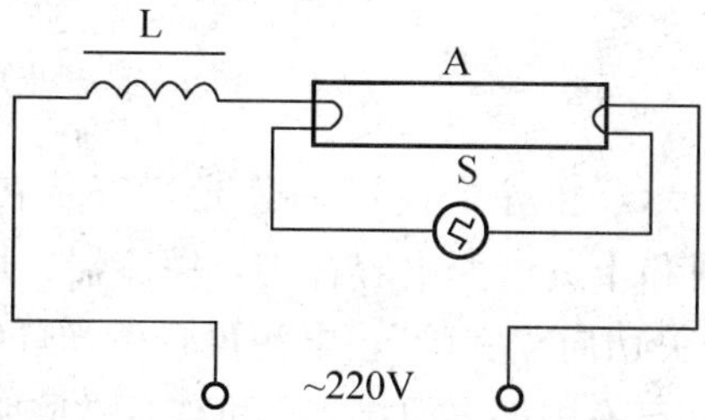

图 1.7.1　荧光灯电路

灯管 A 是一根细长的玻璃管，它的内壁涂有一层荧光粉，两端各有一支灯丝和电极，灯丝上涂有受热后易于发射的电子的金属氧化物，管内充有稀薄的惰性气体和少量的汞。在灯管两极加上一定的电压后，灯管发生弧光放电产生紫外线，激发荧光粉辐射可见光。灯管的启动电压是 400～500V，启动后的工作电压是 80V 左右。为了满足启动时和启动后所需的工作电压条件，灯管需配合镇流器和启辉器才能正常工作。

镇流器是一个带铁芯的电感线圈，在荧光灯启动时能产生足够的自感电势，使灯管放电导通，当日光灯正常工作时限制灯管电流。

启辉器是一个充有惰性气体的辉光管，管内装有两个电极，一个是固定电极，一个是双金属片可动电极。

荧光灯起辉过程如下：当刚接通电源时，灯管还未放电，启辉器的电极处于断开位置，此时电路中没有电流，电源电压全部加在启辉器的两个电极上，电极间的气隙被击穿，连续产生火花，双金属片受热弯曲与固定电极接通。这时灯管灯丝导通，灯丝预热而发射电子。电路接通后，启辉器两端电压下降，双金属片冷却，与固定电极分开。此时镇流器线圈因电路断电而产生很高的感应电动势，与电源电压一起加到灯管两端，使灯管产生弧光放电，灯管内壁荧光粉便发出近似日光的可见光。灯管放电后其端电压下降，启辉器不再动作。

2. 功率因数及其提高

如前所述荧光灯工作电路是一种感性负载，消耗的功率为

$$P=UI\cos\phi \tag{1-15}$$

由式(1－15)得负载电流为

$$I=\frac{P}{U\cos\phi} \tag{1-16}$$

当负载电压 U 保持不变，为保证负载吸收一定的功率 P，在功率因数 $\cos\phi$ 较低时，

线路电流 I 就要增大，从而增加了线路损耗，使得设备的容量得不到充分利用。因此，提高电路的功率因数有着十分重要的经济意义。

为了提高功率因数，一般最常用的方法是根据负载的性质在电路中接入适当的电抗元件。由于用电设备中大多数是感性负载，因此工程应用中一般采取在负载两端并联一个补偿电容器，抵消负载电流的一部分无功分量。补偿电容有一个适当的数值，通常使 $\cos\phi$ 为 0.85～0.90。

1.7.4 实验内容

实验电路如图 1.7.2 所示，实验中使用的荧光灯安装在 GDS－01 电源控制屏上，GDS－09 提供镇流器接线图和十进可变电容标志，镇流器、灯管均有接线端引出供测电压。实验时应将电源转换开关切向“实验”，电源可自荧光灯线路两接线端引入。如开关切向“照明”，则表示荧光灯已有内部电源接入，可作日常照明用。

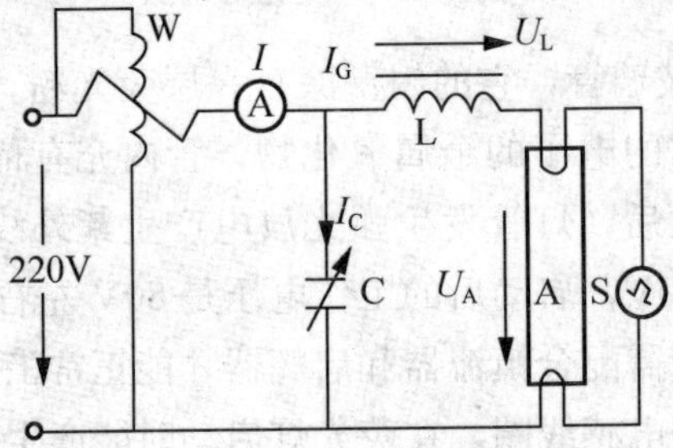

图 1.7.2　荧光灯功率因数提高实验电路

实验步骤：

(1) 按图 1.7.2 连接实验线路。

(2) 按图接线经检查无误后，合上主回路电源，调节 GDS－01 输出电源，使输出电压为 220V(一般电压调至 220V 左右时荧光灯正常发亮)。

(3) 并联不同容量的电容(电容取值见表 1－7－1)，测量不同电容值时的负载总功率 P、总电压 U、荧光灯两端电压 U_A、电流 I、荧光灯电流 I_G、电容电流 I_C，将测量数据记录于表 1－7－1。

表 1－7－1　荧光灯功率因数提高实验测量数据

电容 (μF)	功率 P (W)	总电压 U(V)	U_A(V)	总电流 I(mA)	I_C (mA)	I_G (mA)	功率因数 $\cos\phi$
0							
0.5							
1.0							
1.5							
2							

续表

电容 (μF)	功率 P (W)	总电压 U(V)	U_A(V)	总电流 I(mA)	I_C (mA)	I_G (mA)	功率因数 $\cos\phi$
2.5							
3							
3.5							
4.0							
4.5							
5.0							
5.5							
6.0							
6.5							
7.0							
7.5							
8.0							

1.7.5 实验仪器设备

本实验所需仪器设备及选用实验挂箱见表 1-7-2。

表 1-7-2 实验仪器设备及选用实验挂箱

序 号	名 称	型号规格	数 量
1	电源控制屏	GDS-01	1
2	荧光灯、可变电容	GDS-09	1
3	交流电流、电压表	GDS-31	1
4	功率表	GDS-13	1

1.7.6 实验注意事项

（1）本实验使用 220V 交流电源供电，要特别注意实验安全，实验过程必须严格遵守先接线后通电，先断电后拆线的实验操作原则。

（2）电路通电后勿接触线路非绝缘部分。

（3）注意功率表的正确连接方法。

1.7.7 实验报告要求

（1）写出本实验的实验目的、原理、内容和步骤，列出所选用的实验设备，画出实验电路图。

（2）列表记录测量数据，并计算日光灯电路的功率因数 $\cos\varphi$ 值。

（3）绘制总电流 I 与电容值 C 的关系曲线，并分析讨论。

（4）说明功率因数提高的意义。

（5）分析讨论实验过程中出现的问题，并说明如何解决的。

（6）总结实验心得与体会。

1.8 RC 一阶电路瞬态响应

1.8.1 实验目的

（1）研究 RC 一阶电路的零输入响应、零状态响应及全响应。

（2）理解一阶电路时间常数 τ 的意义并掌握其测量方法。

（3）掌握微分电路和积分电路的基本概念。

（4）学会用双踪示波器观测电路信号波形。

1.8.2 预习内容

（1）阅读预习函数信号发生器和双踪示波器的使用说明，掌握操作方法。

（2）预习一阶电路相关知识。

（3）RC 一阶电路中，当 R、C 的大小变化时，对电路响应有什么影响？

（4）RC 电路在什么条件下视为积分电路和微分电路？

（5）积分电路和微分电路的输入输出波形有何关系，该电路有何功能？

1.8.3 实验原理

1. RC 一阶电路

含有电感、电容储能元件的电路，其响应可由微分方程进行求解。如果电路方程为一阶微分方程，则该电路称为一阶电路。一阶电路通常由一个储能元件和若干个电阻元件构成。RC 一阶电路如图 1.8.1 所示。

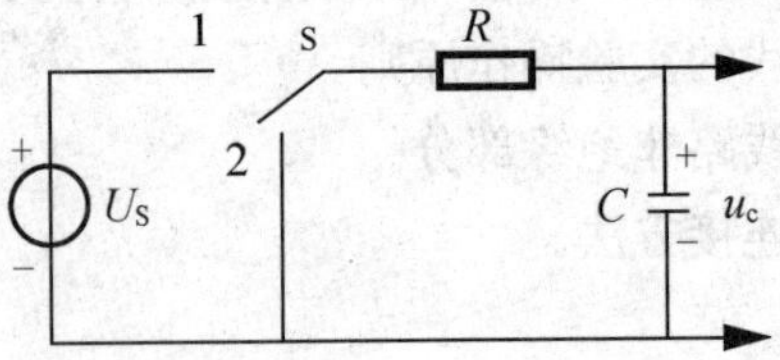

图 1.8.1 RC 一阶电路

2. 零状态响应和零输入响应

1）零状态响应

储能元件的初始值为零的电路对外加激励的响应称为零状态响应。如图 1.8.1 所示，当 $t=0$ 时，开关 S 由位置 2 转到位置 1，直流电源通过电阻 R 开始对电容 C 充电，$u_c(t)$ 称为 RC 一阶电路零状态响应，变化曲线如图 1.8.2(a)所示。

$$u_c(t)=U_S(1-e^{-\frac{t}{\tau}}) \tag{1-17}$$

2）零输入响应

电路在无激励情况下，由储能元件的初始状态引起的响应称为零输入响应。如图 1.8.1 所示，当开关 S 在位置 1 等电路稳定后，再转到位置 2，电容 C 通过 R 放电，$u_c(t)$称为 RC 一阶电路的零输入响应，变化曲线如图 1.8.2(b)所示。

$$u_c(t)=U_S e^{-\frac{t}{\tau}} \tag{1-18}$$

式中：$\tau=RC$ 为时间常数，它是反映电路过渡过程快慢的物理量，τ 越大，过渡过程时间越长；τ 越小，过渡过程的时间越短。τ 可以从响应曲线中估算：充电曲线中，幅值上升到终值的 63.2%所对应的时间即为一个 τ；放电曲线中，幅值下降到初值的 36.8%所对应的时间即为一个 τ。

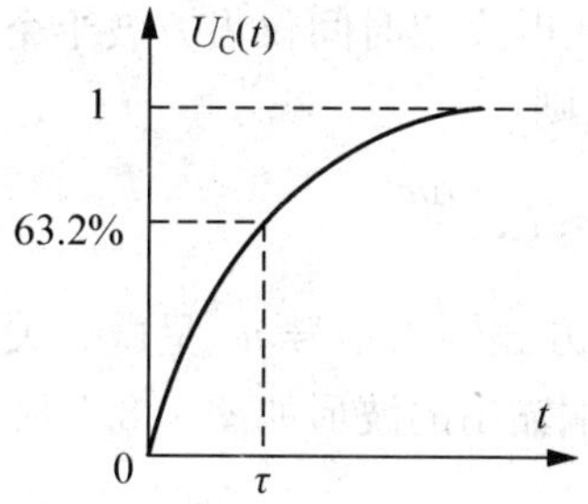

(a) 零状态响应

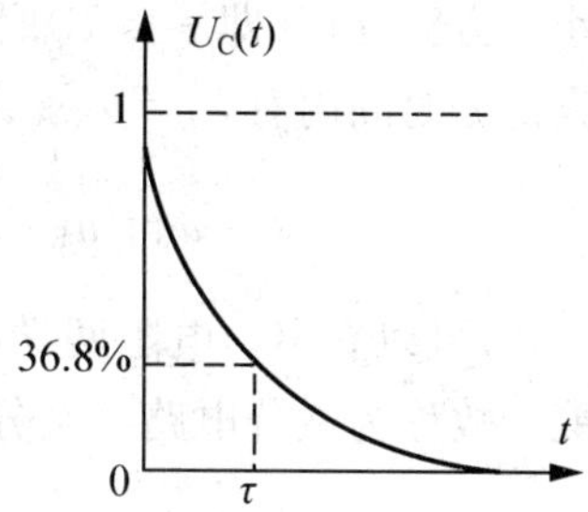

(b) 零输入响应

图 1.8.2　零状态响应和零输入响应

3）响应曲线的观察及时间常数的测定

图 1.8.2 所示的上述暂态过程很难观测，为了能使用双踪示波器观测电路的暂态过程，可以采用周期方波脉冲作为激励信号。当方波的半周期 $T\approx 3\tau\sim 5\tau$ 时，在方波的每半个周期中，电容的充电或放电都已基本完成，因此，电路出现周期性的零状态响应和零输入响应，波形如图 1.8.3 所示。

时间常数决定过渡过程的长短，在用示波器观察 RC 零状态响应曲线时，在示波器的横轴上读出电容电压上升至电源电压的 63.2%时对应的时间，就是时间常数 τ。

3. 微分电路和积分电路

当激励方波的周期与 RC 一阶电路的时间常数之间满足一定的条件时，该电路可视为微分电路或积分电路。

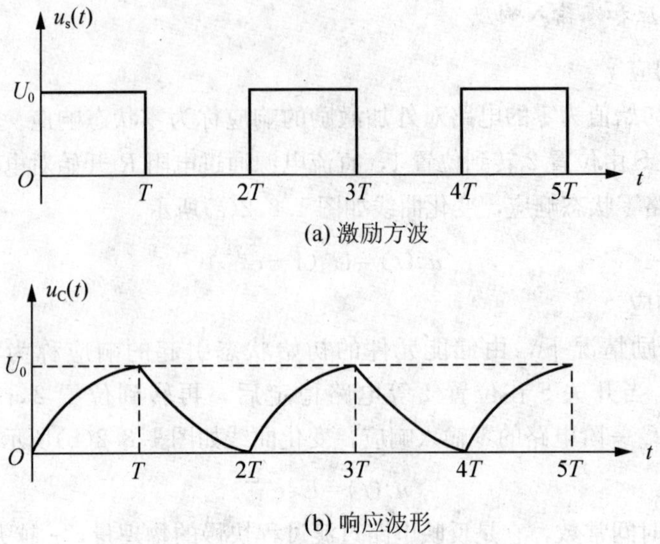

图 1.8.3 方波激励下的电容充放电波形

1）微分电路

若 RC 一阶电路的输出取自电阻两端的电压，$u_o=u_R$，如图 1.8.4 所示。当电路的时间常数 τ 远小于方波周期(即 $\tau \ll T$)时，电容的充放电完成时间仅占方波半个周期的很小一部分，在大部分时间内有 $u_o=u_R \ll u_C$，$u_C \approx u_s$，则

$$u_o=u_R=Ri=RC\frac{du_C}{dt}\approx RC\frac{du_s}{dt} \tag{1-19}$$

由式(1-19)可以看出，电阻两端的电压 u_R 与方波输入信号 u_s 呈微分关系，电路实现了微分功能，故称为微分电路。微分电路电阻两端输出的波形如图 1.8.5 所示。

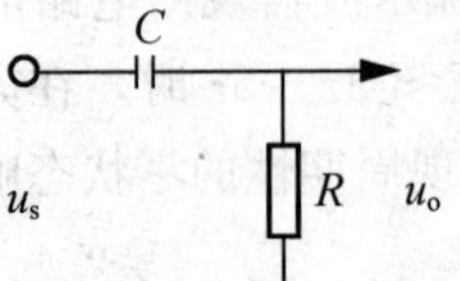

图 1.8.4 微分电路

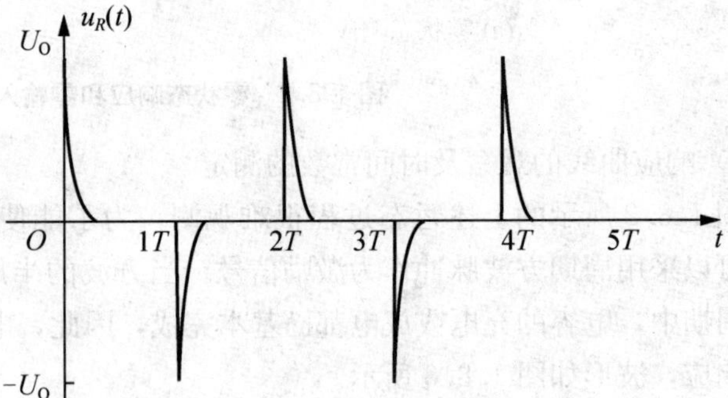

图 1.8.5 微分电路的输出波形

2）积分电路

若 RC 一阶电路的响应 u_o 为电容电压 u_C，如图 1.8.6 所示，当时间常数 τ 远大于方波周期，即 $\tau \gg T$ 时，$u_C \ll u_R$，$u_R \approx u_s$，则

$$u_o = u_C = \frac{1}{C}\int i_c \mathrm{d}t = \frac{1}{C}\int \frac{u_R}{R}\mathrm{d}t \approx \frac{1}{RC}\int u_s \mathrm{d}t \tag{1-20}$$

由式(1-20)可以看出，电容两端的电压 u_C 与方波输入信号 u_s 呈积分关系，电路实现了积分功能，故称为积分电路。积分电路电容两端输出的波形如图 1.8.7 所示。

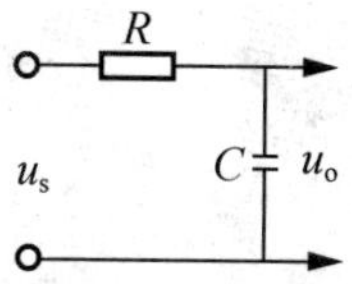

图 1.8.6 积分电路

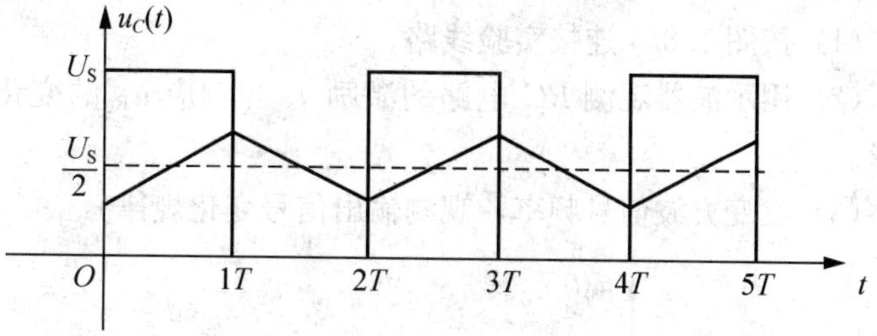

图 1.8.7 积分电路的输出波形

1.8.4 实验内容

1. 观测 *RC* 电路的方波响应

实验电路如图 1.8.6 所示，图中 $R=10\text{k}\Omega$，$C=6800\text{pF}$，u_s 接函数信号发生器信号输出端，为方波信号，幅值为 5V，频率为 1000Hz。

实验步骤：

(1) 按图 1.8.6 连接实验线路。

(2) 用示波器观测 *RC* 电路的方波响应，在图 1.8.8 中描绘 u_C 波形。

(3) 根据记录波形求得时间常数 τ。

(4) 改变电路参数 *R* 的值，观察并分析 u_C 的变化。

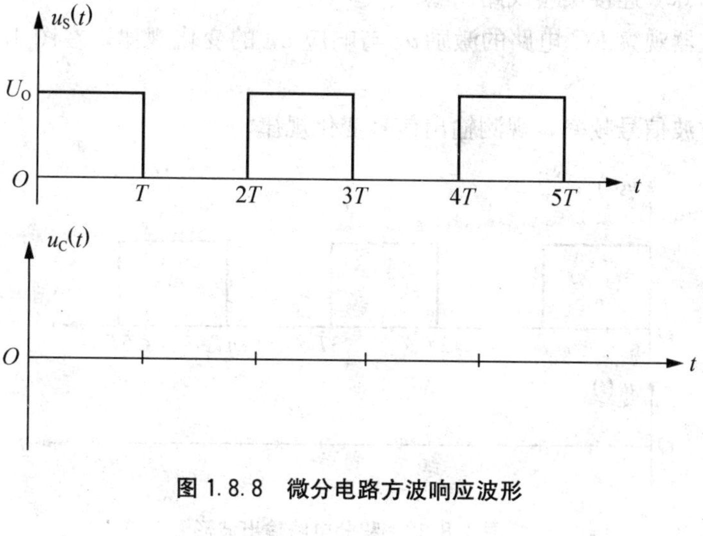

图 1.8.8 微分电路方波响应波形

2. 微分电路

实验电路如图 1.8.4 所示，图中 $R=10\text{k}\Omega$，$C=6800\text{pF}$，u_s 接函数信号发生器信号输出端，为方波信号，幅值为 5V，频率为 100Hz。

实验步骤：

(1) 按图 1.8.4 连接实验线路。

(2) 用示波器观测 RC 电路的激励 u_s 与响应 u_R 的变化规律，在图 1.8.9 中描绘 u_R 波形。

(3) 改变方波信号频率，观测输出信号变化规律。

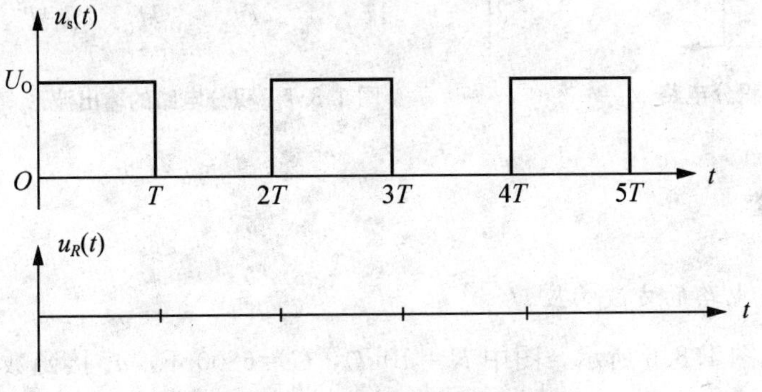

图 1.8.9　微分电路输出波形

3. 积分电路

实验电路如图 1.8.6 所示，图中 $R=10\text{k}\Omega$，$C=6800\text{pF}$，u_s 接函数信号发生器信号输出端，为方波信号，幅值为 5V，频率为 20kHz。

实验步骤：

(1) 按图 1.8.6 连接实验线路。

(2) 用示波器观察 RC 电路的激励 u_s 与响应 u_C 的变化规律，在图 1.8.10 中描绘 u_C 波形。

(3) 改变方波信号频率，观测输出信号变化规律。

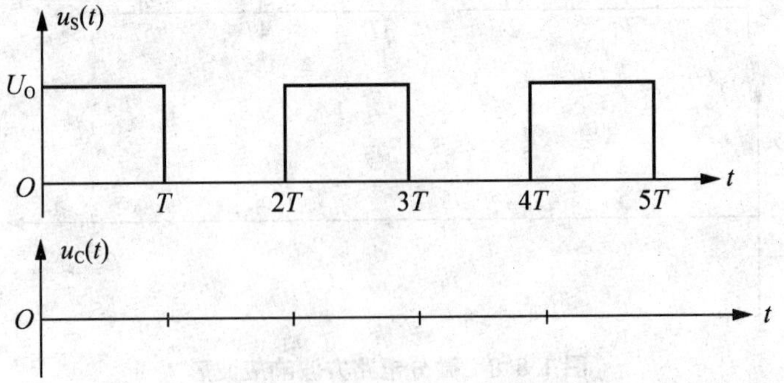

图 1.8.10　积分电路输出波形

1.8.5　实验仪器设备

本实验所需仪器设备及选用实验挂箱见表1-8-1。

表1-8-1　实验仪器设备及选用实验挂箱

序　号	名　称	型号规格	数　量
1	全智能函数信号发生器	GDS-04	1
2	荧光灯、可变电容	GDS-09	1
3	双踪示波器	V-252，20MHz	1

1.8.6　实验注意事项

(1) 信号源的接地端与示波器的接地端要连在一起，以防外界干扰而影响测量的准确性。

(2) 全智能函数信号发生器能输出三角波、方波、正弦波等交流波形，实验时必须将“波形选择”置方波位置。

(3) 示波器在使用中，注意选择适当的扫描速度和Y轴的档级。

(4) 测量时间常数时，应将时间轴的微调旋钮旋至校准位置。

(5) 同时观测输入和输出信号时，示波器通道的地要接在同一点上。

1.8.7　实验报告要求

(1) 写出本实验的实验目的、原理、内容和步骤，列出所选用的实验设备，画出实验电路图。

(2) 根据实验观测结果，绘制*RC*一阶电路方波响应波形，讨论时间常数对电容充放电速度的影响。

(3) 根据实验观测结果，绘出微分电路、积分电路输出信号与输入信号对应的波形。

(4) 对实验中所观察的各种波形进行分析，总结*RC*微分电路和积分电路所需要的电路条件。

(5) 分析讨论实验过程中出现的问题，并说明如何解决的。

(6) 总结实验心得与体会。

1.9　双口网络参数的测试

1.9.1　实验目的

(1) 通过实验加深对双口网络参数的理解。

(2) 掌握无源线性双口网络参数的测量方法。

(3) 学习测量双口网络的输入及输出阻抗。

1.9.2 预习内容

(1) 复习双口网络的有关理论知识。

(2) 无源线性双口网络的参数与外加电压和电流是否有关？为什么？

(3) 两个双口网络构成的级联双口网络的传输参数怎么确定？

(4) 试述双端口同时测量法与分别测量法的测量步骤、优缺点及其适用范围。

(5) 本实验方法是否可用于交流双口网络的测定？

1.9.3 实验原理

任意一个无源线性双口网络，其外特性可通过端口电压 U_1、U_2 和端口电流 I_1、I_2 之间的关系来表征。无源线性双口网络如图 1.9.1 所示，若将输出端口的电压 U_2 和电流 I_2 作为自变量，输入端口的电压 U_1 和电流 I_1 作为因变量，得到如下传输方程

$$U_1 = AU_2 + BI_2 \tag{1-21}$$

$$I_1 = CU_2 + CI_2 \tag{1-22}$$

式中 A、B、C、D 称为双口网络的传输参数，其值完全决定于网络内部的元件和结构，这 4 个参数表征了双口网络的基本特性，分别表示为

$A = \left.\dfrac{U_1}{U_2}\right|_{I_2=0}$，两个电压的比值，是无量纲的量。

$B = \left.\dfrac{U_1}{I_2}\right|_{U_2=0}$，称为短路转移阻抗。

$C = \left.\dfrac{I_1}{U_2}\right|_{I_2=0}$，称为开路转移导纳。

$D = \left.\dfrac{I_1}{I_2}\right|_{U_2=0}$，两个电流比值，也是无量纲的量。

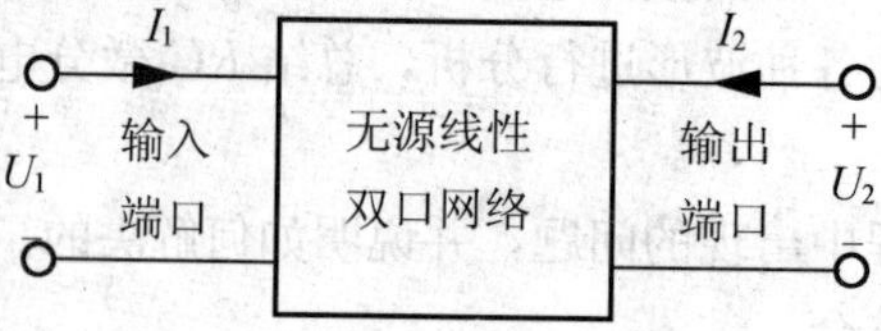

图 1.9.1 双口网络模型

从以上可知，只要在双口网络的输入端口加上电压，让该网络的输出端口分别处于开路和短路的情况下，在两个端口同时测量出电压和电流值，即可求出 A、B、C、D 4 个参数，该方法称为双端口同时测量法。

双端口同时测量法适用于测量近距离的双口网络，当被测量的双口网络是一条远距离输电线路时，该方法使用起来就很不方便了。这时可采用分别测量法，测量过程如下：先

在输入端口加电压，将输出端口开路和短路，在输入端口测量电压和电流，由传输方程可得：

$$R_{10}=\left.\frac{U_{10}}{I_{10}}\right|_{I_2=0}=\frac{A}{C}，R_{1S}=\left.\frac{U_{1S}}{I_{1S}}\right|_{U_2=0}=\frac{B}{D}$$

然后在输出端口加电压，将输入端口开路和短路，测量输出端口的电压和电流，由传输方程可得：

$$R_{20}=\left.\frac{U_{20}}{I_{20}}\right|_{I_1=0}=\frac{D}{C}，R_{2S}=\left.\frac{U_{2S}}{I_{2S}}\right|_{U_1=0}=\frac{B}{A}$$

其中U_{10}、I_{10}和U_{1S}、I_{1S}分别表示输出端口开路和短路时输入端口的电压和电流，U_{20}、I_{20}和U_{2S}、I_{2S}分别表示输入端口开路和短路时输出端口的电压和电流。R_{10}、R_{1S}和R_{20}、R_{2S}分别表示一个端口开路和短路时，另一端口的等效输入电阻。这 4 个参数中只有 3 个是独立的，因为它们之间有如下关系：

$$\frac{R_{10}}{R_{20}}=\frac{R_{1S}}{R_{2S}}=\frac{A}{D}$$

所以，从电阻参数中任取 3 个，并利用公式：

$$AD-BC=1 \qquad (1-23)$$

即可求出 4 个传输参数 A、B、C、D。

$$\mathrm{A}=\sqrt{R_{10}/(R_{20}-R_{2S})} \qquad (1-24)$$

$$B=R_{2S}A \qquad (1-25)$$

$$C=A/R_{10} \qquad (1-26)$$

$$D=R_{20}C \qquad (1-27)$$

两个双口网络级联后的传输参数与每一个参加级联的二端口网络的传输参数之间有如下关系：

$$A=A_1A_2+B_1C_2 \qquad (1-28)$$

$$B=A_1B_2+B_1D_2 \qquad (1-29)$$

$$C=C_1A_2+D_1C_2 \qquad (1-30)$$

$$D=C_1B_2+D_1D_2 \qquad (1-31)$$

1.9.4　实验内容

1. 同时测量法测量双口网络参数

用同时测量法分别测定两个双口网络的传输参数 A_1、B_1、C_1、D_1和 A_2、B_2、C_2、D_2。实验电路如图 1.9.2 所示，双口网络 1、2 在直流实验电路挂箱 GDS－06A 上，双口网络的输入端口接直流稳压电源的输出，电压为 10V。

实验步骤：

(1) 按图 1.9.2 连接实验电路。

(2) 按照表 1－9－1 的内容，测量双口网络 1 的电压、电流，计算出传输参数。

(3) 按照表 1－9－1 的内容，测量双口网络 2 的电压、电流，计算出传输参数。

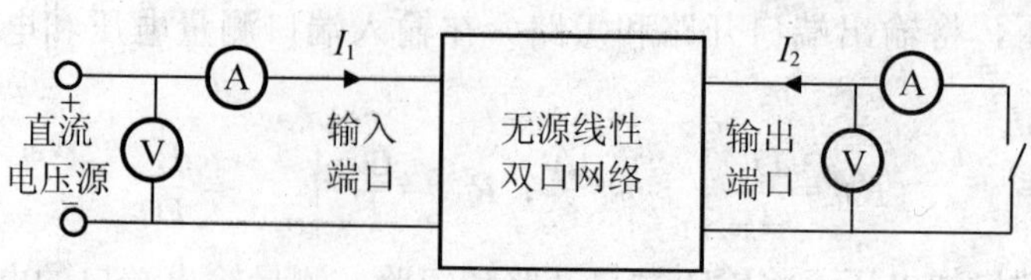

图 1.9.2　双口网络参数测定实验电路

表 1-9-1　双口网络传输参数测量数据

		测量值			计算值	
双口网络 1	输出端开路 $I_2=0$	U_{10}(V)	U_{20}(V)	I_{10}(mA)	A_1	C_1
	输出端短路 $U_2=0$	U_{1S}(V)	I_{1S}(mA)	I_{2S}(mA)	B_1	D_1
双口网络 2		测量值			计算值	
	输出端开路 $I_2=0$	U_{10}(V)	U_{20}(V)	I_{10}(mA)	A_2	C_2
	输出端短路 $U_2=0$	U_{1S}(V)	I_{1S}(mA)	I_{2S}(mA)	B_2	D_2

2. 级联双口网络参数的测量

将两个双口网络级联，即将网路 1 的输出接至网络 2 的输入，如图 1.9.3 所示。用分别测量法测量该等效网络的传输参数 A、B、C、D，将测量数据记录于表 1-9-2 中，验证等效双口网络传输参数与级联的两个双口网络传输参数之间的关系。

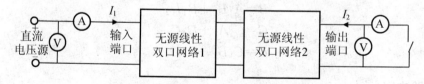

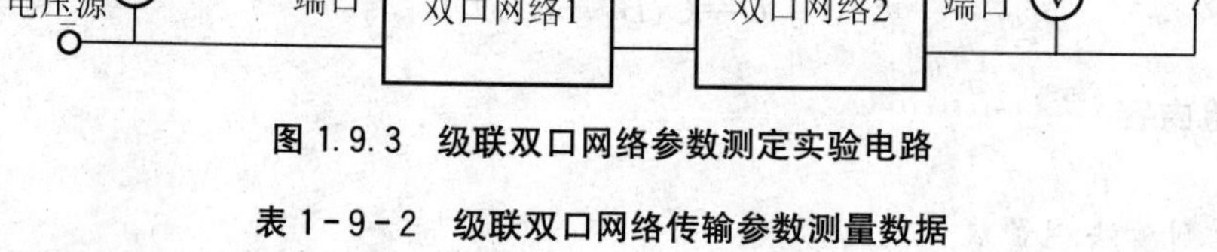

图 1.9.3　级联双口网络参数测定实验电路

表 1-9-2　级联双口网络传输参数测量数据

输出端开路 $I_2=0$			输出端短路 $U_2=0$			传输参数计算
U_{10}(V)	I_{10}(mA)	R_{10}	U_{1S}(V)	I_{1S}(mA)	R_{1S}	
						$A=$
输入端开路 $I_1=0$			输入端短路 $U_1=0$			$B=$
U_{20}(V)	I_{20}(mA)	R_{20}	U_{2S}(V)	I_{2S}(mA)	R_{2S}	$C=$
						$D=$

1.9.5　实验仪器设备

本实验所需仪器设备及选用实验挂箱见表1-9-3。

表1-9-3　实验仪器设备及选用实验挂箱

序　号	名　称	型号规格	数　量
1	稳压、稳流源	GDS-02、GDS-03	1
2	直流电路实验	GDS-06A	1
3	直流电压、电流表	GDS-30	1

1.9.6　实验注意事项

(1) 在搭建实验电路时尽量使用短导线。

(2) 电压源接入电路时要注意极性，不要接错。

(3) 防止电源两端短路。

(4) 使用电压表、电流表时注意不要接错正负极。

(5) 两个双口网络级联时，应将一个双口网络的输出端与另一个双口网络的输入端连接。

1.9.7　实验报告要求

(1) 写出本实验的实验目的、原理、内容和步骤，列出所选用的实验设备，画出实验电路图。

(2) 列表记录测量数据。

(3) 根据表1-9-1所测实验数据，计算双口网络1、2的传输参数。

(4) 验证级联后等效双口网络的传输参数与级联的两个双口网络传输参数之间的关系。

(5) 分析讨论实验过程中出现的问题，并说明如何解决的。

(6) 总结实验心得与体会。

1.10　*RLC* 串联谐振电路实验测试

1.10.1　实验目的

(1) 学会用实验方法测定 *RLC* 串联谐振电路的幅频特性、通频带及品质因数。

(2) 观测串联电路谐振现象，加深对其谐振条件和特点的理解。

(3) 进一步学会几种常用电子仪器的使用方法。

1.10.2 预习内容

(1) 如何判别电路是否达到谐振？测试谐振点的方法有哪些？

(2) 根据实验电路各元件的参数，计算电路的谐振频率。

(3) 如何测得实验电路的电流值？谐振时，电路有何特点？

(4) 为测得电路完整的谐振曲线，表 1-10-1 中测试频率值该怎么确定？

(5) 如何提高电路的品质因数？

1.10.3 实验原理

1. *RLC* 串联谐振及幅频特性

在图 1.10.1 所示的 *RLC* 串联电路中，当外加正弦交流电压的频率改变时，电路中的感抗、容抗也随之改变，因而电路中的电流也随着频率而变化。

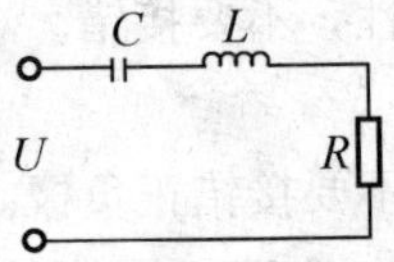

图 1.10.1 *RLC* 串联电路

该电路中，电路的复阻抗为

$$Z=R+\mathrm{j}(\omega L-\frac{1}{\omega C})=R+\mathrm{j}X=|Z|\angle\phi \qquad (1-32)$$

其中，$|Z|=\sqrt{R^2+(\omega L-\dfrac{1}{\omega C})^2}$，$\phi=\arctan\dfrac{\omega L-\dfrac{1}{\omega C}}{R}$。

当 $\omega L=\dfrac{1}{\omega C}$时，电路发生谐振，谐振角频率为 $\omega_0=1/\sqrt{LC}$，谐振频率为 $f_0=\dfrac{1}{2\pi\sqrt{LC}}$。

谐振时该电路有以下特性。

(1) 电路总阻抗最小，$Z=R$，阻抗角为零，电路呈纯电阻性。

(2) 在输入电压为定值时，电路电流最大，$I_0=U/R$。

(3) 电感电压与电容电压大小相等、相位相反并达到最大值。

(4) 电阻电压 U_R 等于总电压 U。

随着频率的变化，电路的性质在 $\omega<\omega_0$ 时呈容性，$\omega>\omega_0$ 时电路呈感性。

改变外加信号源的频率，电路中电流的大小也随之变化。电流的大小与信号源角频率之间的关系，即电流的幅频特性的表达式为

$$I=\frac{U}{\sqrt{R+(\omega L-\frac{1}{\omega C})^{2}}}=\frac{U}{R\sqrt{1+Q\,(\frac{f}{f_0}-\frac{f_0}{f})^{2}}} \tag{1-33}$$

或

$$i=\frac{I}{I_0}=\frac{1}{\sqrt{1+Q\,(\frac{f}{f_0}-\frac{f_0}{f})^{2}}} \tag{1-34}$$

式中 Q 称为电路的品质因数，Q 为谐振时电感电压 U_L 或电容电压 U_C 与电源电压之比，即

$$Q=\frac{U_L}{U}=\frac{U_C}{U}=\frac{\omega_0 L}{R}=\frac{1}{\omega_0 RC}=\frac{1}{R}\sqrt{\frac{L}{C}} \tag{1-35}$$

电流幅频特性曲线如图 1.10.2 所示。当电路的 L 和 C 维持不变，只改变 R 的大小时，ω_0 不变，而 Q 值不同。Q 值越大，曲线越尖锐。在这些不同 Q 值谐振曲线图上，通过纵坐标 0.707 处画一条平行于横轴的直线，与各谐振曲线交于两点 ω_1 和 ω_2。可以证明

$$Q=\frac{\omega_0}{\omega_2-\omega_1} \tag{1-36}$$

说明电路的品质因数越大，Q 值越大，ω_1，ω_2 两点之间的距离越小，谐振曲线越尖锐，电路的选择性越好，这就是 Q 值的物理意义。

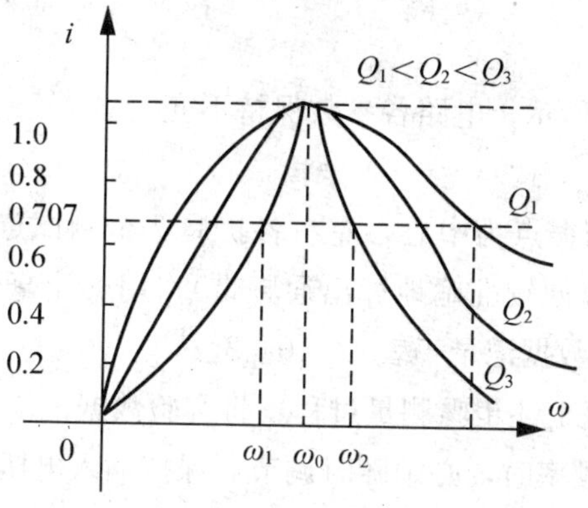

图 1.10.2　RLC 串联电路幅频特性曲线

2. 判断 RLC 串联电路是否发生谐振的几种方法

1）相位判别法

根据串联电路谐振，电压与电流同相的特点，可用双轨法或李沙育图形法观察电压 U 与电流 I 间的相位关系，寻找谐振点。

2）电流判别法

根据串联电路谐振，电流值 I 值达到最大的特点，测量电路电流值是否最大，判断电路是否发生谐振。

1.10.4 实验内容

1. 谐振频率 f_0测试

RLC 串联实验电路如图 1.10.1 所示，$L=50\text{mH}$，$C=4700\text{pF}$，信号源输出电压为2V 正弦信号，并在实验过程中保持不变。

实验步骤：

(1) 取 $R=1\text{k}\Omega$，将交流毫伏表跨接在电阻 R 两端，令信号源频率由小逐渐变大，当U_R的读数位最大时，此时即为电路谐振频率 f_0，并测量 U_{R0}、U_{L0}、U_{C0} 的值，将实验数据记录于表 1-10-1。

(2) 取 $R=2\text{k}\Omega$，重复步骤(1)测量过程。

表 1-10-1 谐振频率测试各参数数据

U(V)	R(kΩ)	f_0(Hz)	U_{R0}(V)	U_{L0}(V)	U_{C0}(V)	计算 I_0(mA)	计算 Q
2	1						
2	2						

2. 谐振曲线测试

实验电路如图 1.10.1 所示，电路各参数保持不变。

实验步骤：

(1) 取 $R=1\text{k}\Omega$，以谐振点为中心，左右各扩展 7 个测试点(必须包括 $I=0.707I_0$的点及其对应的 f_L和 f_H，以便较准确地算出通频带)，用交流毫伏表分别测量对应不同频率的电阻电压 U_R，将实验数据记录于表 1-10-2。

(2) 取 $R=2\text{k}\Omega$，重复上述步骤测量过程，将实验数据记录于表 1-10-3。

注意： 当改变信号源频率时，必须随时调节和保持输入电压为 2V。

表 1-10-2 频率特性曲线测试数据($R=1\text{k}\Omega$)

f(kHz)													
U(V)													
U_R(V)													
I/I_0(计算值)													
f/f_0(计算值)													
	f_0=____kHz，f_L=____kHz，f_H=____kHz，Q=____												

表 1-10-3 频率特性曲线测试数据($R=2k\Omega$)

f(kHz)													
U(V)													
U_R(V)													
I/I_0(计算值)													
f/f_0(计算值)													
	$f_0=$___kHz，$f_L=$___kHz，$f_H=$___kHz，$Q=$___												

1.10.5 实验仪器设备

本实验所需仪器设备及选用实验挂箱见表 1-10-4。

表 1-10-4 实验仪器设备及选用实验挂箱

序　号	名　称	型号规格	数　量
1	全智能函数发生器	GDS-04	1
2	全智能精密负载	GDS-07	1
3	常规负载	GDS-06	1
4	交流毫伏表	AS2294D，5Hz～2MHz	1
5	双踪示波器	V-252，20MHz	1

1.10.6 实验注意事项

(1) 在变换频率测试前，应调整信号输出幅度，使其维持在 2V 输出。

(2) 为了较准确作出谐振曲线，在谐振点附近测试点要较密。

(3) 为完整作出谐振曲线，应在比 f_L频率更低的地方再测 2～3 点，比 f_H频率更高的地方再测 2～3 点。

(4) 在测量 U_{L0}、U_{C0} 数值前，应及时改换交流毫伏表的量程。

1.10.7 实验报告要求

(1) 写出本实验的实验目的、原理、内容和步骤，列出所选用的实验设备，画出实验电路图。

(2) 根据实验测量数据，绘制不同 R 值时的两条谐振曲线。

(3) 计算出通频带与 Q 值，说明不同 R 值对电路通频带与品质因数的影响。

(4) 总结、归纳串联谐振电路的特性。

(5) 分析讨论实验过程中出现的问题，并说明如何解决的。

(6) 总结实验心得与体会。

第2章

数字电路实验

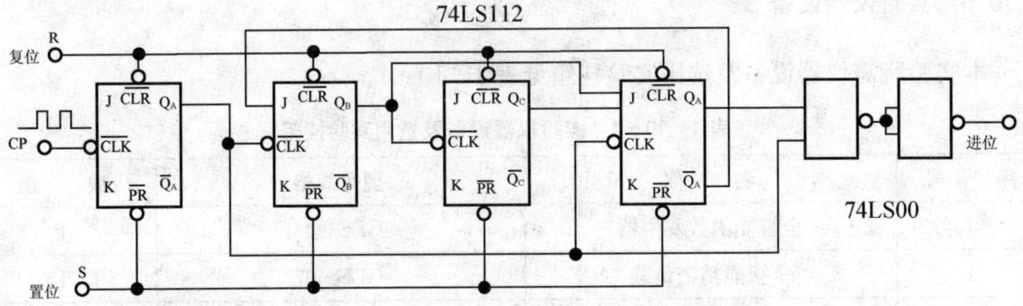

2.1 门电路逻辑功能及测试

2.1.1 实验目的

(1) 熟悉门电路的逻辑功能、逻辑表达式、逻辑符号、等效逻辑图。

(2) 掌握数字电路实验箱及示波器的使用方法。

(3) 学会检测基本门电路的方法。

2.1.2 预习内容

(1) 预习门电路相应的逻辑表达式。

(2) 熟悉所用集成电路的引脚排列及用途。

2.1.3 实验仪器设备及器件

(1) 仪器设备：双踪示波器、数字万用表、数字电路实验箱。

(2) 器件：

74LS00　二输入端四与非门　2 片

74LS20　四输入端双与非门　1 片

74LS86　二输入端四异或门　1 片

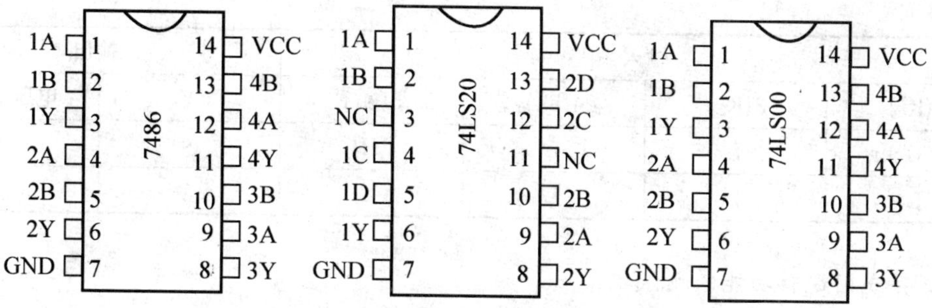

图 2.1.1　门电路逻辑功能及芯片管脚示意图

2.1.4　实验内容

实验前按数字电路实验箱使用说明书先检查电源是否正常，然后选择实验用的集成块芯片插入实验箱中对应的 IC 座，按自己设计的实验接线图接好连线。注意集成块芯片不能插反。线接好后经实验指导教师检查无误方可通电实验。实验中改动接线须先断开电源，接好线后再通电实验。

1. 与非门电路逻辑功能的测试

（1）选用双四输入与非门 74LS20 一片，插入数字电路实验箱中对应的 IC 座，按图 2.1.2 接线、输入端 1、2、4、5 分别接到 K_1～K_4 的逻辑开关输出插口，输出端接电平显示发光二极管 D_1～D_4 中的任意一个。

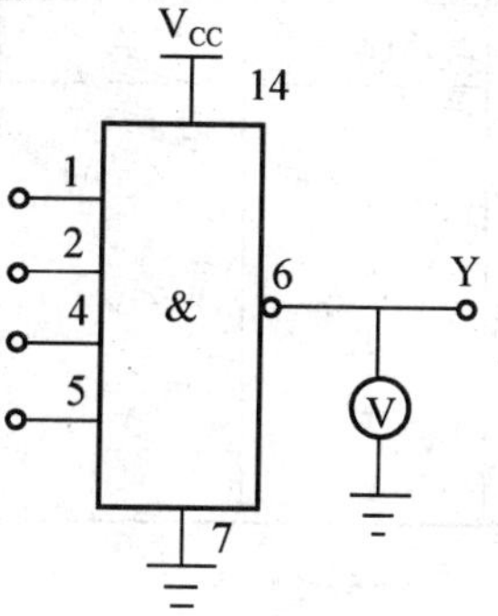

图 2.1.2　与非门电路连线示意图

（2）将逻辑开关按表 2-1-1 的状态设置，分别测输出电压及逻辑状态。

表 2-1-1　与非门电路逻辑功能测试表

输入				输出	
1(K_1)	2(K_2)	4(K_3)	5(K_4)	Y	电压值(V)
H	H	H	H		
L	H	H	H		
L	L	H	H		

续表

输入				输出	
1(K_1)	2(K_2)	4(K_3)	5(K_4)	Y	电压值(V)
L	L	L	H		
L	L	L	L		

2. 异或门逻辑功能的测试

(1) 选二输入四异或门电路74LS86，按图2.1.3接线，输入端1、2、4、5接逻辑开关(K_1～K_4)，输出端A、B、Y接电平显示发光二极管。

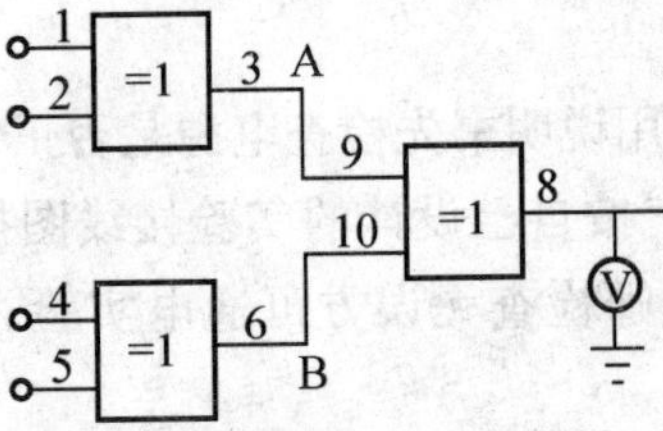

图2.1.3　异或门电路连线示意图

(2) 将逻辑开关按表2-1-2的状态设置，将结果填入表2-1-2中。

表2-1-2　异或门逻辑功能测试表

输入				输出			
1(K_1)	2(K_2)	4(K_3)	5(K_4)	A	B	Y	电压(V)
L	L	L	L				
H	L	L	L				
H	H	L	L				
H	H	H	L				
H	H	H	H				
L	H	L	H				

3. 逻辑电路的逻辑关系测试

(1) 用74LS00，按图2.1.4和图2.1.5接线，将输入输出逻辑关系分别填入表2-1-3和表2-1-4中。

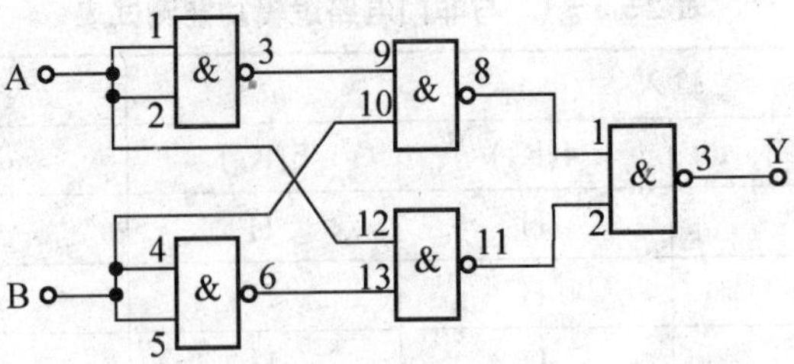

图2.1.4　逻辑电路逻辑关系测试1电路连线图

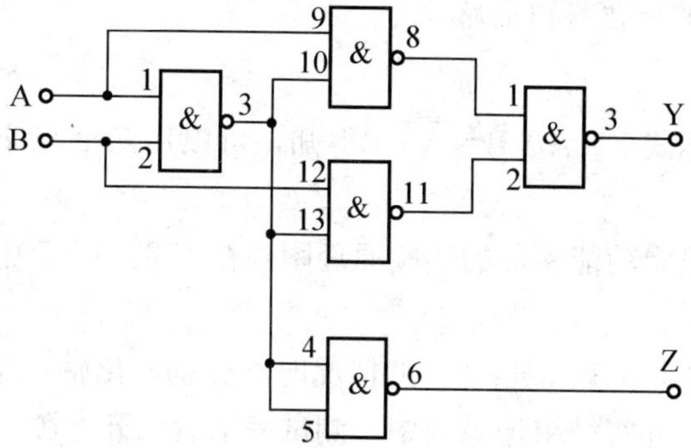

图 2.1.5　逻辑电路逻辑关系测试 2 电路连线图

表 2-1-3　逻辑电路逻辑关系测试 1 表

输入		输出
A	B	Y
L L H H	L H L H	

表 2-1-4　逻辑电路逻辑关系测试 2 表

输入		输出	
A	B	Y	Z
L L H H	L H L H		

(2) 写出上面两个电路逻辑表达式，并画出等效逻辑图。

4. 利用与非门控制输出(选做)

用一片 74LS00，按图 2.1.6 接线，S 接任一电平开关，用示波器观察 S 对输出脉冲的控制作用。

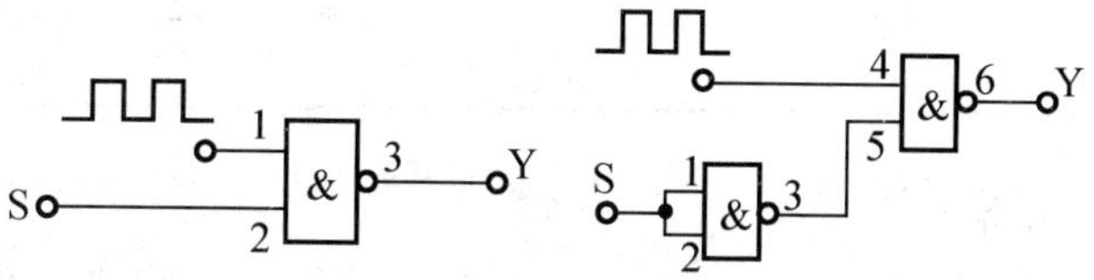

图 2.1.6　与非门控制输出电路连线示意图

5. 用与非门组成其他逻辑门电路

1）组成与门电路

由与门的逻辑表达式 $Z=A\cdot B=\overline{\overline{A\cdot B}}$ 得知，可以用两个与非门组成与门，其中一个与非门用作反相器。

(1) 将与门及其逻辑功能验证的实验原理图画在表 2-1-5 中，按原理图连线，检查无误后接通电源。

(2) 当输入端 A、B 为表 2-1-5 的情况时，分别测出输出端 Y 的电压或用 LED 发光管监视其逻辑状态，并将结果记录表中，测试完毕后断开电源。

表 2-1-5　用与非门组成与门电路实验数据

逻辑功能测试实验原理图	输入		输出 Y	
	A	B	电压	逻辑值

2）组成或门电路

根据 De. Morgan 定理，或门的逻辑函数表达式 $Z=A+B$ 可以写成 $Z=\overline{\overline{A}\cdot\overline{B}}$，因此，可以用 3 个与非门组成或门。

(1) 将或门及其逻辑功能验证的实验原理图画在表 2-1-6 中，按原理图连线，检查无误后接通电源。

(2) 当输入端 A、B 为表 2-1-6 的情况时，分别测出输出端 Y 的电压或用 LED 发光管监视其逻辑状态，并将结果记录表中，测试完毕后断开电源。

表 2-1-6　用与非门组成或门电路实验数据

逻辑功能测试实验原理图	输入		输出 Y	
	A	B	电压	逻辑值

3）组成或非门电路

或非门的逻辑函数表达式 $Z=\overline{A+B}$，根据 De. Morgan 定理，可以写成 $Z=\overline{A}\cdot\overline{B}=\overline{\overline{\overline{A}\cdot\overline{B}}}$，因此，可以用 4 个与非门构成或非门。

（1）将或非门及其逻辑功能验证的实验原理图画在表 2-1-7 中，按原理图连线，检查无误后接通电源。

（2）当输入端 A、B 为表 2-1-7 的情况时，分别测出输出端 Y 的电压或用 LED 发光管监视其逻辑状态，并将结果记录表中，测试完毕后断开电源。

表 2-1-7　用与非门组成或非门电路实验数据

逻辑功能测试实验原理图	输入		输出 Y	
	A	B	电压	逻辑值

4）组成异或门电路(选做)

异或门的逻辑表达式 $Z=A\bar{B}+\bar{A}B=\overline{\overline{A\bar{B}}\cdot\overline{\bar{A}B}}$，由表达式得知，可以用 5 个与非门组成异或门。但根据没有输入反变量的逻辑函数的化简方法，有$\bar{A}\cdot B=(\bar{A}+\bar{B})\cdot B=\overline{A+B}\cdot B$，同理有 $A\bar{B}=A\cdot(\bar{A}+\bar{B})=A\cdot\overline{AB}$，因此 $Z=A\bar{B}+\bar{A}B=\overline{\overline{\overline{AB}B}\cdot\overline{\overline{AB}A}}$，可由 4 个与非门组成。

（1）将异或门及其逻辑功能验证的实验原理图画在表 2-1-8 中，按原理图连线，检查无误后接通电源。

（2）当输入端 A、B 为表 2-1-8 的情况时，分别测出输出端 Y 的电压或用 LED 发光管监视其逻辑状态，并将结果记录表中，测试完毕后断开电源。

表 2-1-8　用与非门组成异或门电路实验数据

逻辑功能测试实验原理图	输入		输出 Y	
	A	B	电压	逻辑值

2.1.5　实验报告要求

（1）按各步骤要求填表并画逻辑图。

（2）回答问题。

① 怎样判断门电路逻辑功能是否正常？

② 与非门一个输入接连续脉冲，其余端什么状态时允许脉冲通过？什么状态时禁止脉冲通过？

③ 异或门又称可控反相门，为什么？

2.2 半加器和全加器逻辑功能测试

2.2.1 实验目的

(1) 掌握组合逻辑电路的功能测试。
(2) 验证半加器和全加器的逻辑功能。
(3) 学会二进制数的运算规律。

2.2.2 预习内容

(1) 预习组合逻辑电路的分析方法。
(2) 预习用与非门和异或门构成的半加器、全加器的工作原理。
(3) 预习二进制数的运算。

2.2.3 实验仪器设备及器件

(1) 实验仪器设备：双踪示波器、数字万用表、数字电路实验箱。
(2) 器件：

74LS00	二输入端四与非门	3 片
74LS86	二输入端四异或门	1 片
74LS54	四组输入与或非门	1 片

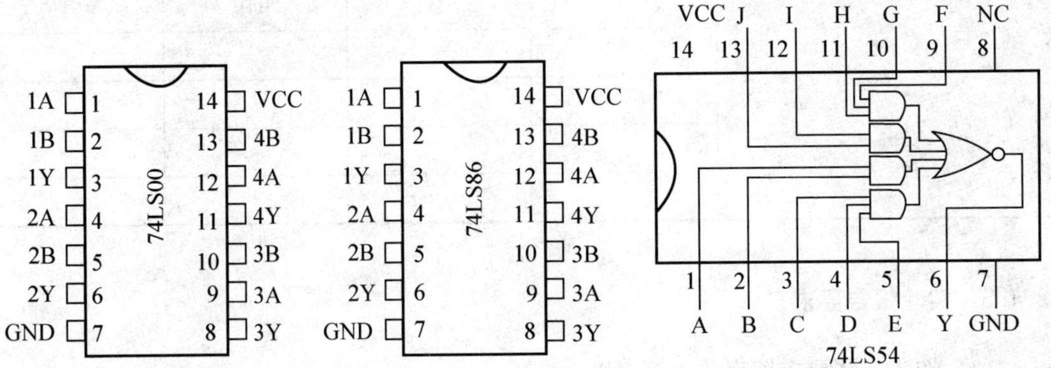

图 2.2.1 半加器和全加器逻辑功能及芯片管脚示意图

2.2.4 实验内容

1. 组合逻辑电路功能测试

（1）用2片74LS00组成逻辑电路如图2.2.2所示。为便于接线和检查，在图中要注明芯片编号及各引脚对应的编号。

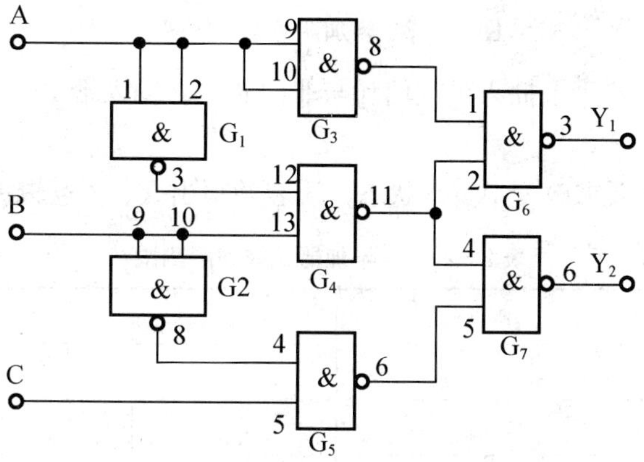

图2.2.2 组合逻辑电路功能测试连线示意图

（2）先按图2.2.2写出 Y_2 的逻辑表达式并化简。

（3）图中A、B、C接逻辑开关，Y_1、Y_2 接发光管电平显示。

（4）按表2-2-1要求，改变A、B、C输入的状态，填表写出 Y_1、Y_2 的输出状态。

表2-2-1 组合逻辑电路功能测试

输入			输出	
A	B	C	Y_1	Y_2
0	0	0		
0	0	1		
0	1	1		
1	1	1		
1	1	0		
1	0	0		
1	0	1		
0	1	0		

（5）将运算结果与实验结果进行比较。

2. 用异或门(74LS86)和与非门组成的半加器电路逻辑功能测试

根据半加器的逻辑表达式可知，半加器Y是A、B的异或，而进位Z是A、B相与，即半加器可用一个异或门和两个与非门组成一个电路，如图2.2.3所示。

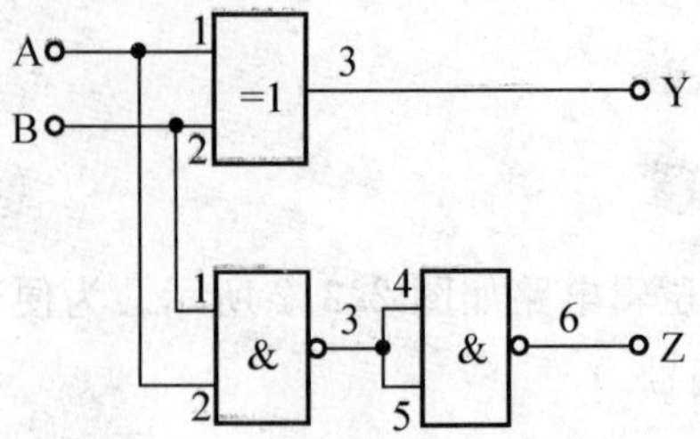

图 2.2.3　半加器逻辑连线图

（1）在数字电路实验箱上插入异或门和与非门芯片。输入端 A、B 接逻辑开关 K、Y、Z 接发光管电平显示。

（2）按表 2-2-2 要求改变 A、B 状态，填表并写出 Y、Z 逻辑表达式。

表 2-2-2　半加器逻辑功能测试

输入端	A	0	1	0	1
	B	0	0	1	1
输出端	Y				
	Z				

3. 全加器组合电路逻辑功能测试

（1）写出图 2.2.4 电路的逻辑表达式。

（2）根据逻辑表达式列真值表。

（3）根据真值表画出逻辑函数 S_iC_i 的卡诺图。

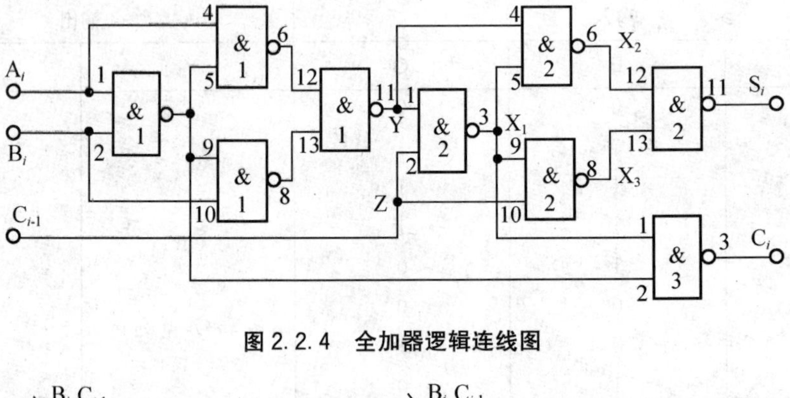

图 2.2.4　全加器逻辑连线图

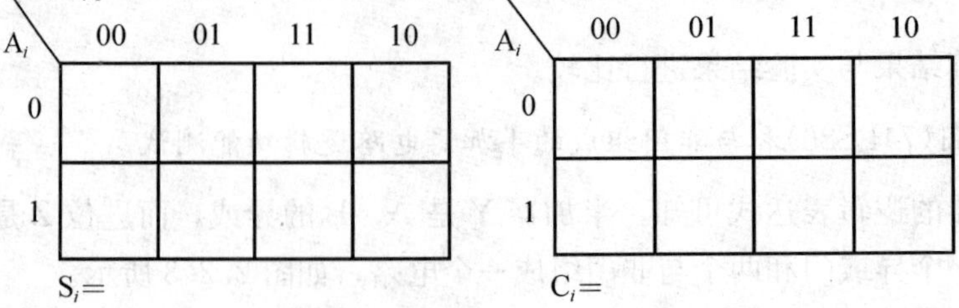

（4）填写表2-2-3各点状态。

表2-2-3 全加器逻辑功能测试

A_i	B_i	C_{i-1}	Y	Z	X_1	X_2	X_3	S_i	C_i
0	0	0							
0	1	0							
1	0	0							
1	1	0							
0	0	1							
0	1	1							
1	0	1							
1	1	1							

（5）按原理图选择与非门并接线进行测试，将测试结果记入表2-2-4，并与上表进行比较，观察逻辑功能是否一致。

表2-2-4 与非门构造的全加器逻辑功能测试

A_i	B_i	C_{i-1}	C_i	S_i
0	0	0		
0	1	0		
1	0	0		
1	1	0		
0	0	1		
0	1	1		
1	0	1		
1	1	1		

4. 用异或门、与或非门、与非门组成的全加器电路逻辑功能测试

全加器电路可以用两个半加器和两个与门一个或门组成。在实验中，常用一片双异或门、一片与或非门和一片与非门来实现。

（1）画出用异或门、与或非门和非门实现全加器的逻辑电路图，写出逻辑表达式。

（2）找出异或门、与或非门和与非门器件，按自己设计画出的电路图接线，注意：接线时与或非门中不用的与门输入端应该接地。

（3）当输入端 A_i，B_i，C_{i-1} 为下列情况时，测量 S_i 和 C_i 的逻辑状态并填入表2-2-5。

表 2-2-5　异或门、与或非门和与非门组成的全加器逻辑功能测试

输入端	A_i	0	0	0	0	1	1	1	1
	B_i	0	0	1	1	0	0	1	1
	C_{i-1}	0	1	0	1	0	1	0	1
输出端	S_i								
	C_i								

2.2.5　实验报告要求

（1）整理实验数据、图表并对实验结果进行分析讨论。

（2）总结全加器卡诺图的分析方法。

（3）总结实验中出现的问题和解决的办法。

2.3　译码器和数据选择器逻辑功能测试和设计

2.3.1　实验目的

（1）熟悉集成数据选择器、译码器的逻辑功能及测试方法。

（2）学会用集成数据选择器、译码器进行逻辑设计。

2.3.2　预习内容

（1）预习译码器的基本工作原理及设计方法。

（2）预习数据选择器的基本工作原理及设计方法。

2.3.3　实验仪器设备及器件

（1）实验仪器设备：双踪示波器、数字万用表、数字电路实验箱。

（2）器件：

74LS139　2-4 线译码器　　1 片

74LS153　双 4 选 1 数据选择器　　1 片

74LS00　二输入端四与非门　　1 片

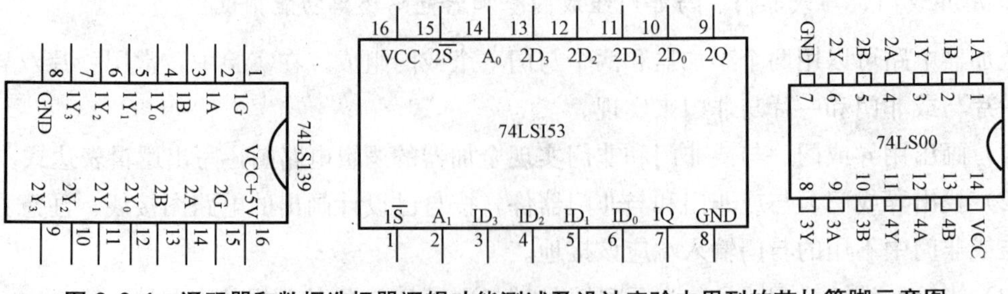

图 2.3.1　译码器和数据选择器逻辑功能测试及设计实验中用到的芯片管脚示意图

2.3.4　实验内容

1. 译码器功能测试

将 74LS139 双 2－4 线译码器按图 2.3.2 分别输入逻辑电平，并填写表 2－3－1 输出状态。

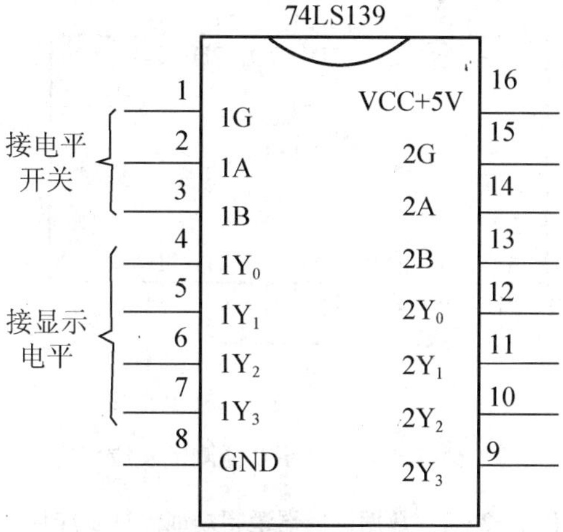

图 2.3.2　双 2－4 线译码器逻辑连线图

表 2－3－1　双 2－4 线译码器逻辑功能

输入			输出			
使能	选择					
G	B	A	Y_0	Y_1	Y_2	Y_3
H	X	X				
L	L	L				
L	L	H				
L	H	L				
L	H	H				

2. 译码器转换

将双 2－4 线译码器转换为 3－8 线译码器。

（1）画出转换电路图。

（2）在实验箱上接线并验证设计是否正确。

（3）设计并填表写该 3－8 线译码器功能表。

3. 数据选择器的测试及应用

（1）将双 4 选 1 数据选择器 74LS153 参照图 2.3.3 接线，测试其功能并填写表 2－3－2。

（2）找到实验箱脉冲信号源中 S_c、S_1 两个不同频率的信号，接到数据选择器任意两个输入端，将选择端置位，使输出端可分别观察到 S_c、S_1 信号。

（3）分析上述实验结果并总结数据选择器作用并画出波形。

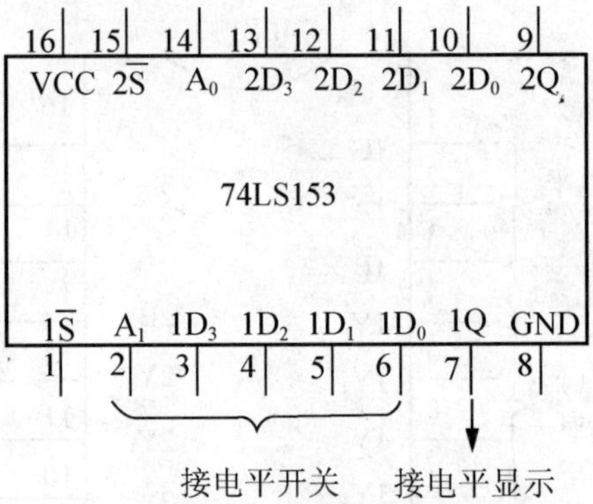

图 2.3.3 数据选择器逻辑功能测试及应用连线图

表 2－3－2 数据选择器逻辑功能测试及应用

选择端	输入端	输出控制	输出
A_1 A_0	D_0 D_1 D_2 D_3	$\overline{S}$	Q
X X	X X X X	H	
L L	L X X X	L	
L L	H X X X	L	
L H	X L X X	L	
L H	X H X X	L	
H L	X X L X	L	
H L	X X H X	L	
H H	X X X L	L	
H H	X X X H	L	

2.3.5 实验报告要求

（1）画出实验要求的波形图。

（2）画出实验内容 2、3 的接线图。

（3）总结译码器和数据选择器的使用体会。

2.4　触发器逻辑功能测试及应用

2.4.1　实验目的

（1）熟悉并掌握 R－S、D、J－K 触发器的特性和功能测试方法。

（2）学会正确使用触发器集成芯片。

（3）了解不同逻辑功能触发器的相互转换的方法。

2.4.2　预习内容

（1）预习 R－S 触发器的基本工作原理和特性。

（2）预习 D 触发器的基本工作原理和特性。

（3）预习 J－K 触发器的基本工作原理和特性。

（4）预习各种边沿触发器相互转换的方法。

2.4.3　实验仪器设备及器件

（1）实验仪器设备：双踪示波器、数字万用表、数字电路实验箱。

（2）器件：

74LS00	二输入端四与非门	1 片
74LS74	双 D 触发器	1 片
74LS76	双 J－K 触发器	1 片

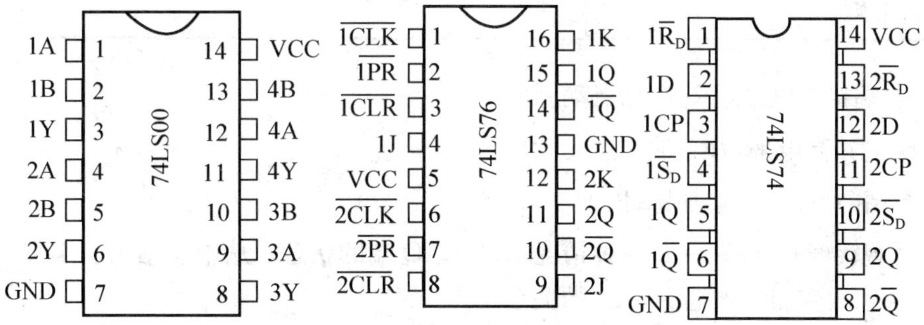

图 2.4.1　触发器逻辑功能及芯片管脚示意图

2.4.4　实验内容

1. 基本 R－S 触发器功能测试

两个 TTL 与非门首尾相接构成的基本 R－S 触发器的电路，如图 2.4.2 所示。

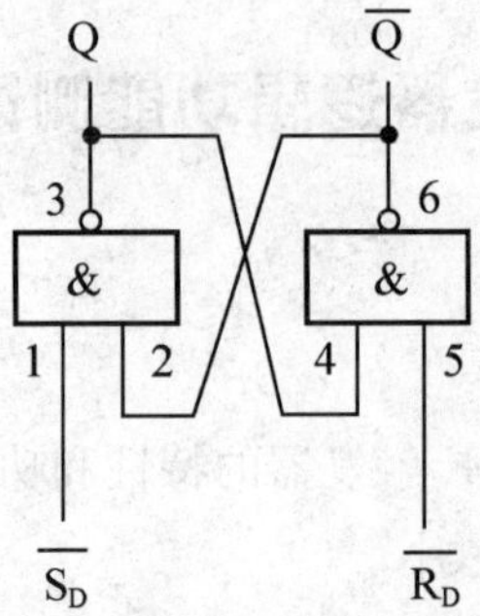

图 2.4.2　基本 R－S 触发器电路

(1) 试按下面的顺序在 S 和 R 端加信号。

$\overline{S}_D=0$　　$\overline{R}_D=1$

$\overline{S}_D=1$　　$\overline{R}_D=1$

$\overline{S}_D=1$　　$\overline{R}_D=0$

$\overline{S}_D=1$　　$\overline{R}_D=1$

观察并记录触发器的 Q、$\overline{Q}$ 端的状态，将结果填入表 2－4－1 中，并说明在上述各种输入状态下，R－S 执行的是什么逻辑功能。

表 2－4－1　基本 R－S 触发器电路逻辑功能测试

$\overline{S}_D$	$\overline{R}_D$	Q	$\overline{Q}$	逻辑功能
0	1			
1	1			
1	0			
1	1			

(2) S_D 端接低电平，$\overline{R}_D$端加点动脉冲。

(3) S_D端接高电平，R_D 端加点动脉冲。

(4) 令$\overline{R}_D=\overline{S}_D$，$\overline{S}_D$ 端加脉冲。

记录并观察(2)、(3)、(4)三种情况下，Q、$\overline{Q}$ 端的状态。从中总结出基本 R－S 的 Q 或 $\overline{Q}$ 端的状态改变和输入端$\overline{S}_D$、$\overline{R}_D$的关系。

(5) 当$\overline{S}_D$、$\overline{R}_D$都接低电平时，观察 Q、$\overline{Q}$端的状态，当$\overline{S}_D$、$\overline{R}_D$ 同时由低电平跳为高电平时，注意观察 Q、$\overline{Q}$ 端的状态，重复 3～5 次看 Q、$\overline{Q}$ 端的状态是否相同，以正确理解“不定”状态的含义。

2. 边沿 D 触发器功能测试

双 D 型正边沿维持一阻塞型触发器 74LS74 的逻辑符号如图 2.4.3 所示。

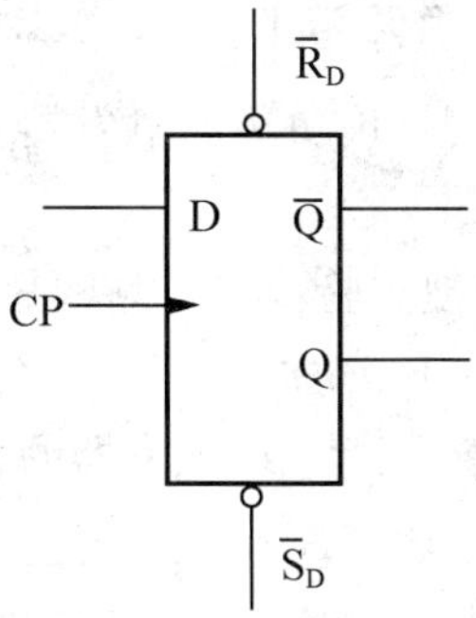

图 2.4.3　D 触发器电路

图中$\overline{S}_D$、$\overline{R}_D$ 端为异步置 1 端、置 0 端(或称异步置位、复位端)，CP 为时钟脉冲端。

试按下面步骤做实验。

(1) 分别在$\overline{S}_D$、$\overline{R}_D$ 端加低电平，观察并记录 Q、$\overline{Q}$ 端的状态。

(2) 令$\overline{S}_D$、$\overline{R}_D$ 端为高电平，D 端分别接高、低电平，用点动脉冲作为 CP，观察并记录当 CP 为 0、1 时 Q 端状态的变化。

(3) 当$\overline{S}_D\uparrow=\overline{R}_D\downarrow=1$、CP=0(或 CP=1)，改变 D 端信号，观察 Q 端的状态是否变化。

整理上述实验数据，将结果填入表 2-4-2 中。

表 2-4-2　D 触发器逻辑功能测试

$\overline{S}_D$　$\overline{R}_D$	CP	D	Q^n	Q^{n+1}
0　1	X	X	0	
			1	
1　0	X	X	0	
			1	
1　1	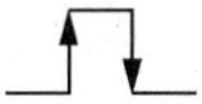	0	0	
			1	
1　1	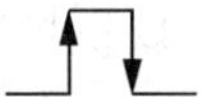	1	0	
			1	
1　1	0(1)	X	0	
			1	

CP 

Q

(4) 令$\overline{S}_D=\overline{R}_D=1$，将 D 和 $\overline{Q}$ 端相连，CP 加连续脉冲，用双踪示波器观察并记录 Q 相对于 CP 的波形。

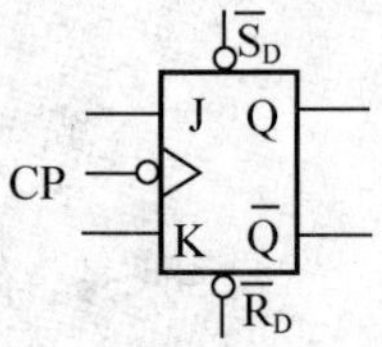

图 2.4.4 J-K 触发器电路

3. 负边沿 J-K 触发器功能测试

双 J-K 负边沿触发器 74LS76 芯片的逻辑符号如图 2.4.4 所示。

自拟实验步骤，测试其功能，并将结果填入表 2-4-3 中，若令 J=K=1 时，CP 端加连续脉冲，用双踪示波器观察 Q～CP 波形，试将 D 触发器的 D 和 $\overline{Q}$ 端相连，观察 Q 端和 CP 的波形并相比较，看有何异同点。

表 2-4-3 边沿 J-K 触发器逻辑功能测试

$\overline{S}_D$	$\overline{R}_D$	CP	J	K	Q	Q^{n+1}
0	1	X	X	X	X	
1	0	X	X	X	X	
1	1	↓	0	X	0	
1	1	↓	1	X	0	
1	1	↓	X	0	1	
1	1	↓	X	1	1	

4. 触发器功能转换

(1) 将 D 触发器和 J-K 触发器转换成 T 触发器，列出表达式，画出实验电路图。

(2) 接入连续脉冲，观察各触发器 CP 及 Q 端波形，比较两者关系。

J-K⇒T′

CP 

Q

D⇒T′

CP 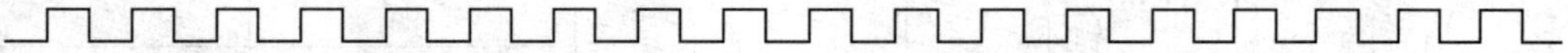

Q

(3) 自拟实验数据表并填写之。

2.4.5 实验报告要求

(1) 整理实验数据并填表。

(2) 写出实验内容 3、4 的实验步骤及表达式。

(3) 画出实验内容 4 的电路图及相应表格。

(4) 总结各类触发器的特点。

2.5　时序电路逻辑功能测试

2.5.1　实验目的

（1）掌握常用时序电路分析、设计及测试方法。

（2）训练独立进行实验的技能。

2.5.2　预习内容

（1）预习时序逻辑电路的基本分析方法。

（2）预习时序逻辑电路的基本设计方法。

（3）预习计数器和寄存器的原理和特性。

2.5.3　实验仪器设备及器件

（1）实验仪器设备：双踪示波器、数字万用表、数字电路实验箱。

（2）器件：

74LS112	双J-K触发器	2片
74LS175	四D触发器	1片
74LS10	三输入端三与非门	1片
74LS00	二输入端四与非门	1片

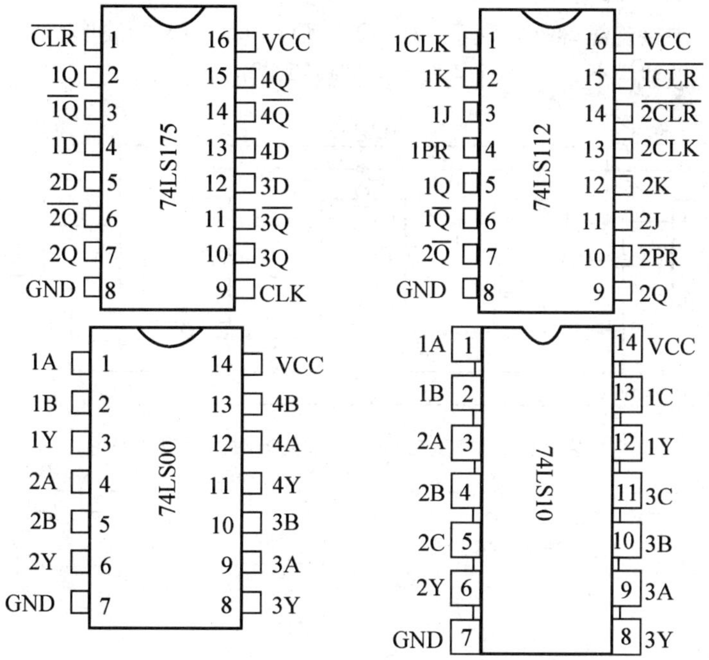

图 2.5.1　时序逻辑电路逻辑功能及芯片管脚示意图

2.5.4 实验内容

1. 异步二进制计数器

(1) 按图 2.5.2 接线，令 J=K=1。

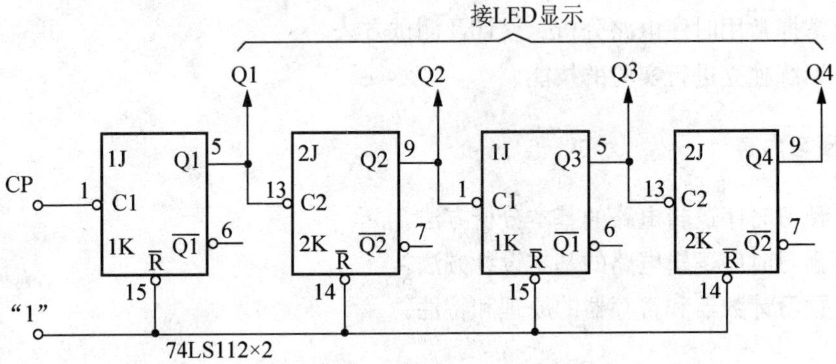

图 2.5.2 异步二进制计数器逻辑连线图

(2) 由 CP 端输入单脉冲，测试并记录 $Q_1 \sim Q_4$ 端状态及波形。

(3) 试将异步二进制加法计数改为减法计数，参考加法计数器，进行实验并记录。

2. 异步二-十进制加法计数器

(1) 按图 2.5.3 接线。

Q_A、Q_B、Q_C、Q_D 这 4 个输出端分别接发光二极管显示，复位端 R 接入单脉冲，置位端 S 接高电平"1"，CP 端接连续脉冲。

(2) 在 CP 端接连续脉冲，观察 CP、Q_A、Q_B、Q_C、Q_D 的波形。

(3) 将上图改成一个异步二-十进制减法计数器，并画出 CP、Q_A、Q_B、Q_C、Q_D 的波形。

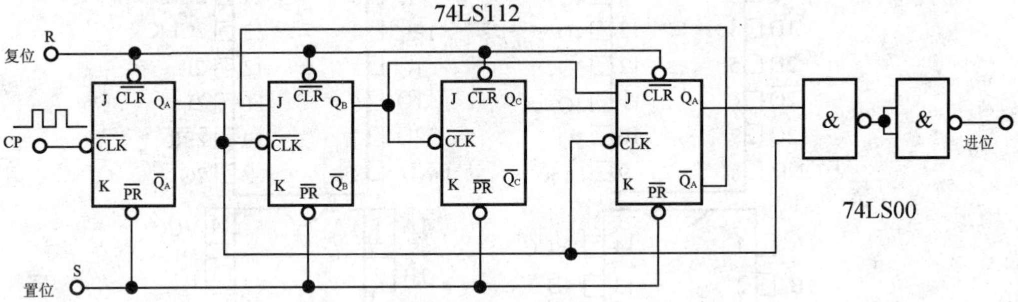

图 2.5.3 异步二-十进制加法计数器逻辑连线图

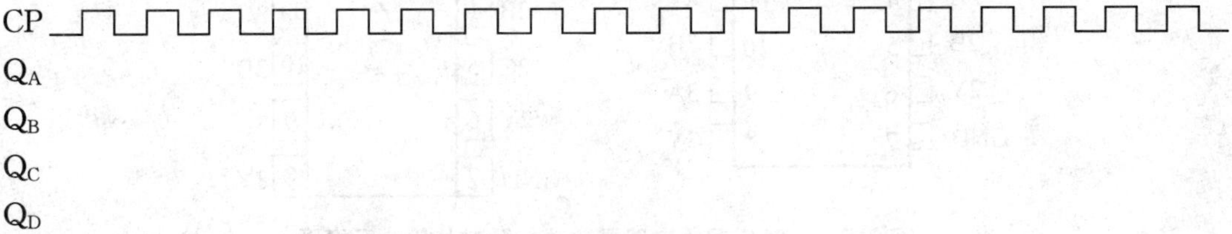

3. 自循环移位寄存器—环形计数器

(1) 按图 2.5.4 接线，将 A、B、C、D 置为 1000，用单脉冲计数，记录各触发器状态。

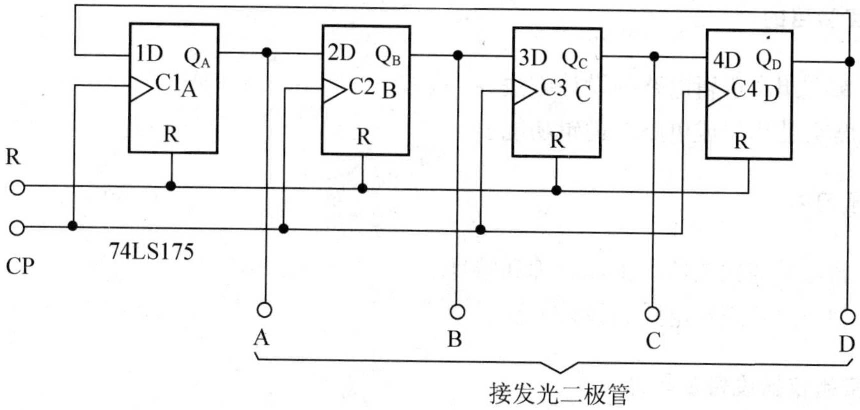

图 2.5.4　环形计数器逻辑连线图

改为连续脉冲计数，并将其中一个状态为“0”的触发器置为“1”(模拟干扰信号作用的结果)，观察计数器能否正常工作，分析原因。

(2) 按图 2.5.5 接线，与非门用 74LS10 三输入端三与非门重复上述实验，对比实验结果，总结关于自启动的体会。

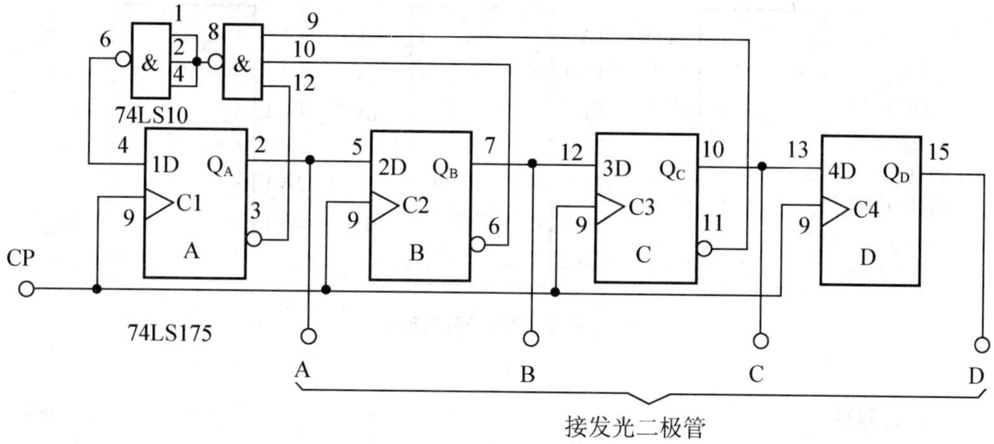

图 2.5.5　自启动功能测试逻辑连线图

2.5.5　实验报告要求

(1) 画出实验内容要求的波形及记录表格。

(2) 总结时序电路特点。

2.6 组合逻辑电路设计

2.6.1 实验目的

（1）掌握组合逻辑电路的设计方法。

（2）学会使用集成电路的逻辑功能表。

2.6.2 预习内容

（1）预习数值比较器的工作原理和特性。

（2）预习组合逻辑电路的设计方法。

2.6.3 实验仪器设备及器件

（1）数字电路实验箱、双踪示波器、数字万用表。

（2）器件：

双输入与门 CD4081　　1片

四异或门 CD4070　　2片

四位数值比较器 CD4063　　1片

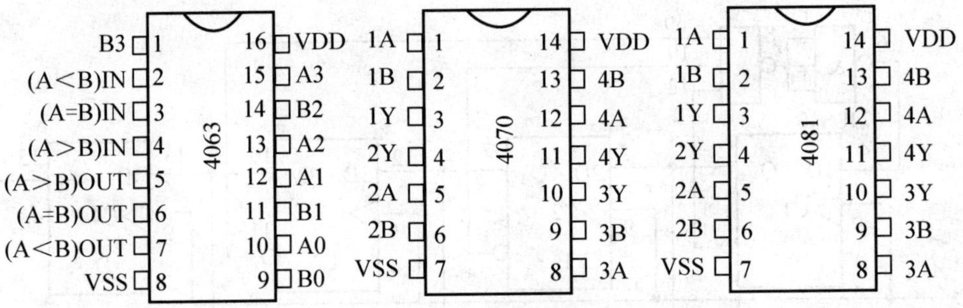

图 2.6.1　芯片管脚示意图

2.6.4 实验原理

1. 一位（大、同、小）比较器

设 A、B 为两个二进制数的某一位，即比较器的输入，M、G、L 为比较器的输出，分别表示两个二进制数比较后的大、同、小结果，其逻辑功能真值表见表 2-6-1。

根据表 2-6-1 的真值表，并为了减少门电路的种类，我们做如下的运算。

同 $G=\bar{A}\,\bar{B}+AB=\overline{A\bar{B}+\bar{A}B}=\overline{A\oplus B}$

大 $M=A\bar{B}=A(A\bar{B}+\bar{A}B)=A(A\oplus B)$

小 $L=\bar{A}B=B(A\bar{B}+\bar{A}B)=B(A\oplus B)$

$X\oplus 1=\bar{X}$

表 2-6-1 一位比较器真值表

输入		输出			说明
A	B	M	G	L	
0	0	0	1	0	A=B
0	1	0	0	1	A<B
1	0	1	0	0	A>B
1	1	0	1	0	A=B

2. 四位数值比较器

CD4063 为 CMOS 四位二进制数值比较器集成电路，十六引脚双列直插式封装，所有功能引脚分三类：比较输入端、级联输入端和输出端。比较输入端实现本级两组四位二进制数的比较；级联输入端则是为实现多级芯片的相互级联所设，当仅使用一级比较时，可将 A<B、A=B 和 A>B 三个级联输入端分别接“0”、“1”、“0”，输出端则为两组四位二进制数的比较输出，有小、相等和大共 3 种结果。其引脚描述见图 2.6.1，逻辑功能见表 2-6-2。

表 2-6-2 四位数值比较器简化逻辑功能表

输入							输出		
比较输入端				级联输入端					
A3 B3	A2 B2	A1 B1	A0 B0	A<B	A=B	A>B	A<B	A=B	A>B
A3>B3	X	X	X	X	X	X	L	L	H
A3=B3	A2>B2	X	X	X	X	X	L	L	H
A3=B3	A2=B2	A1>B1	X	X	X	X	L	L	H
A3=B3	A2=B2	A1=B1	A0>B0	X	X	X	L	L	H
A3=B3	A2=B2	A1=B1	A0=B0	L	L	H	L	L	H
A3=B3	A2=B2	A1=B1	A0=B0	L	H	L	L	H	L
A3=B3	A2=B2	A1=B1	A0=B0	H	L	L	H	L	L
A3=B3	A2=B2	A1=B1	A0<B0	X	X	X	H	L	L
A3=B3	A2=B2	A1=B1	X	X	X	X	H	L	L
A3=B3	A2=B2	X	X	X	X	X	H	L	L
A3=B3	X	X	X	X	X	X	H	L	L

3. 八位二进制奇偶检测器

在数字通信系统中，由于系统噪声或外界干扰的存在，可能给信息代码的传送引入差错。为了发现并纠正错误，常采用奇偶校验码传送，在接收端再用奇偶检测器进行检测，以提高设备抗干扰能力和系统的可靠性。设 B0、B1、B2、B3、B4、B5、B6、B7 为八位二进制数，即奇偶检测器的输入，令 Z 为奇偶检测器的奇输出，则检测器的输出函数为：

$$Z=B0\oplus B1\oplus B2\oplus B3\oplus B4\oplus B5\oplus B6\oplus B7$$

4. 两位二进制数比较器(大、同、小)

对两个两位无符号二进制数进行比较(大、同、小)，根据比较结果，使相应的 3 个输出端中的一个输出为“1”。

假设第一个二进制数为 A B，第二个二进制数为 C D，即比较器的四个输入，又设 M、G、L 为比较器的输出，分别表示两个二进制数比较后的大、同、小结果，其逻辑功能真值表见表 2-6-3。

根据表 2-6-3 的真值表，对 G 采用公式法化简，对 M 和 L 采用卡诺图法化简得：

$$G=\overline{A}\,\overline{B}\,\overline{C}\,\overline{D}+\overline{A}B\overline{C}D+A\overline{B}C\overline{D}+ABCD=(A\cdot C)(B\cdot D)$$

$$M=A\overline{C}+AB\overline{D}+B\overline{C}\,\overline{D}$$

$$L=\overline{A}C+\overline{B}CD+\overline{A}\,\overline{B}D$$

表 2-6-3　两位二进制数比较器逻辑功能真值表

输　入		输　出			说　明
A　B	C　D	M	G	L	
0　0	0　0	0	1	0	AB=CD
0　0	0　1	0	0	1	AB<CD
0　0	1　0	0	0	1	AB<CD
0　0	1　1	0	0	1	AB<CD
0　1	0　0	1	0	0	AB>CD
0　1	0　1	0	1	0	AB=CD
0　1	1　0	0	0	1	AB<CD
0　1	1　1	0	0	1	AB<CD
1　0	0　0	1	0	0	AB>CD
1　0	0　1	1	0	0	AB>CD
1　0	1　0	0	1	0	AB=CD
1　0	1　1	0	0	1	AB<CD
1　1	0　0	1	0	0	AB>CD
1　1	0　1	1	0	0	AB>CD
1　1	1　0	1	0	0	AB>CD
1　1	1　1	0	1	0	AB=CD

2.6.5 实验内容

1. 设计一个一位(大、同、小)比较器并验证其逻辑功能

(1) 根据设计原理中的表达式，用两个异或门和两个与门实现上述的大、同、小比较器，并将逻辑图画在表 2-6-1 右边的空白处。

(2) 实验验证。

选 CD4081、CD4070 各一片，按所画逻辑原理图连线，检查无误后接通电源。当输入端 A、B 为表 2-6-1 的情况时，用三只 LED 发光管分别监视输出端 M、G、L 的逻辑状态，验证逻辑功能的正确性。当输出高电平时，LED 发光管亮，表示逻辑值为“1”，当输出低电平时，LED 发光管灭，表示逻辑值为“0”，实验完毕后断开电源。

2. 验证四位数值比较器的逻辑功能

连接好验证四位数值比较器逻辑功能的实验电路，检查无误后接通电源。当输入为表 2-6-4 的情况时，用三只 LED 发光管分别监视其输出端 L、G、M 的逻辑状态，验证逻辑功能的正确性。并将结果记录在表 2-6-4 中，实验完毕后断开电源。

表 2-6-4 四位数值比较器逻辑功能验证实验数据表

输入											输出		
比较输入端								级联输入端			L	G	M
A3	A2	A1	A0	B3	B2	B1	B0	A<B	A=B	A>B	A<B	A=B	A>B
0	0	0	0	1	0	1	0	0	1	0			
0	0	0	1	1	0	1	0	0	1	0			
0	0	1	0	1	0	1	0	0	1	0			
0	0	1	1	1	0	1	0	0	1	0			
0	1	0	0	1	0	1	0	0	1	0			
0	1	0	1	1	0	1	0	0	1	0			
0	1	1	0	1	0	1	0	0	1	0			
0	1	1	1	1	0	1	0	0	1	0			
1	0	0	0	1	0	1	0	0	1	0			
1	1	1	1	1	0	1	0	0	1	0			

3. 设计一个八位二进制奇偶检测器并验证其逻辑功能

(1) 用异或门实现上述的奇偶检测器，并将逻辑图画在表 2-6-5 右边的空白处。

(2) 实验验证。

选 CD4070 两片，按所画逻辑原理图连线，检查无误后接通电源。当输入端为表 2-6-5 中的情况时，用一只 LED 发光二极管监视其输出端 Z 逻辑状态，验证逻辑功能的正确性。并将结果记录在表 2-6-5 中，实验完毕后断开电源。

表 2-6-5　奇偶检测器逻辑功能验证实验数据表

输入								输出	
B0	B1	B2	B3	B4	B5	B6	B7	Z	
0	0	0	0	0	0	0	1		
0	0	0	0	0	0	1	1		
0	0	0	0	0	1	1	1		
0	0	0	0	1	1	1	1		
0	0	0	1	1	1	1	1		
0	0	1	1	1	1	1	1		
0	1	1	1	1	1	1	1		
1	1	1	1	1	1	1	1		

4. 设计一个两位二进制数比较器(大、同、小)的组合电路(选做)

根据设计原理中的表达式，自行画出比较器的逻辑图，并验证其逻辑功能。

在实验过程中应该注意如下几点。

(1) CMOS门电路的电源电压为＋3～＋15V，有些可达 18V，实验前应先验证或调整正确，才可给门电路通电，本实验可选＋5V 供电。

(2) 门电路的输出端不可直接并联，也不可直接连接电源＋5V 和电源地，否则将造成门电路永久性损坏。

(3) CMOS 集成电路的多余输入端不可悬空。

(4) 实验时应认真检查，仅当各条连线全部正确无误时，方可通电。

2.6.6　设计报告要求

根据实验结果，整理实验数据，写出实验报告，并思考下列问题。

(1) 怎样利用四位数值比较器芯片设计一简易电子密码锁?

(2) 怎样利用四位数值比较器及其辅助芯片设计一简易电梯升降自动判别电路?

2.7　简易数字控制电路设计

2.7.1　实验目的

(1) 熟悉计数器、七段译码器和数码显示管的工作原理。

(2) 自选集成电路组成小逻辑系统。

(3) 了解使能端的作用。

(4) 学习分析和排除故障。

2.7.2 预习内容

(1) 预习计数器的工作原理和特性。

(2) 预习七段译码器的工作原理和特性。

(3) 预习数码显示管的工作原理和特性。

(4) 预习时序逻辑电路的设计方法。

2.7.3 设计内容

设计并组装一个简易数字控制电路。电路原理方框图如图 2.7.1 所示。

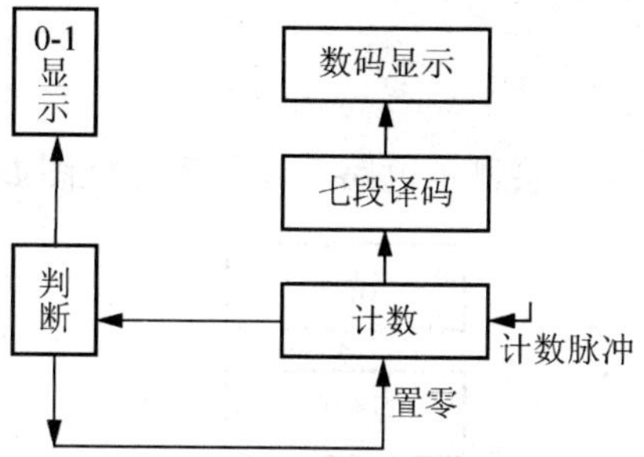

图 2.7.1 简易数字控制电路设计原理框图

2.7.4 设计要求

(1) 计数器从 $0_{(10)}$ 开始计数，到 $100_{(10)}$ 时，显示灯(模拟受控设备)亮。

(2) 计数器继续计数，计数到 $300_{(10)}$ 时，显示灯暗，同时计数器清零。接着再重复上述循环。

(3) 用七段数码管显示计数过程，不显示有效数字以外的零。

(4) 组装电路，观察其功能是否满足设计要求(1)、(2)、(3)项。

2.7.5 设计报告要求

(1) 画出设计电路原理图，并分析其工作原理。

(2) 说明各使能端的作用。

(3) 进行数据测试，并写出测试结果。

(4) 分析实验中出现的故障及解决办法。

2.8 电梯楼层显示电路设计

2.8.1 实验目的

(1) 熟悉可逆计数器、译码器和数码显示管的工作原理。

（2）学习自选集成电路设计和组装小逻辑系统。

（3）了解使能端的作用。

（4）学习分析和排除故障。

2.8.2 预习内容

（1）预习可逆计数器的工作原理和特性。

（2）预习译码器的工作原理和特性。

（3）预习数码显示管的工作原理和特性。

（4）预习时序逻辑电路的设计方法和步骤。

2.8.3 设计内容

设计并制作一个 10 层电梯楼层显示电路，其原理方框图如图 2.8.1 所示。

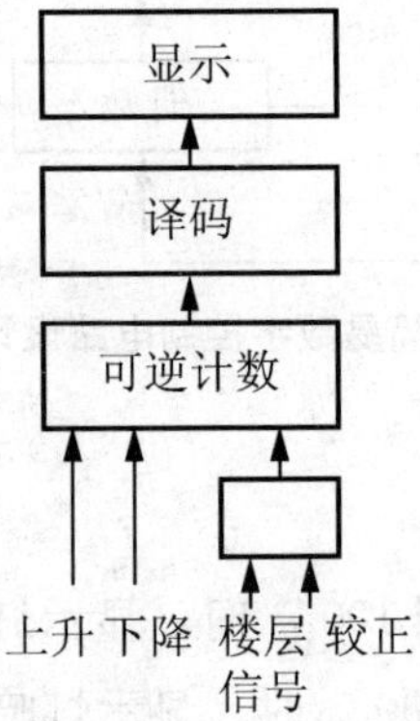

图 2.8.1 电梯楼层显示电路设计原理框图

2.8.4 设计要求

（1）电梯每经过一层，“楼层信号”输入一个脉冲。电梯上升时，“上升”为高电平；下降时，“下降”为低电平。

（2）制作所设计的电路。观察其功能，研究各使能端的作用。

2.8.5 设计报告要求

（1）画出设计电路原理图，并分析其工作原理。

（2）说明各使能端的作用。

（3）写出测试结果。

（4）分析实验中出现的故障及解决办法。

第3章

数字电路课程设计

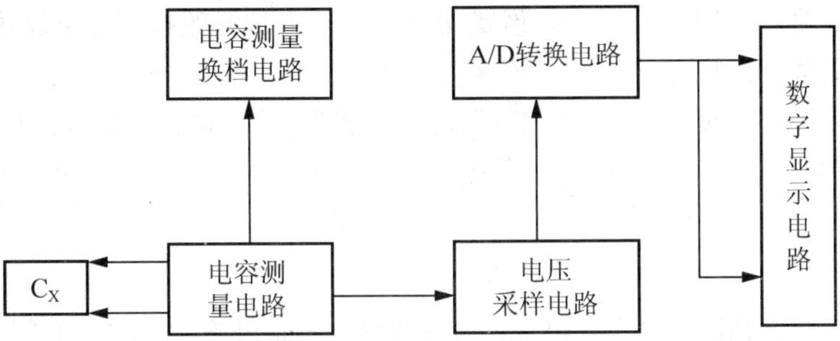

3.1 多路智力竞赛抢答电路设计

3.1.1 实验目的

（1）熟悉多路智力竞赛抢答电路的工作原理。

（2）学会综合运用编码器、译码器、锁存器、555定时器、计数器、单稳态触发器等单元电路。

（3）熟悉多功能板的焊接工艺技术和数字系统的装调技术。

3.1.2 预习内容

（1）预习多路智力竞赛抢答电路的工作原理。

（2）复习数字电路中编码器、译码器、锁存器、555定时器、计数器、单稳态触发器等单元电路的基本应用。

（3）思考多路智力竞赛抢答电路的设计方法和装调技术。

（4）采用Proteus仿真软件对部分电路进行初步仿真。

3.1.3 实验内容

设计并制作一个多路智力竞赛抢答器电路。抢答器的工作流程：主持人将开关置于开始位置时，控制电路使倒计时电路工作，抢答电路则处于等待输入状态，当在预置时间内有选手抢答时，报警电路中的蜂鸣器发出短暂的声音提示且封锁输入电路。在预置时间内没选手抢答时，时间一到报警电路也发出声音，同时封锁输入电路。

3.1.4 设计要求

（1）抢答器分8路可供8名选手参加比赛，编号分别为：0、1、2、3、4、5、6、7。各用一个按钮。

（2）主持人有一个控制开关，能控制抢答器的复位清零和开始抢答。

（3）抢答电路具有锁存和显示的功能，即锁存抢答者的编号和抢答的时间，锁存编号时同时封锁输入电路，禁止其他选手抢答。

（4）抢答电路具有倒计时和时间预置功能，主持人按开始按钮，电路倒计时，到00就封锁输入电路禁止抢答。

（5）当主持人开始抢答后，选手抢答系统发出报警声音，声音持续0.5秒后自动停止。

（6）倒计时到00时，电路也发出报警声音，同时倒计时停在00位置。

3.1.5 设计实例

八路智力竞赛抢答器电路主要包含：抢答电路、秒信号发生电路、时间预置电路和报警电路这4个模块，其中通过少量的与非门连接成控制电路，控制电路控制整个系统的转向。电路原理框图如图3.1.1所示。

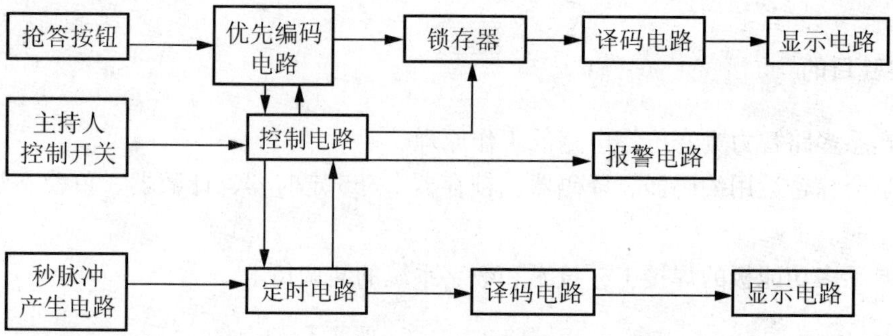

图3.1.1 多路智力竞赛抢答器电路原理框图

1. 抢答电路

抢答电路主要由优先编码电路(74LS148)、状态锁存电路(74LS279)、译码显示电路(74LS48)组成。抢答电路如图3.1.2所示。

采用74LS148对8路输入信号进行优先编码，当某一路按键按下时，对应的管脚为低电平，编码器对其编码，并将编码送入锁存器对编码锁存，同时74LS148的14脚产生高电平，通过R－S锁存控制译码器让其工作，译码器对锁存编码进行译码并通过数码管显示出来，同时译码器的选通控制信号通过控制电路使编码器的选通端无效，译码器停止工作达到封锁输入电路的目的。

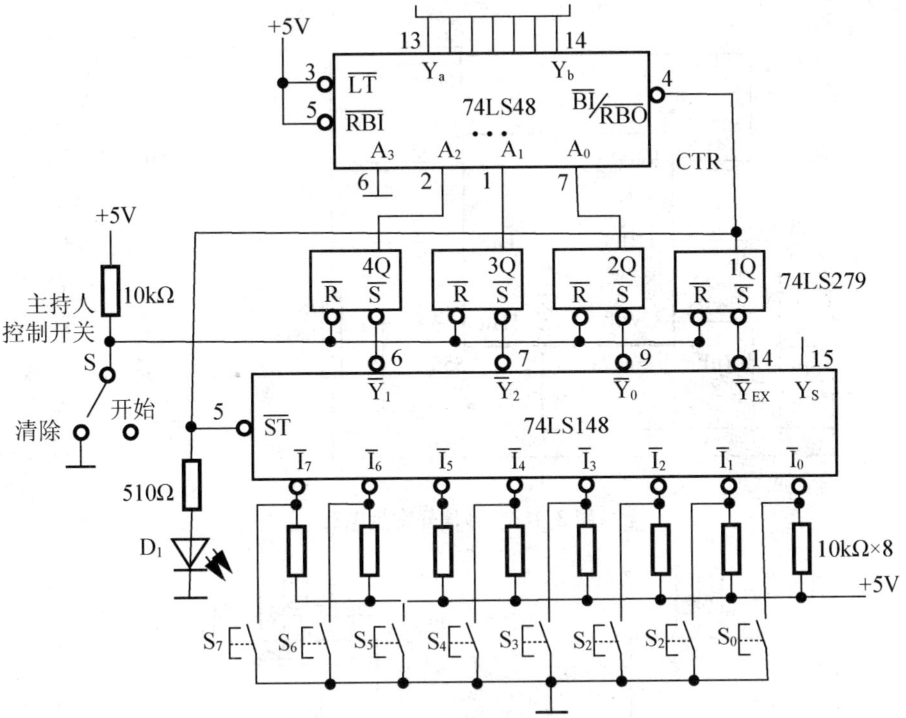

图 3.1.2 抢答电路原理图

由于这里只有 8 路，所以译码器 BCD 码输入端的高位 6 脚接地。这里包含的主持人控制部分充分利用了基本 R－S 触发器的翻转与保持的性质，通过控制锁存器来达到控制电路的清零和启动。

2. 秒信号发生电路

秒信号采用 555 多谐振荡电路产生，555 多谐振荡电路产生秒脉冲电路简单、成本低，较晶体振荡电路的优点是通过设置电阻、电容参数直接产生秒脉冲，不需要多级分频。

555 产生信号的周期为：$T=0.7(R_1+2R_2)C$，在这里 $R_1=15\text{k}\Omega$，$R_2=68\text{k}\Omega$，$C=10\mu\text{f}$，$T\approx 1\text{s}$。

秒脉冲由 3 脚输出，上拉电阻 R39 和发光二极管，当信号产生时发光二极管每秒闪一次输出的秒信号通过控制进入计数器 74LS192 计数。

3. 时间预置和倒计时电路

利用 74LS192 的可预置功能，当 74LS192 的 11 脚为低电平时(即主持人控制开关打到“清除”时)，74LS192 的 BCD 的输出端输出即为预置数 P3P2P1P0。这里 BCD 预置采用拨码开关和下拉电阻实现。当拨码开关闭合时为高电平，断开为低电平。

倒计时采用可逆计数器 74LS192 的逆计数功能，时钟脉冲为秒信号，每秒减 1，当低位计数到 0 时低位的 74LS192 输出借位脉冲(13 脚)作为高位的计数时钟脉冲，从而达到倒计数的目的。电路如图 3.1.4 所示。

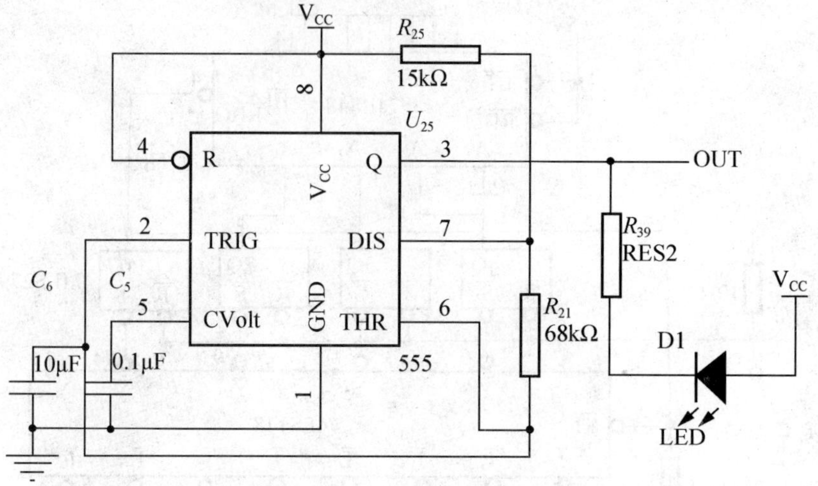

图 3.1.3 秒信号发生电路

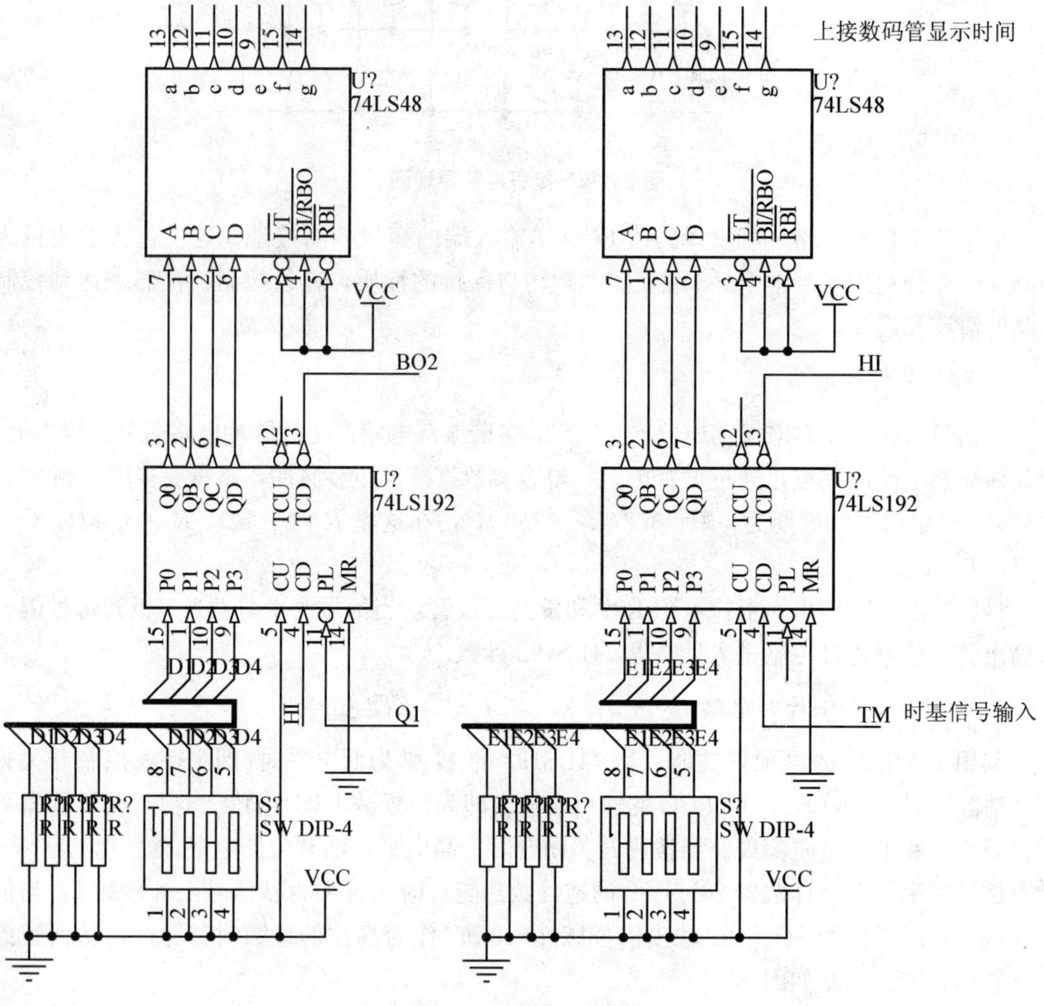

图 3.1.4 倒计时电路

4. 报警电路

报警采用单稳态触发器 74LS121 控制 555 发声电路，电路如图 3.1.5 所示。当电路触发报警时(即 Yex、BO2 中有一个为低电平)，单稳态触发器 6 脚输出一脉冲到 555 发声电路的 4 脚使蜂鸣器发出声音。脉冲宽度与 C_5 和 R_{19} 有关，这里脉冲宽度大概为 0.5s。

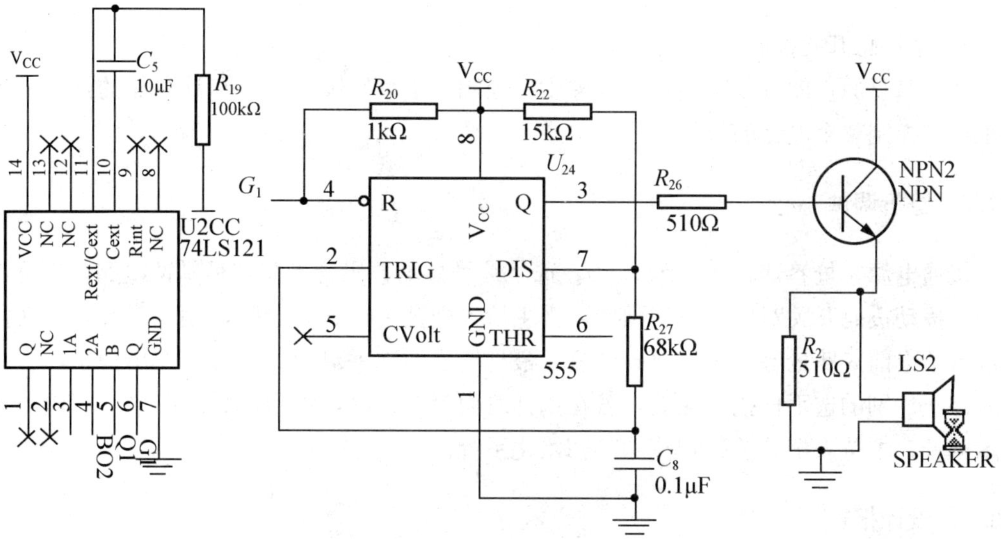

图 3.1.5　报警电路

5. 控制电路

1) 抢答编码封锁控制电路

抢答控制主要受到 BO2(计时结束输出)、CTR(抢答编号译码控制信号)的影响，当计时结束时 BO2 为低电平，这时 5 脚(74LS148 的使能端(低电平有效))恒为高电平，74LS148 无效，达到封锁抢答电路的目的。而当有选手抢答后，这时 CTR 为高电平，74LS148 的 5 脚也为高电平，抢答电路也封锁。

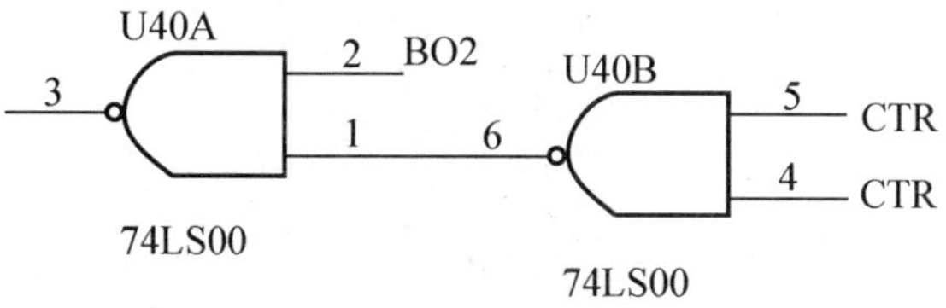

图 3.1.6　抢答编码封锁控制电路

2) 倒计时控制电路

倒计时主要也是由 CTR 和 BO2 控制，由图 3.1.7 知当有抢答或者倒计时结束将封锁 74LS11 的三输入与门，秒脉冲不能输进去，计数停止。

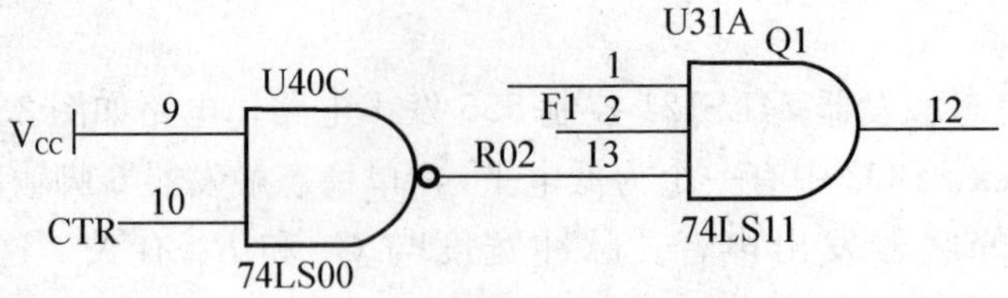

图 3.1.7　倒计时控制电路

3）主持总开关控制

由电路总原理图可以看到，总开关主要控制选手编码锁存电路和计数器的预置选通电路来达到控制整个电路的目的。

3.1.6　整机调试

接通电源，抢答器时间显示为 00，选手编号显示数码管不亮，秒脉冲电路二极管不停闪动。拨动拨码开关对倒计时间预置，当主持人把开关拨到开始时，倒计时开始，在倒计时没有结束前 8 路抢答，选手数码管显示最先抢答的选手对应的编号，发出提示声音，倒计时停止，别的选手再抢答无效，若在倒计时内没有抢答，则倒计时停在 00，蜂鸣器给出提示声音，主持人把开关打到清除时初始化系统。

3.1.7　设计报告

（1）设计多路智力竞赛抢答器电路，分析其工作原理。

（2）总结数字系统的设计、调试方法。

（3）分析课程设计中出现的故障及解决办法，并进行总结。

附件 1　设计实例原理图

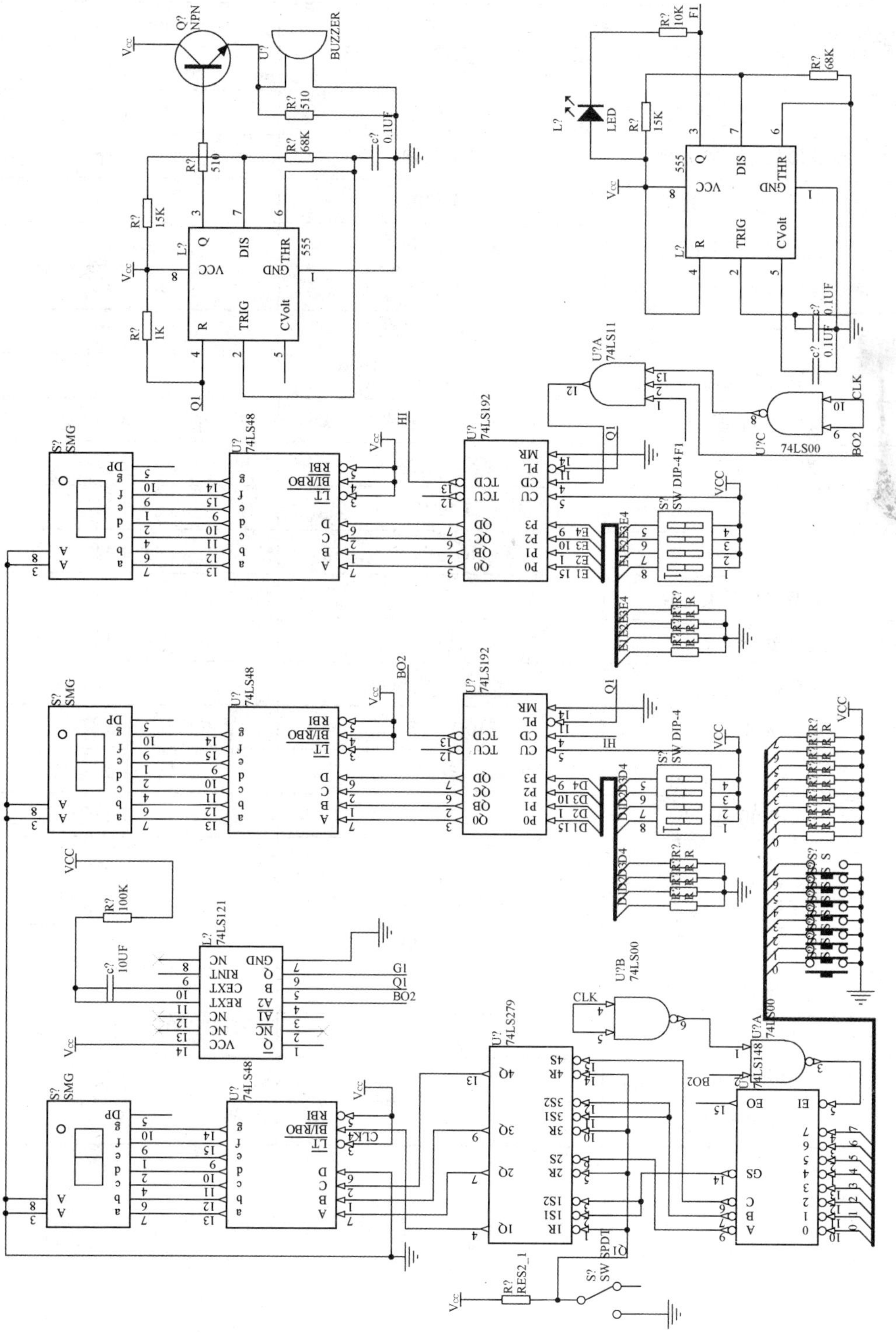
NPN
BUZZER
555
LED
74LS192
74LS48
SMG
74LS11
74LS00
SW DIP-4
74LS121
74LS279
74LS148
SW SPDT
RES2_1

附件 2　元件清单

名称	规格	数量
4－7 译码器	74LS48	3 片
四 R－S 锁存器	74LS279	1 片
8－3 线优先编码器	74LS148	1 片
十进制同步加减计数器	74LS192	2 片
二输入端 4 与非门	74LS00	1 片
三输入端 3 与门	74LS11	1 片
定时器	NE555	2 片
单稳态触发器	74LS121	1 片
数码显示管	0.5 寸共阴极	3 只
发光二极管	Q0.3 红色	2 只
三极管	C9013	1 只
小喇叭	$R_L=8\Omega$	1 只
单刀双投开关	1×2	1 只
数字拨码开关	4 路	2 只
轻触按键	0.6cm×0.6cm	8 只
1/4W 电阻	510Ω、680Ω	各 3 只
1/4W 电阻	15kΩ、68kΩ、1kΩ	各 2 只
1/4W 电阻	100kΩ	1 只
1/4W 电阻	10kΩ	17 只
电解电容	0.1μF/25V，100μF/25V	各 1 只
电解电容	10μF/25V	2 只
瓷片电容	0.1μF(104)	2 只
IC 插座	16 脚，14 脚，8 脚，28 脚	分别为 7 个，3 个，2 个，2 个
通用电路板	12cm×18cm	1 块
单芯导线	0.3	200 米

附件3 电路总体布局参考图

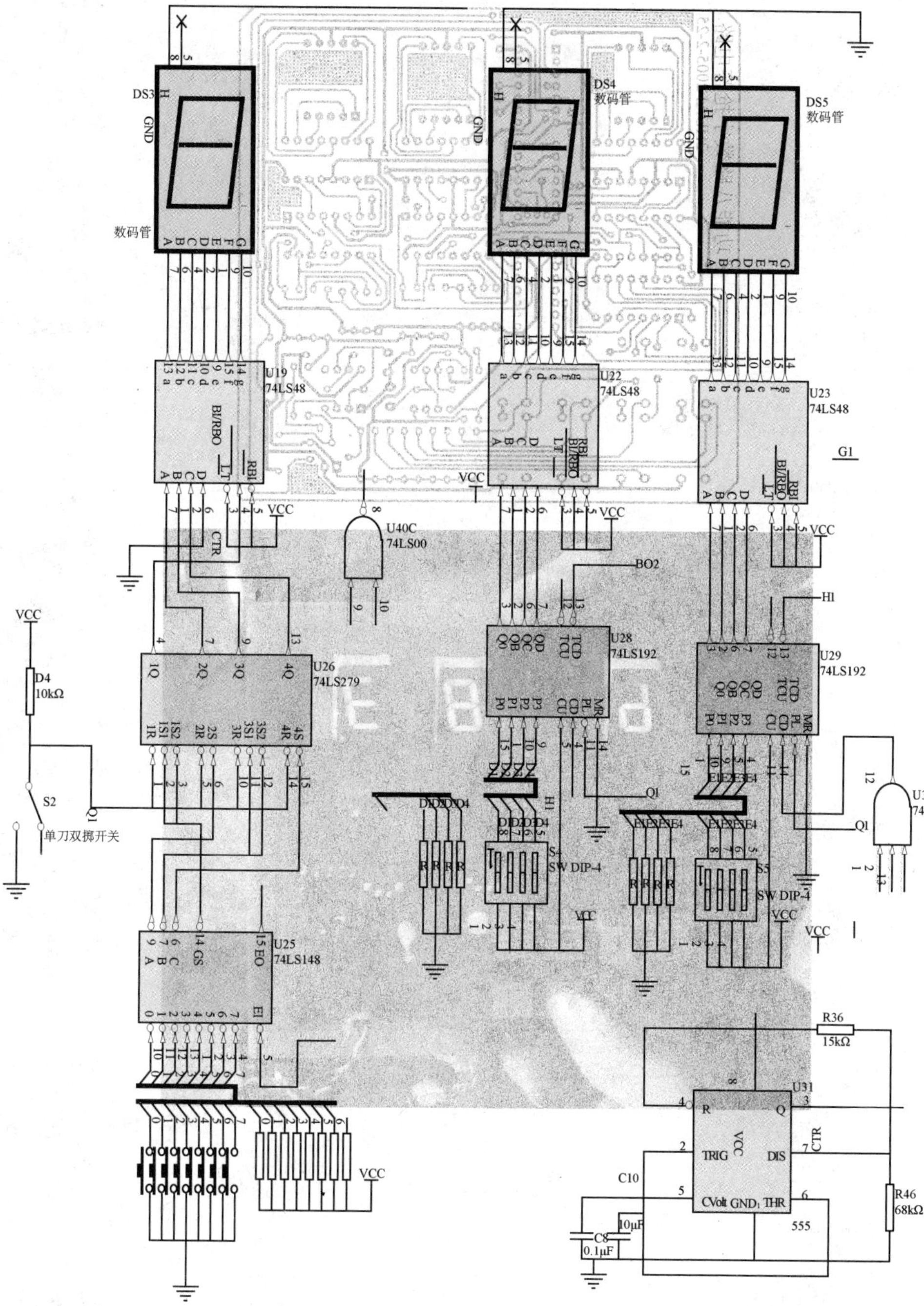

附件 4　PCB 制作实物图

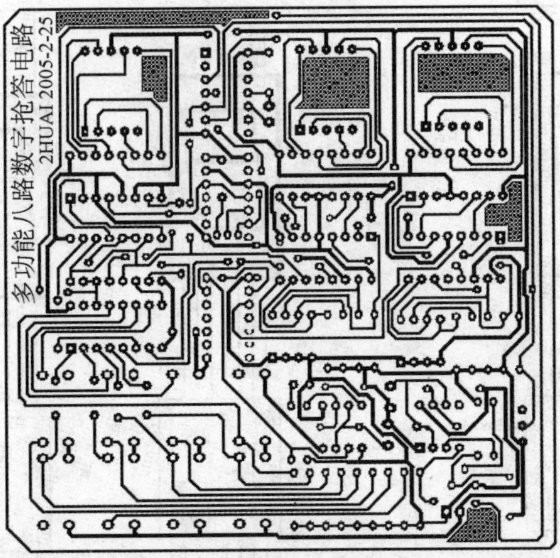

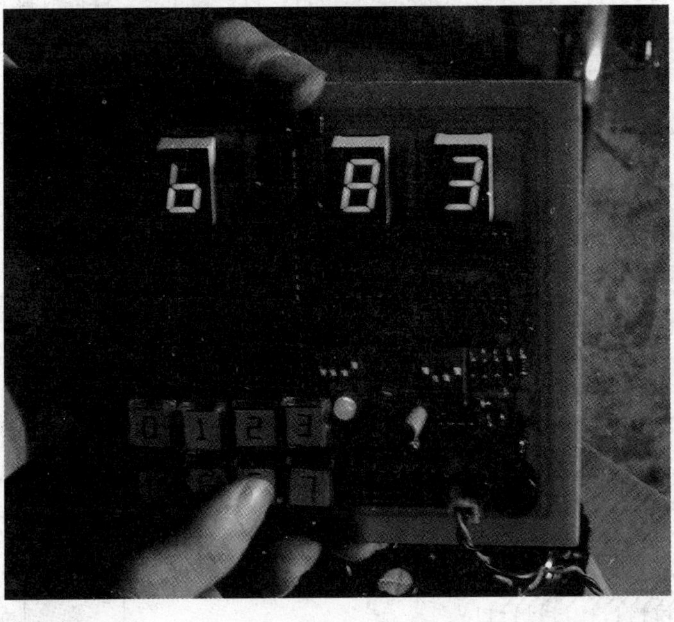

附件5 芯片引脚图

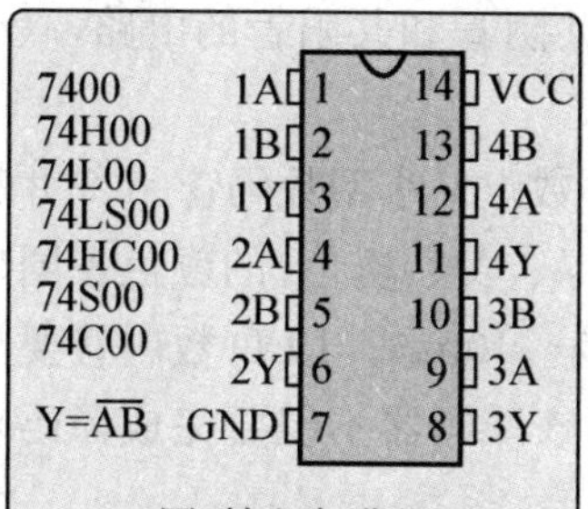

四2输入与非门

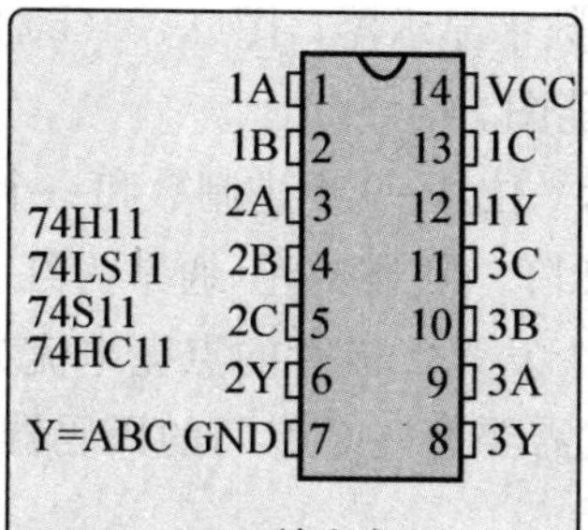

三3输入与门

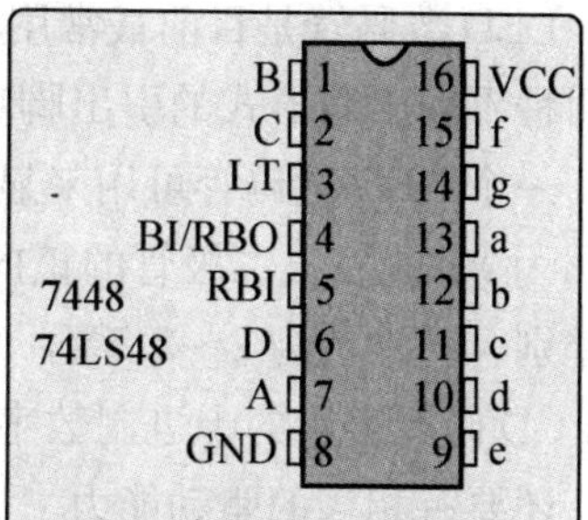

BCD—七段译码器驱动器

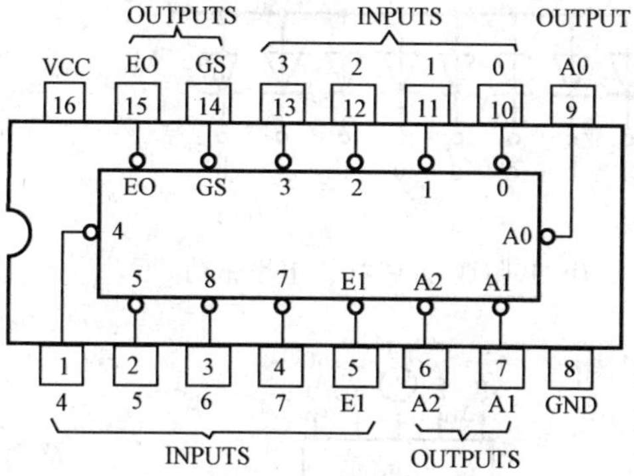

74LS148

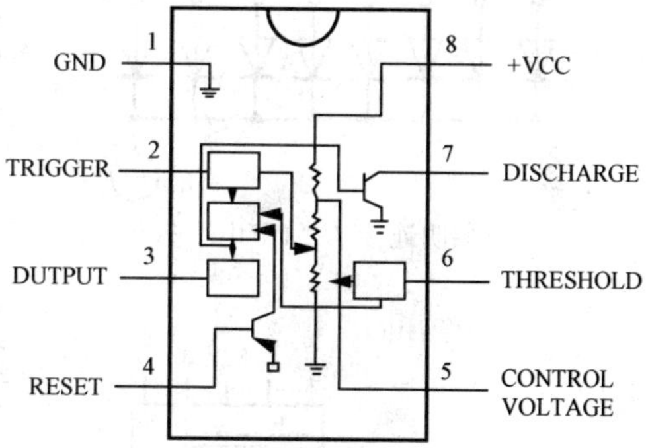

LM555

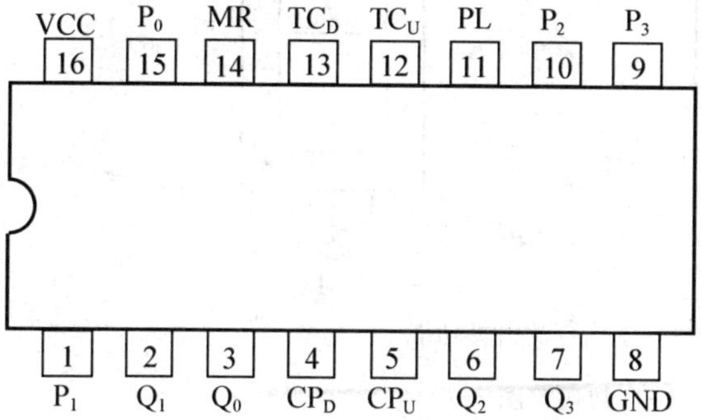

74LS192同步可逆计数器(BCD，二进制)

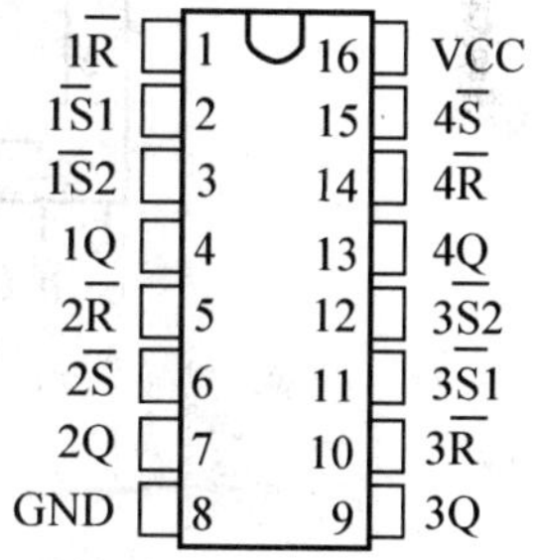

74LS279四R-S锁存器

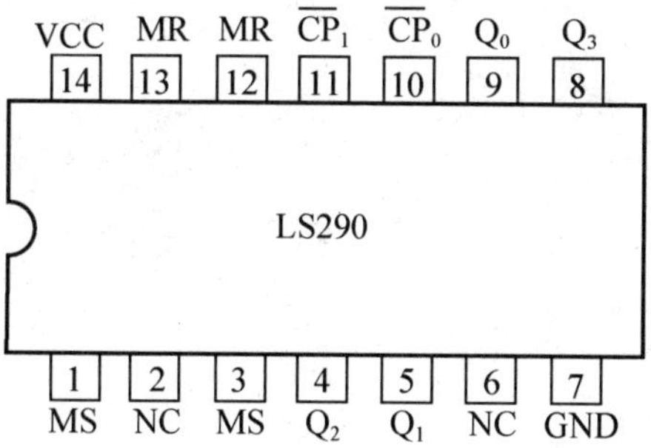

74LS290 十进制计数器

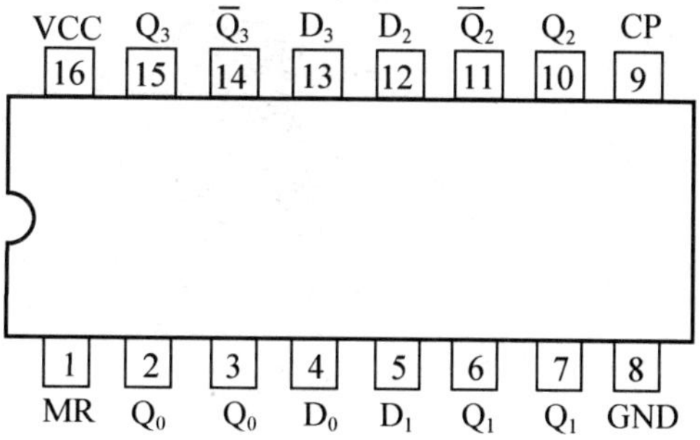

74LS175四D触发器

附件 6　七段发光二极管(LED)数码管

LED 数码管是目前最常用的数字显示器，图(a)、(b)为共阴管和共阳管的电路，(c)为两种不同出线形式的引出脚功能图。

一个 LED 数码管可用来显示一位 0～9 十进制数和一个小数点。小型数码管(0.5 寸和 0.36 寸)每段发光二极管的正向压降，随显示光(通常为红、绿、黄、橙色)的颜色不同略有差别，通常约为 2～2.5V，每个发光二极管的点亮电流为 5～10mA。LED 数码管要显示 BCD 码所表示的十进制数字就需要有一个专门的译码器，该译码器不但要完成译码功能，还要有相当的驱动能力。

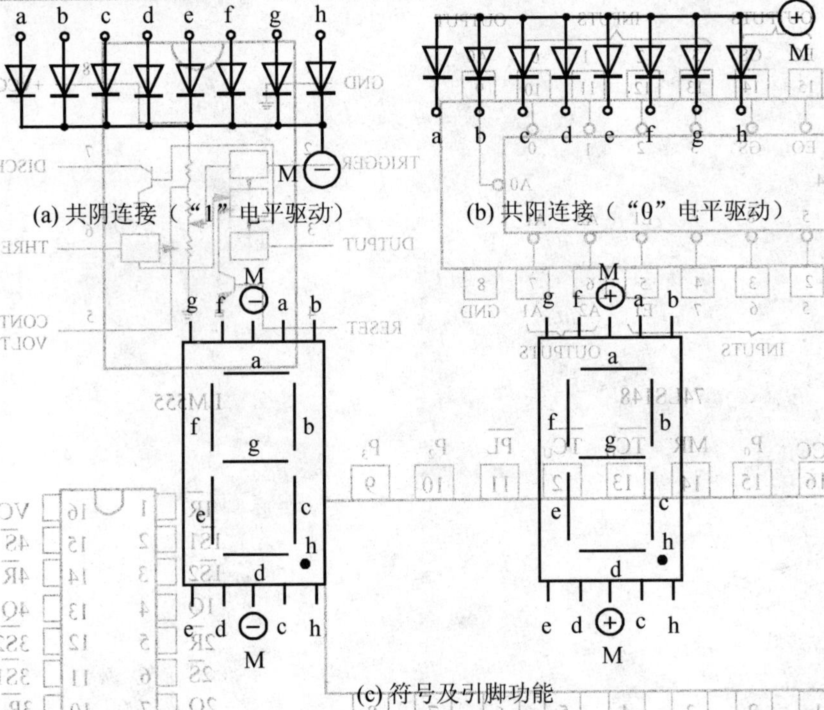

LED 数码管图

3.2 数字相位差测量仪设计

3.2.1 实验目的

(1) 熟悉数字相位差测量仪的工作原理。

(2) 学会运用各种单元电路进行综合数字系统设计。

(3) 熟悉多功能板的焊接工艺技术和数字系统的装调技术。

3.2.2 预习内容

(1) 预习数字相位差测量仪的工作原理。

(2) 预习所涉及的各种单元电路的基本应用技术。

(3) 思考数字相位差测量仪的设计方法和装调技术。

(4) 采用 Proteus 仿真软件对部分电路进行初步仿真。

3.2.3 实验内容

设计一个利用锁相环技术组成的数字相位差测量仪。原理框图如图 3.2.1 所示。

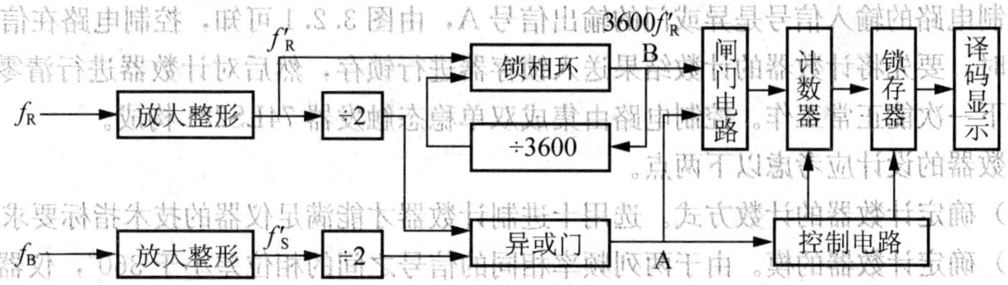

图 3.2.1 相位差测量仪原理框图

3.2.4 实验原理

1. 相位差测量电路设计

如图 3.2.1 所示相位差测量仪工作原理为：两列同频率的信号中 f_R 为基准信号，f_S 为被测信号，经放大整形后，变成方波信号，再经二分频电路送入由异或门组成的相位比较器，其输出脉冲 A 的脉宽 t_P 可反映两列信号的相位差，其波形如图 3.2.2 所示。

为使测量精度达到 0.1°，必须把基准信号 f'_R 的一个周期分成 3600 等份，即一等份对应 0.1°，用此信号作为计数器的时钟信号。如果计数器仅在 f_R 和 f_S 的相位差间计数，即为 f_R 和 f_S 的相位差，且测量精度为 0.1°，然后，用译码显示电路将计数结果显示出来。

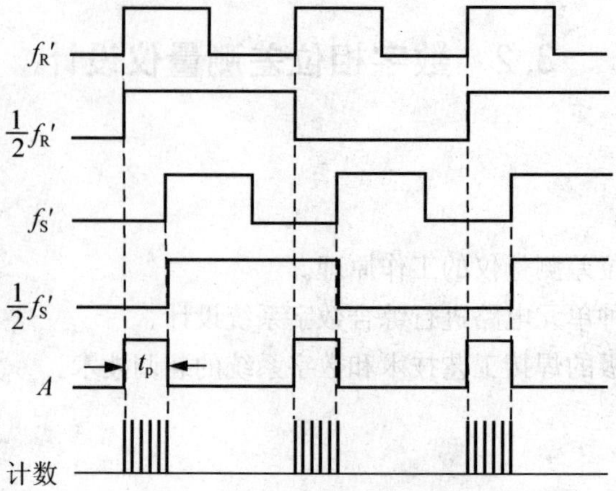

图 3.2.2　相位测量仪波形图

放大整形电路将输入信号进行放大，并整形成同频率的方波 f'_R，且 f'_R的相位要和 f_R 的相位一致。

锁相环倍频电路将信号 f'_R进行 3600 倍频，并保持输出信号的相位与 f'_R相位相同，所以在锁相环的反馈环路中要设置一个 N＝3600 的分频器，3600 的分频器可以由三片 CD40161 组成。

闸门电路的作用是控制计数器的输入脉冲，使计数器仅在两信号的相位差期间计数。

控制电路的输入信号是异或门的输出信号 A，由图 3.2.1 可知，控制电路在信号 A 的下跳沿时，要先将计数器的计数结果送入锁存器进行锁存，然后对计数器进行清零，以便计数器下一次能正常工作。控制电路由集成双单稳态触发器 74LS221 构成。

计数器的设计应考虑以下两点。

(1) 确定计数器的计数方式。选用十进制计数器才能满足仪器的技术指标要求。

(2) 确定计数器的模。由于两列频率相同的信号之间的相位差小于 360°，仪器的测量精度为 0.1°，所以计数器的最大计数值为 3600。

根据以上要求，选用 4 片 74LS90 进行级联计数。

锁存器的作用是隔离计数器对译码显示电路的直接作用，如果不加锁存器，则显示器上的数字不会稳定，所以要稳定地显示测量结果，计数器的计数结果必须经锁存器，才能送译码显示电路。根据计数器的位数，选用两片 74LS273 进行设计，可以满足要求。

2. 相位差产生电路的设计

相位差测量仪要求测量两列同频率的信号之间的相位差，为了实验的方便和检测测量仪器的工作性能，可以自己设计一个相位差产生电路，能实现移相功能的电路很多，可以采用阻容移相电路来实现。

3.2.5　设计要求

(1) 被测信号的波形为正弦波、方波、三角波信号。

（2）被测信号的振幅为 0.5V，频率范围为 0～250Hz。

（3）相位的测量精度为 0.1°。

（4）以数字形式显示测量结果。

3.2.6　电路安装与调试

（1）组装调试放大整形电路，检查电路的输出波形是否为正弦波，其位是否与输入信号相同。

（2）用示波器检查异或门的输出是否反映了 f_R 和 f_S 间的相位差。

（3）组装调试锁相环倍频电路，检查锁相环外接电阻和电容所确定的压控振荡器最低振荡频率和最高振荡频率。输入信号的频率 f_R 取值不同，则对应选取不同值的电阻和电容，如果输出信号的频率 $f_0 \neq Nf_R$ 或锁相环失锁，就应该调整电阻和电容参数。

（4）组装调试计数、锁存、译码显示和控制电路，用示波器检查控制电路是否在异或门输出的正方波的下跳沿先进行锁存，然后再对计数器清零，为下一次计数做准备。

（5）组装调试相位差产生电路，并用示波器测出输入信号与输出信号间的相位差。

（6）整机联调，将各单元电路连接起来，从输入到输出逐级检查各关键点的波形，排除故障，使电路正常工作，然后测出相位差产生电路产生的相位差，并与示波器测量的结果进行比较。

3.2.7　设计报告要求

（1）根据实验原理方案，进行详细电路设计，写出设计过程并详细分析工作原理。

（2）写出数字相位差测量仪的调试过程。

（3）分析本课程设计中出现的故障及解决办法，并进行总结。

附件　芯片引脚图

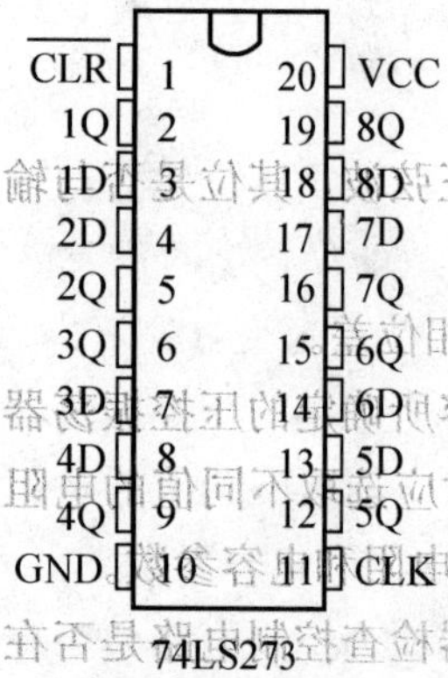

74LS273

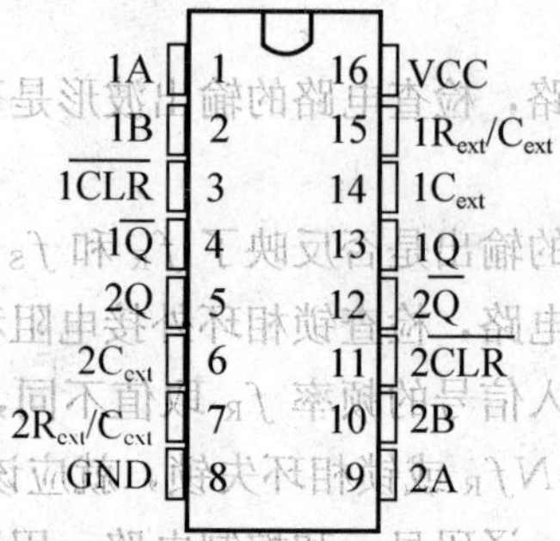

74LS221

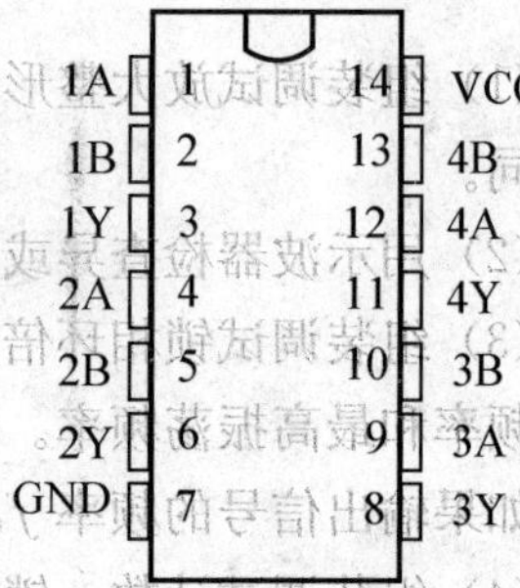

74LS86

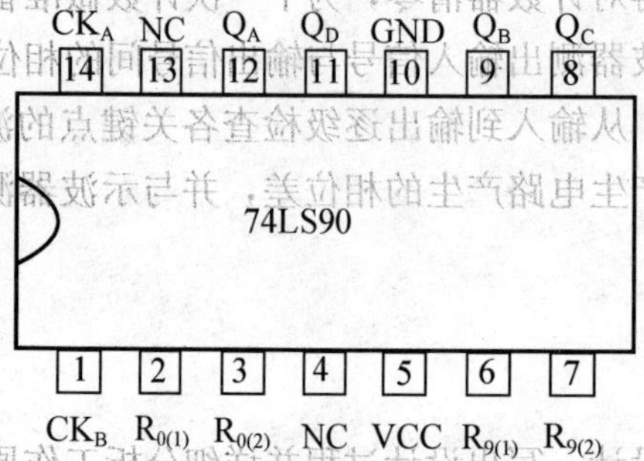

74LS90

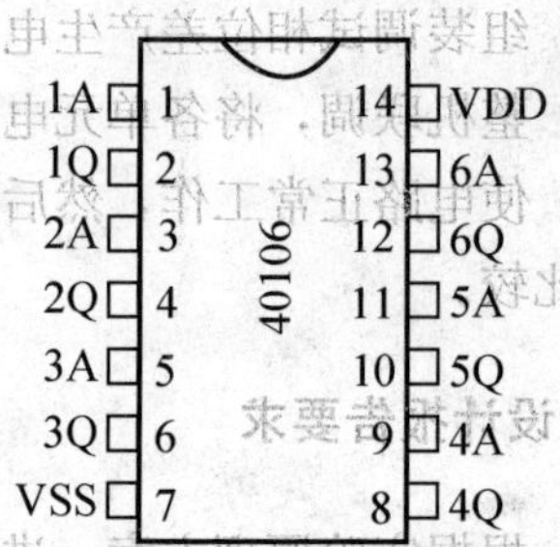

CD40106

3.3 电容数字测量仪设计

3.3.1 实验目的

(1) 熟悉电容数字测量仪的工作原理。

(2) 掌握电容数字测量仪的设计、组装与测试方法。

(3) 熟悉多功能板的焊接工艺技术和数字系统的装调技术。

3.3.2 预习内容

(1) 预习电容数字测量仪的工作原理。

(2) 预习所涉及的各种单元电路的基本应用技术。

(3) 思考电容数字测量仪的设计方法和装调技术。

(4) 采用 Proteus 仿真软件对部分电路进行初步仿真。

3.3.3 实验内容

设计并制作一个具有数字显示功能的电容测量仪。该数字电容测量仪能对日常电子线路中所用到的电容进行方便的测量。原理框图如图 3.3.1 所示。

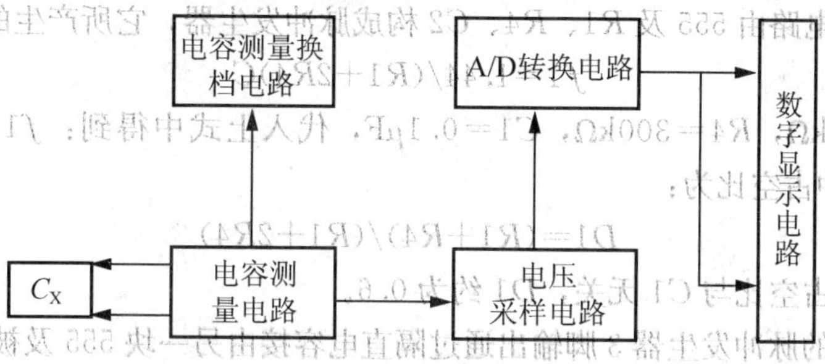

图 3.3.1 数字电容测量仪原理框图

3.3.4 实验原理

电容测量的基本原理是：把电容量通过电路转换成电压量，然后把电压量经模数转换器转换成数字量进行显示。电容数字测量仪可由多种方法设计，如由 555 集成定时器构成单稳态触发器、多谐振荡器等电路，单稳态触发器输出电压的脉宽为：$T_W=1.1RC$，这种电路产生的脉宽可以从几个微秒到数分钟，从式中可以看到，当 R 固定时，改变电容 C 则输出脉宽 T_W 跟着改变，由 T_W 的宽度可以求出电容的大小。把单稳态触发器的输出电压 V_O 取平均值，由于电容量的不同，T_W 的宽度也不同，则 V_O 的平均值也不同，由 V_O 的平均值大小也就可以得到电容 C 的大小。如果把这个 V_O 的平均值送到 3 位半 A/D 转换器，经显示器显示的数据就是电容量的大小。

3.3.5　设计要求

（1）设计一个电容数字测量仪电路。

（2）采用数字显示被测量的电容。

（3）测量电容范围为如下两档：1～10μF、10～200μF

3.3.6　设计实例

1. 电路设计

1）系统硬件电路组成

系统原理框图包括实现电容测量电路、电压采样电路、模数转换电路和数字显示电路四大部分，如图 3.3.1 所示。

2）电容测量电路的设计

采用两块 555 集成定时器分别构成多谐振荡器及单稳态触发器，构成电容测试电路。利用被测电容 Cx 的充放电过程调制一个频率和占空比均固定的脉宽波形，使占空比 D 与 Cx 成正比。其具体电路原理图如图 3.3.2 所示。

此电容测量电路具有两路选择功能，可测量 1～200μF 的电容量，当把图 3.3.2 中的 $R10$ 和 $R21$ 交换时就能实现两档位电容量的测量。现以 1μF～10μF 档作原理介绍如下。

此电容测量电路由 555 及 $R1$、$R4$、$C2$ 构成脉冲发生器，它所产生的振荡频率为：

$$f1=1.44/(R1+2R4)C$$

将 $R1=160\text{k}\Omega$，$R4=300\text{k}\Omega$，$C1=0.1\mu\text{F}$，代入上式中得到：$f1=19\text{Hz}$，对应的 $T1=52\text{ms}$。脉冲占空比为：

$$D1=(R1+R4)/(R1+2R4)$$

由上式可知占空比与 $C1$ 无关，$D1$ 约为 0.6。

由 555 构成的脉冲发生器 3 脚输出通过隔直电容接由另一块 555 及被测电容 Cx、$R10$ 或 $R21$ 构成的单稳态触发器的 2 脚(/TR)。并利用 Cx 的充放电来实现对脉宽宽度进行调制。

以 1μF～10μF 为例，取 $R10$ 电阻值为 1kΩ，则单稳态触发器 OUT 端输出信号为：

$$Tw=1.1R10\times Cx=1.1\times(10^{-3})$$

由$(Tw/T)\times V_{CC}=U\text{out}$得：

$$Cx=(T/(1.1R10\times V_{CC}))\times U\text{out}$$

由上式的 Cx 和 $U\text{out}$ 成正比，$(\text{T}/(1.1R10\times V_{CC}))=50/(1.1\times1\times5)=1\times(10^{-5})$，可知，当 $Cx=1\mu\text{F}$ 时，$U\text{out}=0.1\text{V}$，可以看出 Cx 和 $U\text{out}$ 在数值上有相似之处，这样就实现电容测量的功能。

图中 $R2$、$R3$ 为偏置电阻。单稳态触发器输出 $V\text{o}1$ 经过滤波电路取出电压平均值/V($V\text{o}2$)。单稳态触发器输出所接的就是二阶滤波电路。

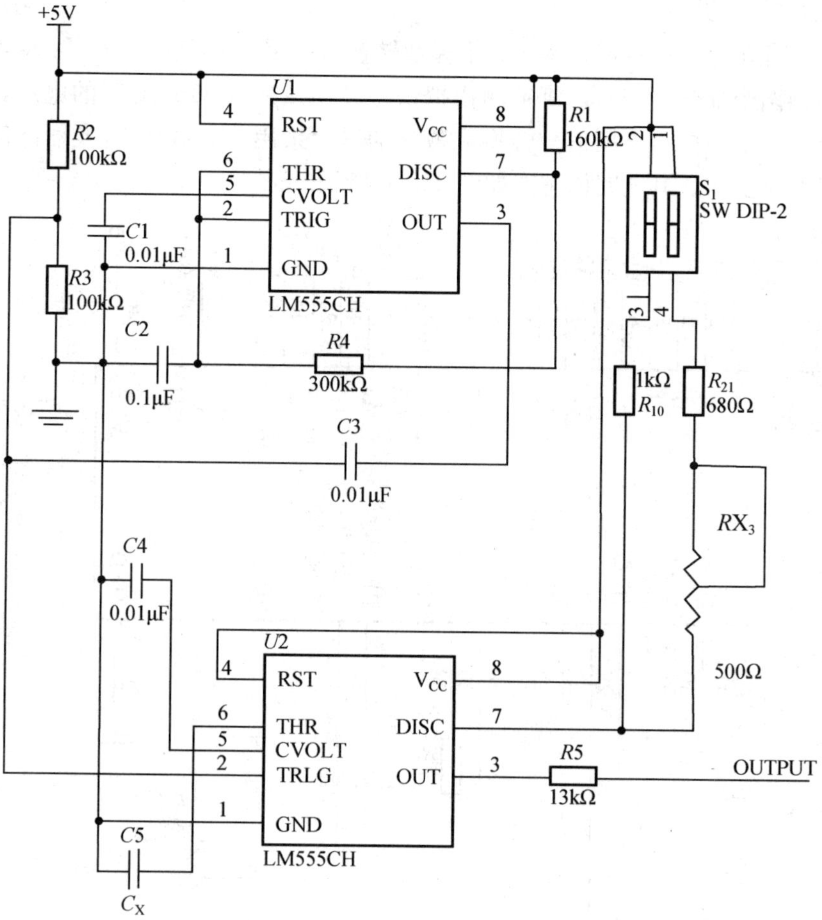

图 3.3.2　电容测量电路原理图

3）电压采样电路的设计

当调制好一个频率和占空比均固定的脉宽波形后，使占空比 D 与 Cx 成正比，然后通过滤波电路取出直流电压平均值。采用此二阶滤波电路来采集电压量，能很好地将方波滤成直流量，而且误差很小。将被测电容量转换成直流电压量的电路原理图如图 3.3.3 所示。

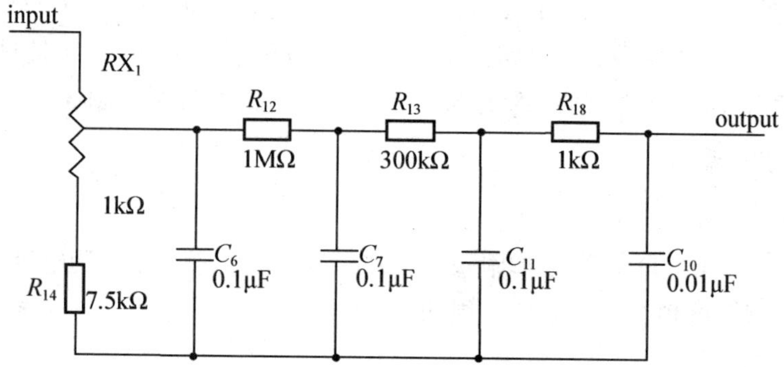

图 3.3.3　数据采集电路原理图

4）模数转换电路的设计

根据数字显示电路的特点，本设计中模数转换电路采用 CC7107A/D 转换器。7107A/D 转换器包括两个部分：其一，将被测模拟信号转换成适合 7107A/D 的电压，实现模数转换的功能；其二，能将电压信号转换成数字信号。采用 7107A/D 转换器能简单地实现模数转换及数字显示。其电路原理图如图 3.3.4 所示。

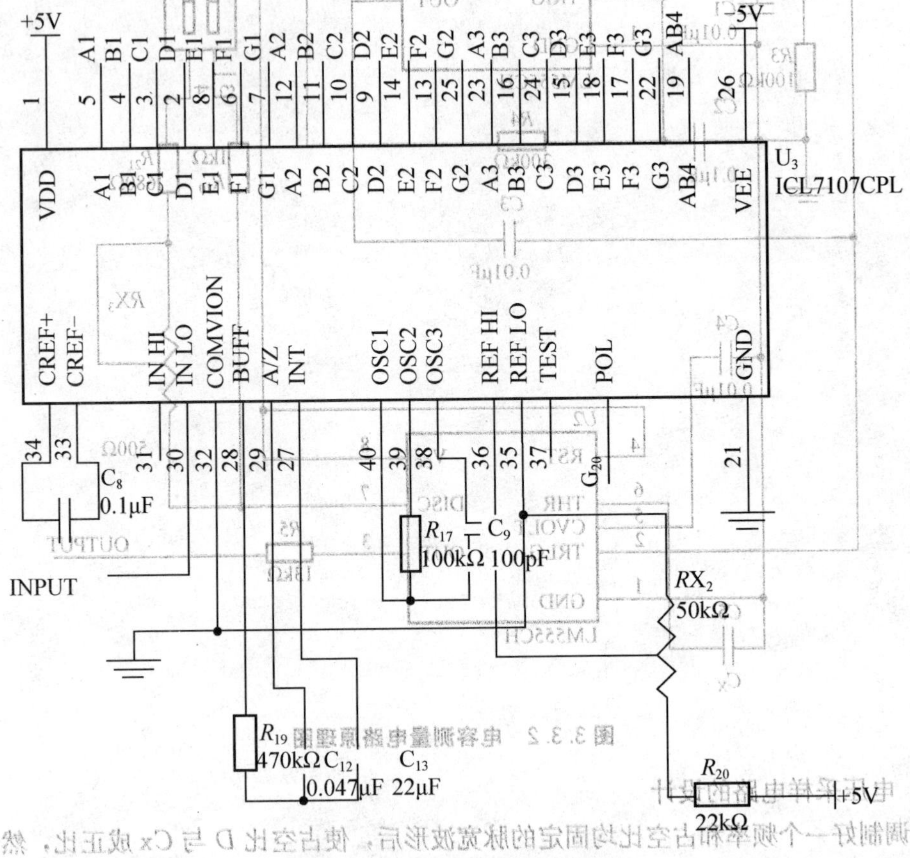

图 3.3.4 模数转换电路原理图

5）数字显示电路的设计

该部分主要采用 4 个七段共阳数码管，它可以直接与 ICL7107 AD 转换器的输出相连，构成一个三位半的数码显示电路，本系统中只需显示 0～9 的数字且只需测量 1μF～199.9μF 的电容，所以用 4 个数码管已经足够了。其电路原理图如图 3.3.5 所示。

2. 电路测试

1）主要工作点波形测试

测试点 A、B、C、D、E、F 如附录一电路原理总图所示，以被测电容 10μF 为例。

A 点　　　峰-峰值：　　　　　　周期：

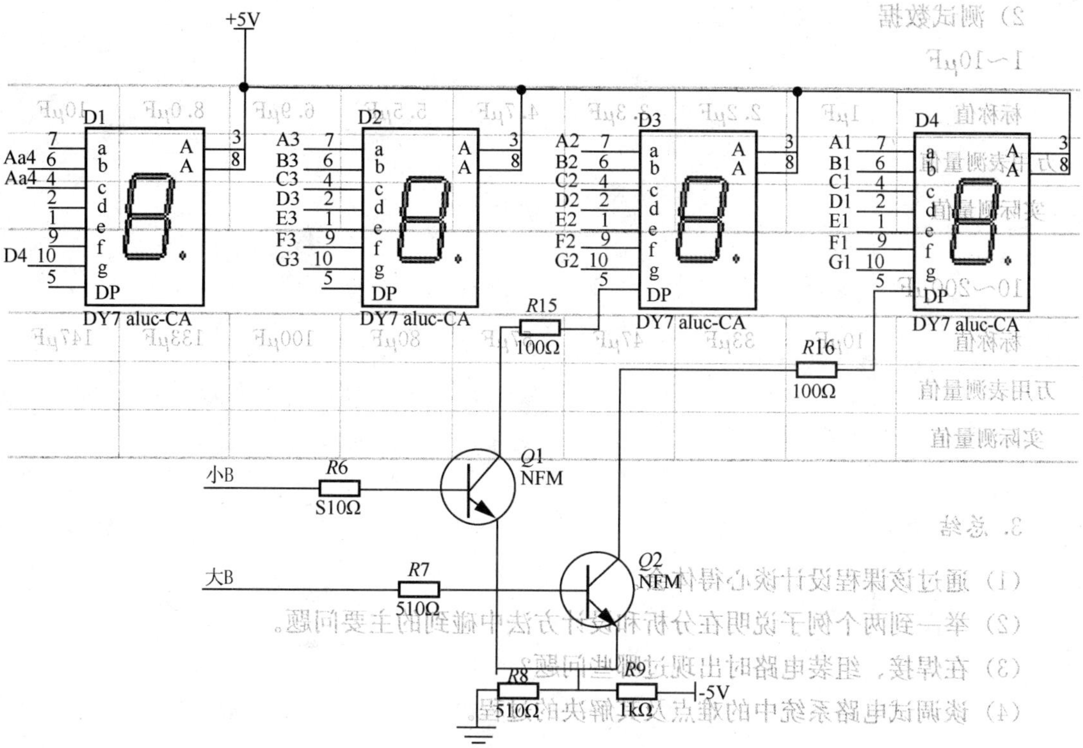

图 3.3.5 数字显示电路原理图

B 点　　　峰-峰值：　　　　　周期：

C 点　　　峰-峰值：　　　　　周期：

D 点　　　峰-峰值：　　　　　周期：

E 点　　　峰-峰值：　　　　　周期：

F 点　　　峰-峰值：　　　　　周期：

2）测试数据

1～10μF

标称值	1μF	2.2μF	3.3μF	4.7μF	5.5μF	6.9μF	8.0μF	10μF
万用表测量值								
实际测量值								

10～200μF

标称值	10μF	33μF	47μF	57μF	80μF	100μF	133μF	147μF
万用表测量值								
实际测量值								

3. 总结

（1）通过该课程设计谈心得体会。

（2）举一到两个例子说明在分析和设计方法中碰到的主要问题。

（3）在焊接、组装电路时出现过哪些问题？

（4）谈调试电路系统中的难点及其解决的过程。

附件 1　电路原理总图

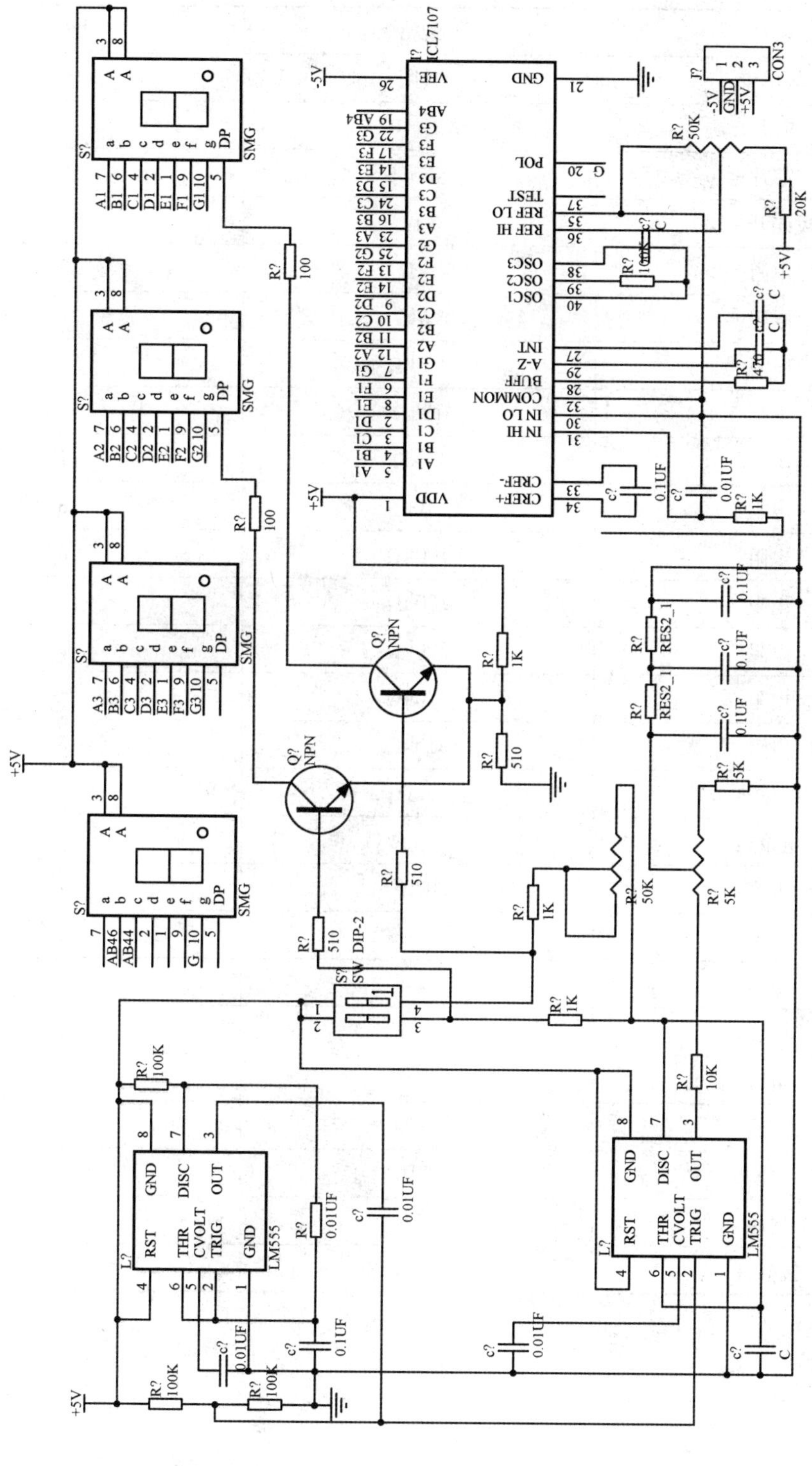
ICL7107
CON3
SMG
LM555
NPN
SW DIP-2
+5V
-5V
GND
VDD
VEE
POL
TEST
REF LO
REF HI
OSC1
OSC2
OSC3
INT
A-Z
BUFF
COMMON
IN LO
IN HI
CREF-
CREF+
RST
THR
CVOLT
TRIG
DISC
OUT
RES2_1

附件 2 电路元件清单

名称	规格	数量
数码管	共阳	4
芯片	ICL7107	1
芯片	NE555	2
拨码开关	2 位	1
电阻	1kΩ	3
电阻	1MΩ	1
电阻	7.5kΩ	1
电阻	13kΩ	1
电阻	22kΩ	1
电阻	100	3
电阻	100kΩ	3
电阻	160kΩ	1
电阻	300kΩ	2
电阻	470kΩ	1
电阻	510kΩ	3
电位器	1kΩ	1
电位器	50kΩ	1
电容	101F	1
电容	103F	4
电容	104F	5
电容	224F	1
电容	473F	1
三极管	9013	2
底座	8P	2
底座	40P	2
接插件	3P	1

附件 3　芯片引脚图

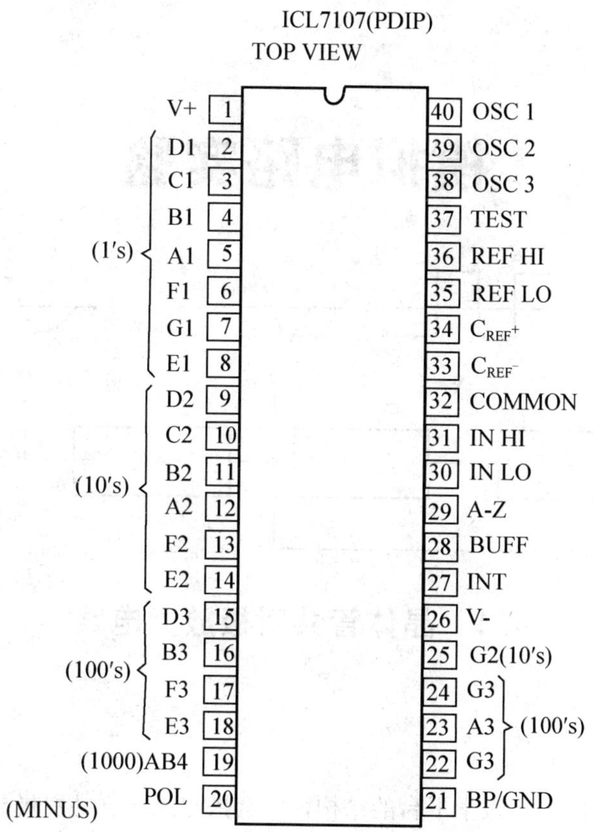
ICL7107(PDIP)
TOP VIEW
V+ 1
D1 2
C1 3
B1 4
(1′s)
A1 5
F1 6
G1 7
E1 8
D2 9
C2 10
B2 11
(10′s)
A2 12
F2 13
E2 14
D3 15
B3 16
(100′s)
F3 17
E3 18
(1000)AB4 19
POL 20
(MINUS)
40 OSC 1
39 OSC 2
38 OSC 3
37 TEST
36 REF HI
35 REF LO
34 CREF+
33 CREF−
32 COMMON
31 IN HI
30 IN LO
29 A-Z
28 BUFF
27 INT
26 V-
25 G2(10′s)
24 G3
23 A3
(100′s)
22 G3
21 BP/GND

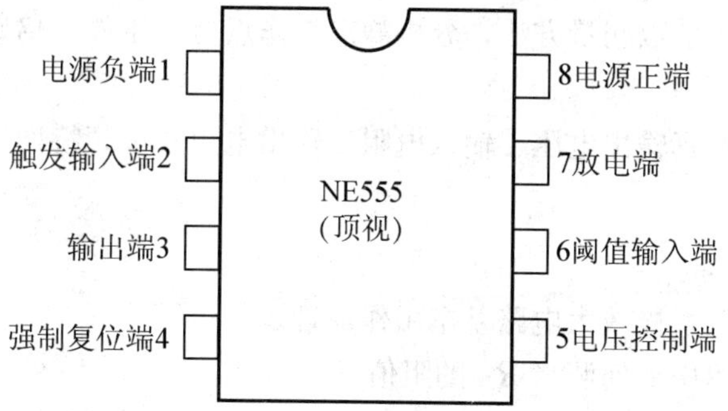
电源负端1
触发输入端2
输出端3
强制复位端4
8电源正端
7放电端
6阈值输入端
5电压控制端
NE555
(顶视)

第4章

模拟电路实验

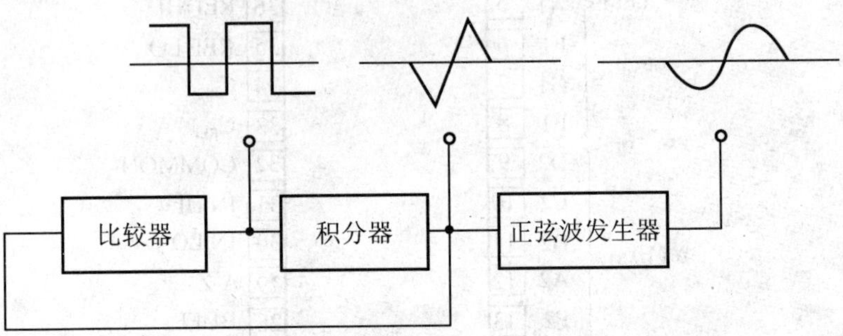

4.1 晶体管共射极放大电路

4.1.1 实验目的

（1）熟悉模拟电路实验教学平台的结构，学会搭建晶体管共射极放大电路。

（2）掌握静态工作点的调试方法，并分析静态工作点对放大器性能的影响。

（3）掌握电压放大倍数测量方法，分析静态工作点对电压放大倍数、输出波形失真情况的影响。

（4）掌握最大不失真输出电压、输入电阻、输出电阻及幅频特性的测试方法。

4.1.2 预习内容

（1）预习晶体管共射极放大电路基本工作原理。

（2）思考实验内容中如何测量 R_{B2} 的阻值。

（3）思考为什么要调整静态工作点，调整时，输入端为何接地。

（4）思考能否用万用表电阻档直接测量放大器输入输出电阻。

（5）思考测量电路幅频特性有何意义。

4.1.3 实验原理

1. 基本电路

图 4.1.1 为电阻分压式晶体管共射极放大电路实验电路原理图。它的偏置电路采用 R_{B2} 和 R_{B1} 组成的分压电路，并在发射极接有电阻 R_E，以稳定放大器的静态工作点。当在放大器的输入端加入输入信号 U_i 后，在放大器的输出端便可得到一个与 U_i 相位相反，幅值被放大了的输出信号 U_o，从而实现了电压信号放大。

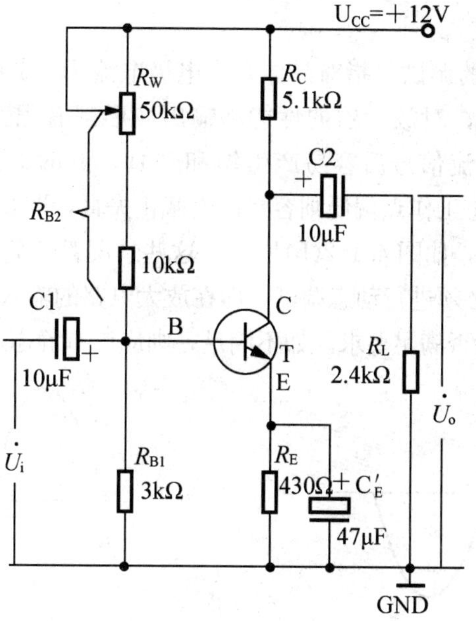

图 4.1.1 晶体管共射极放大电路

在图 4.1.1 电路中，当流过偏置电阻 R_{B1} 和 R_{B2} 的电流远大于晶体管 T 的基极电流 I_B 时(一般 5～10 倍)，则它的静态工作点可用下式估算，供电电源 U_{CC} 为+12V。

$$U_B \approx \frac{R_{B1}}{R_{B1}+R_{B2}} U_{CC}$$

$$I_E = \frac{U_B - U_{BE}}{R_E} \approx I_C$$

$$U_{CE} = U_{CC} - I_C (R_C + R_E)$$

电压放大倍数

$$A_V = -\beta \frac{R_C /\!/ R_L}{r_{be}}$$

输入电阻 $R_i = R_{B1} /\!/ R_{B2} /\!/ r_{be}$

输出电阻 $R_o \approx R_C$

注：本书约定“//”为并联符号，以后不再注明。

2. 静态工作点的测量与调试

1）静态工作点的测量

测量放大器的静态工作点，应在输入信号$U_i=0$的情况下进行，即将放大器输入端接地，然后选用数字万用表分别测量晶体管的集电极电流I_C以及各电极对地的电压U_B、U_C和U_E。一般在实验中，为了避免断开集电极，所以采用测量电压U_E，然后算出I_C的方法，例如，只要测出U_E，即可用$I_C \approx I_E=\frac{U_E}{R_E}$算出$I_C$(也可根据$I_C=\frac{U_{CC}-U_C}{R_C}$，由$U_C$确定$I_C$)，同时也能算出$U_{BE}=U_B-U_E$，$U_{CE}=U_C-U_E$。

2）静态工作点的调试

放大电路静态工作点的调试是指对晶体管集电极电流I_C(或U_{CE})的调整与测试。

静态工作点是否合适，对放大器的性能和输出波形都有很大的影响。如果静态工作点偏高，放大器在加入交流信号后容易产生饱和失真，此时U_o的负半周将被削底，如图4.1.2(a)所示；如果静态工作点偏低则容易产生截止失真，即U_o的正半周被缩顶(一般截止失真不如饱和失真明显)，如图4.1.2(b)所示。这些情况都不符合不失真放大的要求。所以在选定静态工作点后还必须进行动态调试，即在放大电路的输入端加入一定的U_i，检查输出电压U_o的大小和波形是否满足要求。如不满足，则应调节静态工作点的位置。

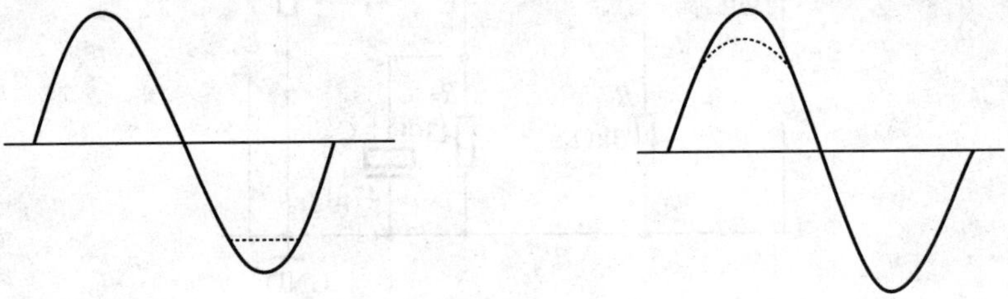

(a) 饱和失真　　(b) 截止失真

图4.1.2　静态工作点对U_o波形失真的影响

改变电路参数U_{CC}，R_C，R_B(R_{B1}，R_{B2})都会引起静态工作点的变化，如图4.1.3所示。但通常多采用调节上偏置电阻R_{B2}的方法来改变静态工作点，如减小R_{B2}，则可使静态工作点提高等。

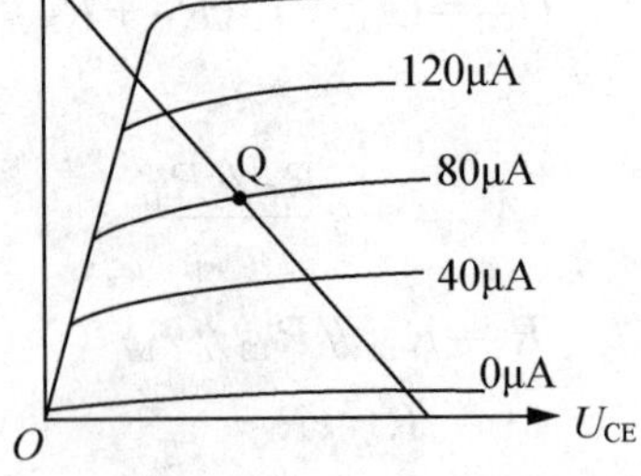

图4.1.3　电路参数对静态工作点的影响

最后还要说明的是，上面所说的工作点“偏高”或“偏低”不是绝对的，应该是相对信号的幅度而言，如信号幅度很小，即使工作点较高或较低也不一定会出现失真。所以确切地说，产生波形失真是信号幅度与静态工作点设置配合不当所致。如需满足较大输入信号的要求，静态工作点最好尽量靠近交流负载线的中点。

3. 放大器动态指标测试

放大器动态指标测试包括电压放大倍数、输入电阻、输出电阻、最大不失真输出电压(动态范围)和通频带等。

1）电压放大倍数 A_V 的测量

调整放大器到合适的静态工作点，然后加入输入电压 U_i，在输出电压 U_o 不失真的情况下，用交流毫伏表测出 U_i 和 U_o 的有效值，则

$$A_V=\frac{U_o}{U_i}$$

2）输入电阻 R_i 的测量

为了测量放大器的输入电阻，按图 4.1.4 输入、输出电阻测量电路在被测放大器的输入端与信号源之间串入一个已知电阻 R，在放大器正常工作的情况下，用交流毫伏表测出 U_S 和 U_i，则根据输入电阻的定义可得

$$R_i=\frac{U_i}{I_i}=\frac{U_i}{\frac{U_R}{R}}=\frac{U_i}{U_S-U_i}R$$

测量时应注意以下几点。

(1) 由于电阻 R 两端没有电路公共接地点，所以测量 R 两端电压 U_R 时必须分别测出 U_S 和 U_i，然后按 $U_R=U_S-U_i$ 求出 U_R 值。

(2) 电阻 R 的值不宜取得过大或过小，以免产生较大的测量误差，通常取 R 与 R_i 为同一数量级为好，本实验可取 $R=1\sim2\text{k}\Omega$ 的标称电阻值。

3）输出电阻 U_o 的测量

按图 4.1.4 电路，在放大器正常工作条件下，测出输出端不接负载 R_L 的输出电压 U_o 和接入负载后输出电压 U_L，根据

$$U_L=\frac{R_L}{R_o+R_L}U_o$$

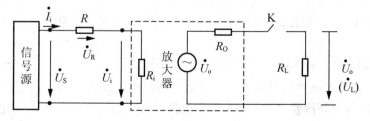

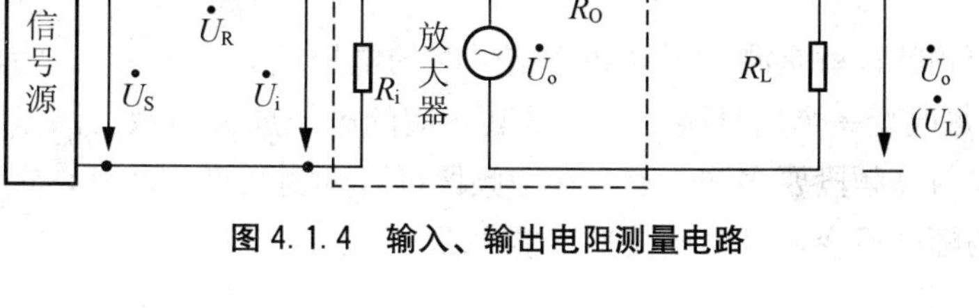

图 4.1.4　输入、输出电阻测量电路

即可求出 R_o。

$$R_o=\left(\frac{U_o}{U_L}-1\right)R_L$$

在测试中应注意，必须保持 R_L 接入前后输入信号的大小不变。

4）最大不失真输出电压 U_{OPP} 的测量（最大动态范围）

如上所述，为了得到最大动态范围，应将静态工作点调整到交流负载线的中点。为此在放大器正常工作情况下，逐步增大输入信号的幅度，并同时调节 R_W（改变静态工作点），用示波器观察 U_o，当输出波形同时出现削底和缩顶现象时，如图 4.1.5 所示，说明静态工作点已调整到交流负载线的中点。然后反复调整输入信号，使波形输出幅度最大，且无明显失真时，用交流毫伏表测出 U_o（有效值），则动态范围等于 $2\sqrt{2}U_o$，或用示波器直接读出 U_{OPP} 来。

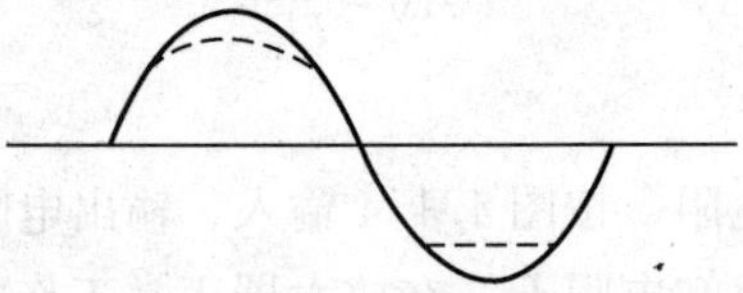

图 4.1.5　静态工作点正常，输入信号太大引起的失真

5）放大器频率特性的测量

放大器的频率特性是指放大器的电压放大倍数 A_V 与输入信号频率 f 之间的关系曲线。晶体管阻容耦合放大电路的幅频特性曲线如图 4.1.6 所示。

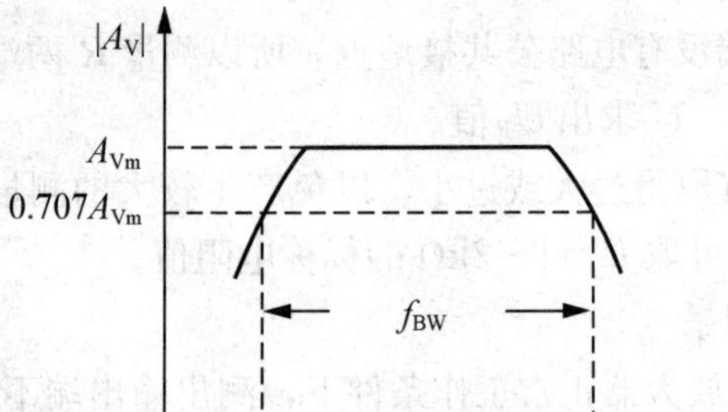

图 4.1.6　幅频特性曲线

A_{Vm} 为中频电压放大倍数，通常规定电压放大倍数随频率变化下降到中频放大倍数的 $1/\sqrt{2}$ 倍，即 $0.707A_{Vm}$ 所对应的频率分别称为下限频率 f_L 和上限频率 f_H，则通频带

$$f_{BW}=f_H-f_L$$

放大器的幅频特性就是测量不同频率信号时的电压放大倍数 A_V。为此可采用前述测量 A_V 的方法，每改变一个信号频率，测量其相应的电压放大倍数，测量时要注意取点要恰当，在低频段与高频段要多测几点，在中频段可以少测几点。此外，在改变频率时，要保持输入信号的幅度不变，且输出波形不能失真。

4.1.4　实验内容

1. 连线

用万用表检测放大电路所用晶体管、电阻、电容的参数，确定无误后，按照电路原理图 4.1.1 进行电路连接，并进行反复检查。

2. 测量静态工作点

静态工作点测量条件：输入端接地，即 $U_i=0$。

在实验内容 1 连线基础上，电路输入端接地(即 $U_i=0$)，打开实验平台电源开关，调节 R_W，使 $I_C=1.0\text{mA}$(即 $U_E=0.43\text{V}$)，用万用表测量 U_B、U_E、U_C、R_{B2}值，记入表 4-1-1。

表 4-1-1　$I_C=1.0\text{mA}$

测　量　值				计　算　值		
U_B(V)	U_E(V)	U_C(V)	R_{B2}(kΩ)	U_{BE}(V)	U_{CE}(V)	I_C(mA)

3. 测量电压放大倍数

打开函数信号发生器电源开关，调节一个频率为 1kHz、电压峰峰值为 20mV 的正弦波信号由输出端输出且作为输入信号 U_i。断开原输入端接地线，把信号源输出的信号送入放大器，同时用双踪示波器观察放大器输入电压 U_i 和输出电压 U_o 的波形，在 U_o 波形不失真的条件下用交流毫伏表测量下述三种情况下的 U_o 值，并用双踪示波器观察 U_o 和 U_i 的相位关系，记入表 4-1-2。

表 4-1-2　$I_C=1.0\text{mA}$　　$U_i=$____mV(有效值)

R_C(kΩ)	R_L(kΩ)	U_o(V)	A_V	观察记录一组 U_o 和 U_i 波形	
5.1	∞				
2.4	∞				
5.1	2.4				

注意：由于所测 U_o 的值为有效值，故峰峰值 U_i 需要转化为有效值或用交流毫伏表测得的 U_i 来计算 A_V 值。切记交流毫伏表测量的是有效值，而示波器测量的是峰峰值。

4. 观察静态工作点对电压放大倍数的影响

在实验内容 3 中 $R_C=5.1\text{k}\Omega$，$R_L=\infty$ 连线条件下，调节一个频率为 1kHz、电压峰峰值为 20mV 的正弦波由信号源输出且作为输入信号 U_i 连到放大器输入端。调节 R_W，用示波器监视输出电压波形，在 U_o 不失真的情况下，测量数组 I_C 和 U_o 的值，记入表 4-1-3。测量 I_C 时，要使 $U_i=0$(断开输入信号 U_i，放大器输入端接地)。

表 4-1-3 $R_C=5.1k\Omega$ $R_L=\infty$ $U_i=$____mV(有效值)

I_C(mA)			1.0		
U_o(V)					
A_V					

5. 观察静态工作点对输出波形失真的影响

在实验内容 3 中 $R_C=5.1k\Omega$、$R_L=2.4k\Omega$ 连线条件下，使 $U_i=0$，调节 R_W 使 $I_C=1.0mA$(参见实验内容 2)，测出 U_{CE} 值。调节一个频率为 1kHz、电压峰峰值为 20mV 的正弦波信号由信号源输出且作为输入信号 U_i 连到放大器输入端，再逐步加大输入信号，使输出电压 U_o 足够大但不失真。然后保持输入信号不变，分别增大和减小 R_W，使波形出现失真，绘出 U_o 的波形，并测出失真情况下的 I_C 和 U_{CE} 值，记入表 4-1-4 中。每次测 I_C 和 U_{CE} 值时要使输入信号为零(即使 $U_i=0$)。

表 4-1-4 $R_C=5.1k\Omega$ $R_L=2.4k\Omega$ $U_i=$____mV(有效值)

I_C(mA)	U_{CE}(V)	U_o 波形	失真情况	管子工作状态
1.0				

6. 测量最大不失真输出电压

在实验内容 3 中 $R_C=5.1k\Omega$、$R_L=2.4k\Omega$ 连线条件下，同时调节输入信号的幅度和电位器 R_W，使输出信号刚好不出现饱和与截止失真，用示波器和交流毫伏表测量 U_{OPP} 及 U_o 值，记入表 4-1-5。

表 4-1-5 $R_C=5.1k\Omega$ $R_L=2.4k\Omega$

I_C(mA)	U_{im}(mV)有效值	U_{om}(V)有效值	U_{OPP}(V)峰峰值

7. 测量输入电阻和输出电阻

如图 4.1.4 所示，取 $R=2k\Omega$，置 $R_C=5.1k\Omega$，$R_L=2.4k\Omega$，$I_C=1.0mA$。输入 $f=1kHz$、峰峰值为 20mV 的正弦信号，在输出电压 U_o 不失真的情况下，用交流毫伏表测出 U_S、U_i 和 U_L，用公式 $R_i=\dfrac{U_i}{U_S-U_i}R$ 算出 R_i。

保持 U_S 不变，断开 R_L，测量输出电压 U_o，参见公式 $R_o=(\dfrac{U_o}{U_L}-1)R_L$ 算出 R_o。

8. 测量幅频特性曲线

取 $I_C=1.0mA$，$R_C=5.1k\Omega$，$R_L=2.4k\Omega$。保持上步输入信号 U_i 不变，改变信号源

输出信号频率 f，测出下限截止频率 f_L 和上限截止频率 f_H，记入表 4-1-6，并绘制测量幅频特性曲线。

表 4-1-6 截止频率

下限截止频率 f_L	上限截止频率 f_H

4.1.5 实验仪器设备

本实验所需仪器设备见表 4-1-7。

表 4-1-7 实验仪器设备

序 号	名 称	型号规格	数 量
1	数字万用表	VC8145	1
2	函数信号发生器	DG1022U	1
3	双踪示波器	GOS6021，20MHz	1
4	交流毫伏表	AS2294D，5Hz～2MHz	1
5	模拟电路实验教学平台	ZSD-MD-1	1

4.1.6 实验注意事项

（1）拔插线要慢插慢拔，做完每个实验要关掉电源开关，把连接线整理好，为下个实验做好准备，连线时请不要打开电源开关，以后不再说明。

（2）相关元件分布图参见附录三中的附图 3-1 分立元件模块。

（3）不能在线测量电阻值，测量电阻时必须把被测电阻从电路中断开，单独测量；也不能在电路带电情况下测量电阻值。

（4）注意排除放大器引入的干扰和自激振荡。

（5）连线时，请使用不同颜色线进行连接，方便检查区分。

4.1.7 实验报告要求

（1）按照实验内容要求，列表整理测量数据，并对所测数据进行分析。

（2）分析静态工作点变化对放大器输出波形的影响。

（3）分析比较放大器输入电阻、输出电阻的实际测量值与理论计算值，并说明产生误差的原因。

（4）分析讨论实验过程中出现的问题，并说明如何解决的。

（5）总结实验心得与体会。

4.2 射极跟随器

4.2.1 实验目的

(1) 学会在模拟电路实验教学平台上搭建射极跟随器。
(2) 掌握静态工作点的调试方法，并分析静态工作点对射极跟随器性能的影响。
(3) 掌握电压放大倍数测量方法。
(4) 掌握输入电阻、输出电阻、射极跟随特性及频率响应特性的测试方法。

4.2.2 预习内容

(1) 预习射极跟随器基本工作原理。
(2) 思考为什么要调整静态工作点。
(3) 思考 $A_V<1$ 的原因。
(4) 进一步熟悉电路输入电阻和输出电阻测量方法。
(5) 分析射极跟随器的跟随特性及频率响应特性情况。

4.2.3 实验原理

1. 基本电路

射极跟随器又称射极输出器，它的输出信号取自发射极，并跟随输入信号变化而变化，并且输出信号电压与输入信号电压相位相同。由于射极跟随器的输入与输出是以集电极作为公共端，所以又称共集电极放大电路。射极跟随器电路如图 4.2.1 所示。

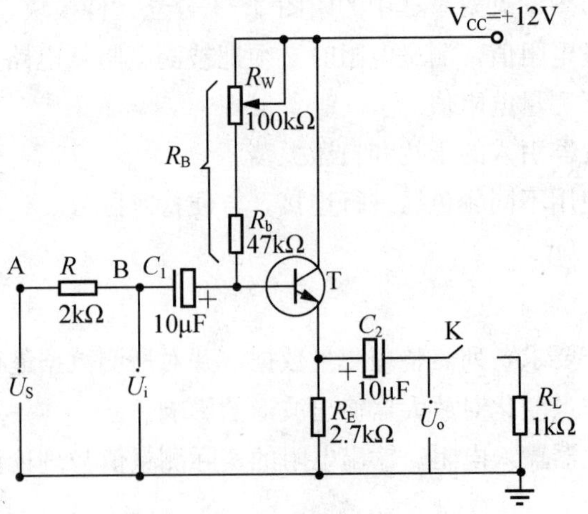

图 4.2.1 射极跟随器电路

2. 静态工作点

如图 4.2.1 所示，射极跟随器静态工作电流：

$$I_B=(V_{CC}-U_{BE})/[(R_b+R_W)+(1+\beta)R_E]$$

由于 V_{CC}远大于U_{BE}，所以有

$$I_B \approx V_{CC}/[(R_b+R_W)+(1+\beta)R_E]$$

$$I_E=(1+\beta)I_B$$

$$U_{CE}=V_{CC}-I_E R_E$$

3. 动态性能指标

1）输入电阻 R_i高

$$R_i=r_{be}+(1+\beta)R_E$$

如考虑偏置电阻 R_B和负载电阻 R_L的影响，则

$$R_i=R_B /\!/ [r_{be}+(1+\beta)(R_E /\!/ R_L)]$$

由上式可知，射极跟随器的输入电阻 R_i比共射极单管放大电路的输入电阻 $R_i=R_B /\!/ r_{be}$要高得多。输入电阻的测试方法同共射极单管放大电路，实验电路如图 4.1.4 所示。

$$R_i=\frac{U_i}{I_i}=\frac{U_i}{U_S-U_i}R$$

即只要测得 A、B 两点的对地电位即可。

2）输出电阻 R_o低

$$R_o=\frac{r_{be}}{\beta} /\!/ R_E \approx \frac{r_{be}}{\beta}$$

如考虑信号源内阻 R_S，则

$$R_o=\frac{r_{be}+(R_S /\!/ R_B)}{\beta} /\!/ R_E \approx \frac{r_{be}+(R_S /\!/ R_B)}{\beta}$$

由上式可知，射极跟随器的输出电阻 R_o 比共射极单管放大电路的输出电阻 $R_o=R_C$低得多。三极管的 β 越高，输出电阻越小。

输出电阻 R_o 的测试方法同共射极单管放大电路，即先测出空载输出电压 U_o，再测接入负载 R_L后的输出电压 U_L，根据

$$U_L=\frac{U_o}{R_o+R_L}R_L$$

即可求出 R_o。

$$R_o=\left(\frac{U_o}{U_L}-1\right)R_L$$

3）电压放大倍数近似等于 1

如图 4.2.1 所示电路

$$A_V=\frac{(1+\beta)(R_E /\!/ R_L)}{r_{be}+(1+\beta)(R_E /\!/ R_L)}<1$$

上式说明射极跟随器的电压放大倍数小于并接近于1且为正值，这是深度电压负反馈的结果。但它的射极电流仍比基流大$(1+\beta)$倍，所以它具有一定的电流和功率放大作用。

4.2.4 实验内容

1. 连线

用万用表检测射极跟随器所用晶体管、电阻、电容的参数，确定无误后，按照电路原理图4.2.1进行电路连接，并进行反复检查。其中开关K断开时相当于负载开路，闭合时相当于连接上负载，此时K先开路。

2. 静态工作点的调整

打开电源开关，在B点加入频率为1kHz、电压峰峰值为1V的正弦信号U_i，输出端用示波器监视，反复调整R_W及信号源的输出幅度，使在示波器的屏幕上得到一个最大不失真输出电压波形，然后置$U_i=0$，用万用表测量晶体管各电极对地电压，将测得数据记入表4-2-1。

在下面整个测试过程中应保持R_W值不变(即I_E不变)。

表4-2-1

U_E(V)	U_B(V)	U_C(V)	$I_E=U_E/R_E$(mA)

3. 测量电压放大倍数A_V

接入负载$R_L=1k\Omega$，在B点加入频率为1kHz、电压峰峰值为1V的正弦信号U_i，调节输入信号幅度，用示波器观察输出波形U_L，在输出最大不失真情况下，用交流毫伏表测U_i、U_L值，记入表4-2-2。

表4-2-2

U_i(V)	U_L(V)	$A_V=U_L/U_i$

4. 测量输入电阻R_i

在A点加入频率为1kHz、电压峰峰值为1V的正弦信号U_S，用示波器监视输出波形，用交流毫伏表分别测出A、B点对地的电位U_S、U_i，记入表4-2-3。

表4-2-3

U_S(V)	U_i(V)	$R_i=\frac{U_i}{U_S-U_i}R$(kΩ)

5. 测量输出电阻 R_o

在B点加入频率为1kHz、电压峰峰值为1V的正弦信号 U_i，用示波器监视输出波形，分别用交流毫伏表测空载输出电压 U_o，有负载($R_L=1k\Omega$)时输出电压 U_L，记入表4-2-4。

表4-2-4

U_o(V)	U_L(V)	$R_o=(\frac{U_o}{U_L}-1)R_L$(kΩ)

6. 测试跟随特性

接入负载 $R_L=1k\Omega$，在B点加入频率为1kHz、电压峰峰值为1V的正弦信号 U_i，并保持信号频率不变，逐渐增大信号 U_i 幅度，用示波器监视输出波形直至输出波形达到最大不失真，测量对应的 U_L 值，记入表4-2-5。

表4-2-5

U_i(V)	
U_L(V)	

7. 测试频率响应特性

接入负载 $R_L=1k\Omega$，在B点加入频率为1kHz、电压峰峰值为1V的正弦信号 U_i，保持输入信号 U_i 幅度不变，改变信号源频率，用示波器监视输出波形，用交流毫伏表测量不同频率下的输出电压 U_L 值，记入表4-2-6，并绘制幅频特性曲线。

表4-2-6

f(kHz)	
U_L(V)	

4.2.5 实验仪器设备

本实验所需仪器设备见表4-2-7。

表4-2-7　实验仪器设备

序　号	名　称	型号规格	数　量
1	数字万用表	VC8145	1
2	函数信号发生器	DG1022U	1
3	双踪示波器	GOS6021，20MHz	1
4	交流毫伏表	AS2294D，5Hz～2MHz	1
5	模拟电路实验教学平台	ZSD-MD-1	1

4.2.6 实验注意事项

(1) 相关元件分布图参见附图 3 - 1 分立元件模块。

(2) 注意合理选择 R_B的值。

(3) 注意排除射极跟随器引入的干扰和自激振荡。

(4) 开关 K 可用导线连接代替。

4.2.7 实验报告要求

(1) 按照实验内容要求，列表整理测量数据，并对所测数据进行分析。

(2) 分析静态工作点变化对射极跟随器输出波形的影响。

(3) 分析比较射极跟随器输入电阻、输出电阻的实际测量值与理论计算值，并说明产生误差的原因。

(4) 分析讨论实验过程中出现的问题，并说明如何解决的。

(5) 总结实验心得与体会。

4.3 负反馈放大电路

4.3.1 实验目的

(1) 学会在模拟电路实验教学平台上搭建负反馈放大电路。

(2) 掌握静态工作点的调试方法，并分析静态工作点对负反馈放大电路性能的影响。

(3) 掌握两级放大电路引入负反馈的各种方法。

(4) 掌握电压放大倍数测量方法。

(5) 掌握输入电阻、输出电阻、频率响应特性的测试方法。

4.3.2 预习内容

(1) 预习负反馈放大电路和基本两级放大器的工作原理，思考为什么要引入负反馈。

(2) 思考为什么要调整静态工作点。为什么第一级无须调整静态工作点。

(3) 分析引入负反馈对放大电路各项动态性能指标有何影响，并分析原因。

(4) 分析引入负反馈对放大电路非线性失真有何改善。

4.3.3 实验原理

1. 基本电路

1) 电压串联负反馈电路

带有负反馈的两极阻容耦合放大电路如图 4.3.1 所示，在电路中通过 R_f把输出电压

U_o引回到输入端，加在晶体管 T_1 的发射极上，在发射极电阻 R_{F1}上形成反馈电压U_f。根据反馈的判断法可知，它属于电压串联负反馈。

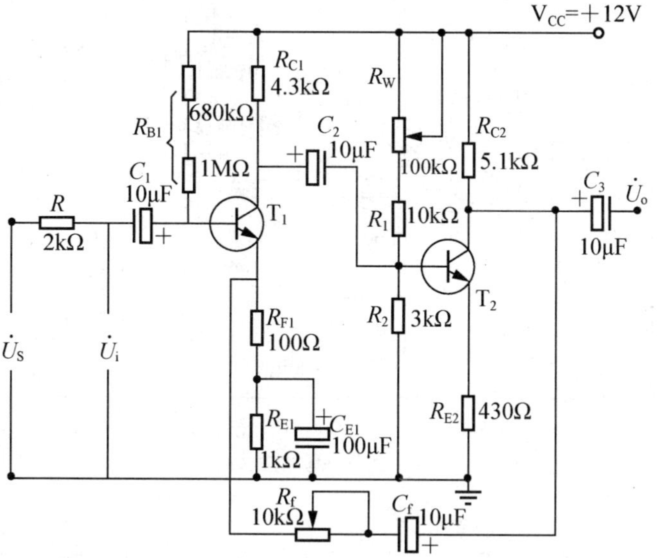

图 4.3.1　带有电压串联负反馈的两级阻容耦合放大器

2）电压串联负反馈的基本电路

本实验还需要测量基本放大器的动态参数，怎样实现无反馈而得到基本放大器呢？不能简单地断开支路，而是要去掉反馈作用，但又要把反馈网络的影响(负载效应)考虑到基本放大器中去。

在画基本放大电路的输入回路时，因为是电压负反馈，所以可将负反馈放大器的输出端交流短路，即令 $U_o=0$，此时 R_f相当于并联在 R_{F1}上。

在画基本放大器的输出回路时，由于输入端是串联负反馈，因此需将反馈放大器的输入端(T1 管的射极)开路，此时(R_f+R_{F1})相当于并接在输出端。可近似认为 R_f并接在输出端。

根据上述规律，就可得到所要求的基本放大器，如图 4.3.2 所示。

2. 静态工作点

阻容耦合因有隔直作用，故各级静态工作点互相独立，只要按实验 4.1 的分析方法，一级一级地计算就可以了。

3. 动态性能指标

1）闭环电压放大倍数 A_{Vf}

$$A_{Vf}=\frac{A_V}{1+A_V F_V}$$

其中，$A_V=U_o/U_i$——基本放大器(无反馈)的电压放大倍数，即开环电压放大倍数。

$1+A_V F_V$——反馈深度，它的大小决定了负反馈对放大器性能改善的程度。

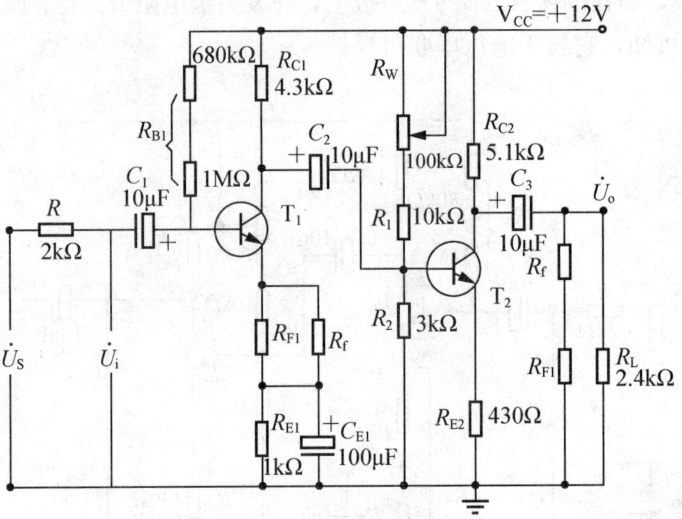

图 4.3.2　基本放大器

2）反馈系数

$$F_V=\frac{R_{F1}}{R_f+R_{F1}}$$

3）输入电阻

$$R_{if}=(1+A_V F_V)R_i$$

其中，R_i——基本放大器的输入电阻(不包括偏置电阻)。

4）输出电阻

$$R_{of}=\frac{R_o}{1+A_{VO}F_V}$$

其中，R_o——基本放大器的输出电阻。

A_{VO}——基本放大器 $R_L=\infty$ 时的电压放大倍数。

4.3.4　实验内容

1. 连线

用万用表检测负反馈放大电路所用晶体管、电阻、电容等元件参数，确定无误后，按照电路原理图 4.3.1 进行电路连接，反馈电阻 R_f 用 10kΩ 电位器调为 2kΩ 接入电路，反复检查电路。

2. 静态工作点的调整

打开电源开关，使 $U_i=0$(静态工作点的测量条件，输入接地)，第一级静态工作点已固定，可以直接测量。调节 100kΩ 电位器使第二级的 $I_{C2}=1.0\text{mA}$(即 $U_{E2}=0.43\text{V}$)，用万用表分别测量第一级、第二级的静态工作点，记入表 4-3-1。

表 4-3-1

	U_B(V)	U_E(V)	U_C(V)	I_C(mA)
第一级				
第二级				

3. 测试基本放大器的各项性能指标

将实验电路按图 4.3.2 改接，即把 R_f 断开后分别并在 R_{F1} 和 R_L 上，把上步调好的 10kΩ 可调反馈电位器(代替输入回路的 R_f)跟 R_{F1} 并联，取一只 5kΩ 电位器调为 2.1kΩ(代替输出回路 R_f+R_{F1})跟 R_L 并联。

1）测量中频电压放大倍数 A_V，输入电阻 R_i 和输出电阻 R_o

(1) 以 $f=1$kHz、电压峰峰值约为 50mV 正弦信号输入放大器，用示波器监视输出波形 U_o，调节最大不失真 U_o 情况下，用交流毫伏表测量 U_S、U_i、U_L，记入表 4-3-2。

(2) 保持 U_S 不变，断开负载电阻 R_L，测量空载时的输出电压 U_o，记入表 4-3-2。

表 4-3-2

	U_S(mV)	U_i(mV)	U_L(V)	U_o(V)	A_V	R_i(kΩ)	R_o(kΩ)
基本放大器							

注：测量值都应统一为有效值的方式计算，绝不可峰峰值和有效值混算，示波器所测量的为峰峰值，交流毫伏表所测量的为有效值。

2）测量通频带

接上 R_L，保持 1)中的最大 U_S 不变，然后增加和减小输入信号的频率，找出上、下限频率 f_H 和 f_L，记入表 4-3-3。

表 4-3-3

	f_L(Hz)	f_H(kHz)	Δf(kHz)
基本放大电路			
负反馈放大电路			

4. 测试负反馈放大器的各项性能指标

将实验电路恢复为图 4.3.1 的负反馈放大电路。适当加大 U_S，在输出波形不失真的条件下，测量负反馈放大器的 A_{Vf}、R_{if} 和 R_{Of}，记入表 4-3-4；测量 f_H 和 f_L，记入表 4-3-3。

表 4-3-4

	U_S(mV)	U_i(mV)	U_L(V)	U_o(V)	A_{Vf}	R_{if}(kΩ)	R_{Of}(kΩ)
负反馈放大器							

5. 观察负反馈对非线性失真的改善

(1) 在实验电路如图 4.3.1 所示的负反馈放大电路中，将反馈电阻 R_f 从电路中断开，以 $f=1kHz$、电压峰峰值约为 20mV 正弦信号输入放大器，输出端接示波器，逐渐增大输入信号的幅度，使输出波形出现最大不失真，记下此时的波形和输入输出电压的幅度。

(2) 再将反馈电阻 R_f 接入电路，实验电路改接成负反馈放大器形式，比较有负反馈时输出波形的变化情况，若有失真，调节 R_f 电位器有何变化。

4.3.5 实验仪器设备

本实验所需仪器设备见表 4-3-5。

表 4-3-5 实验仪器设备

序号	名称	型号规格	数量
1	数字万用表	VC8145	1
2	函数信号发生器	DG1022U	1
3	双踪示波器	GOS6021，20MHz	1
4	交流毫伏表	AS2294D，5Hz～2MHz	1
5	模拟电路实验教学平台	ZSD-MD-1	1

4.3.6 实验注意事项

(1) 相关元件分布图参见附图 3-1 分立元件模块。

(2) 注意合理选择 R_B 的值。

(3) 注意排除负反馈放大电路引入的干扰和自激振荡。

(4) 注意改装电路时，原来接入电路电位器无需再进行调整，保持静态工作点不变。

4.3.7 实验报告要求

(1) 按照实验内容要求，列表整理测量数据，并对所测数据进行分析。

(2) 分析静态工作点变化对负反馈放大电路输出波形的影响。

(3) 分析比较负反馈放大电路输入电阻、输出电阻的实际测量值与理论计算值，并说明产生误差的原因。

(4) 分析讨论实验过程中出现的问题，并说明如何解决的。

(5) 总结实验心得与体会。

4.4 差动放大电路

4.4.1 实验目的

(1) 学会在模拟电路实验教学平台上搭建差动放大电路。

(2) 掌握静态工作点的调试方法，并分析静态工作点对差动放大电路性能的影响。

(3) 掌握差动放大电路主要性能指标的测试方法。

(4) 熟悉恒流源的恒流特性。

4.4.2 预习内容

(1) 预习差动放大电路基本工作原理。

(2) 思考为什么要调整静态工作点，调整时输入端如何连接。

(3) 思考如何用交流毫伏表测量双端输出的U_o，如何用示波器测量双端输出信号波形。

(4) 预习恒流源差动放大电路和长尾式差动放大电路的不同特点。

(5) 恒流源差动放大电路的优点及主要用途。

4.4.3 实验原理

1. 基本电路

差动放大电路就其功能来说就是用来放大两个输入信号之差，属于温漂极低的基本放大器。由于其具有很多优点，因而成为集成运放的主要组成部分。

图 4.4.1 所示电路为具有恒流源的差动放大电路，其中晶体管 T_1、T_2称为差分对管，它与电阻R_{B1}、R_{B2}、R_{C1}、R_{C2}及电位器R_{W1}共同组成差动放大的基本电路。其中$R_{B1}=R_{B2}$，$R_{C1}=R_{C2}$，R_{W1}为调零电位器，若电路完全对称，静态时，R_{W1}应处在中点位置，若电路不对称，应调节R_{W1}，使U_{o1}、U_{o2}两端静态时的电位相等。

晶体管 T_3、T_4与电阻R_{E3}、R_{E4}、R 和R_{W2}共同组成镜像恒流源电路，为差动放大电路提供恒定电流I_0。要求 T_3、T_4为差分对管。R_1和R_2为均衡电阻，且$R_1=R_2$，给差动放大电路提供对称的差模输入信号。由于电路参数完全对称，当外界温度变化或电源电压波动时，对电路的影响是一样的，因此差动放大电路能有效地抑制零点漂移。

2. 差动放大电路的输入输出方式

如图 4.4.1 所示电路，根据输入信号和输出信号的不同方式可以有 4 种连接方式。

(1) 双端输入—双端输出：将差模信号加在U_{S1}、U_{S2}两端，输出取自U_{o1}、U_{o2}两端。

(2) 双端输入—单端输出：将差模信号加在U_{S1}、U_{S2}两端，输出取自U_{o1}或U_{o2}到地。

(3) 单端输入—双端输出：将差模信号加在U_{S1}上，U_{S2}接地(或U_{S1}接地而信号加在U_{S2}上)，输出取自U_{o1}、U_{o2}两端。

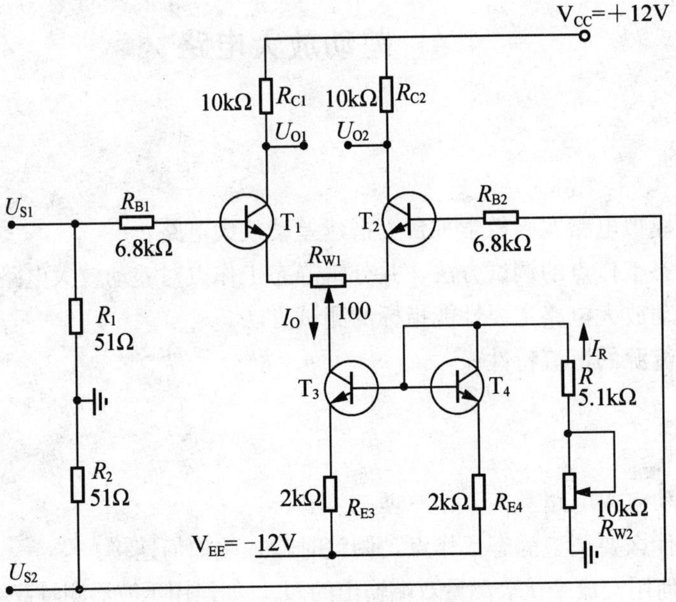

图 4.4.1　恒流源差动放大电路

(4) 单端输入—单端输出：将差模信号加在 U_{S1} 上，U_{S2} 接地(或 U_{S1} 接地而信号加在 U_{S2} 上)，输出取自 U_{o1} 或 U_{o2} 到地的信号。

连接方式不同，电路的性能参数不同。

3. 静态工作点

静态时差动放大电路的输入端不加信号，由恒流源电路得

$$I_R = 2I_{B4} + I_{C4} = \frac{2I_{C4}}{\beta} + I_{C4} \approx I_{C4} = I_o$$

I_o 为 I_R 的镜像电流。由电路可得

$$I_o = I_R = \frac{V_{EE} + 0.7\text{V}}{(R + R_{W2}) + R_{E4}}$$

由上式可见，I_o 主要由 V_{EE}(−12V)及电阻($R + R_{W2}$)、R_{E4} 决定，与晶体管的特性参数无关。

若差动放大电路中的 T_1、T_2 参数对称，则

$$I_{C1} = I_{C2} = I_o/2$$

$$V_{C1} = V_{C2} = V_{CC} - I_{C1}R_{C1} = V_{CC} - \frac{I_o R_{C1}}{2}$$

$$h_{ie} = 300\Omega + (1 + h_{fe})\frac{26\text{mV}}{\text{ImA}} = 300\Omega + (1 + h_{fe})\frac{26\text{mV}}{I_o/2\text{mA}}$$

由此可见，差动放大电路的工作点，主要由镜像恒流源 I_o 决定。

4. 动态性能指标

1) 差模放大倍数 A_{Vd}

由分析可知，差动放大电路在单端输入或双端输入，它们的差模电压增益相同。但

是，要根据双端输出和单端输出分别计算。在此分析双端输入，单端输入自己分析。

设差动放大电路的两个输入端输入两个大小相等、极性相反的信号 $V_{id}=V_{id1}-V_{id2}$。

双端输入—双端输出时，差动放大电路的差模电压增益为

$$A_{Vd}=\frac{V_{od}}{V_{id}}=\frac{V_{od1}-V_{od2}}{V_{id1}-V_{id2}}=A_{Vi}=\frac{-h_{fe}R'_L}{R_{B1}+h_{ie}+(1+h_{fe})\frac{R_{W1}}{2}}$$

式中，$R'_L=R_C/\!/\frac{R_L}{2}$。$A_{Vi}$为单管电压增益。

双端输入—单端输出时，电压增益为

$$A_{Vd1}=\frac{V_{od1}}{V_{id}}=\frac{V_{od1}}{2V_{id1}}=\frac{1}{2}A_{Vi}=\frac{-h_{fe}R'_L}{2\left[R_{B1}+h_{ie}+(1+h_{fe})\frac{R_{W1}}{2}\right]}$$

式中，$R'_L=R_C/\!/R_L$。

2）共模放大倍数 A_{VC}

设差动放大电路的两个输入端同时加上大小相等、极性相同的信号，即 $V_{ic}=V_{i1}=V_{i2}$。

单端输出的共模电压增益

$$A_{VC1}=\frac{V_{oc1}}{V_{iC}}=\frac{V_{oc2}}{V_{iC}}=A_{VC2}=\frac{-h_{fe}R'_L}{R_{B1}+h_{ie}+(1+h_{fe})\frac{R_{W1}}{2}+(1+h_{fe})R'_e}\approx\frac{R'_L}{2R'_e}$$

式中，R'_e为恒流源的交流等效电阻。即

$$R'_e=\frac{1}{h_{oe3}}\left(1+\frac{h_{fe3}R_{E3}}{h_{ie3}+R_{E3}+R_B}\right)$$

$$h_{ie3}=300\Omega+(1+h_{fe})\frac{26\text{mV}}{I_{E3}\text{mA}}$$

$$R_B\approx(R+R_{W2})/\!/R_{E4}$$

由于$\frac{1}{h_{oe3}}$一般为几百千欧，所以 $R'_e\gg R'_L$，则共模电压增益 $A_{VC}<1$，在单端输出时，共模信号得到了抑制。

双端输出时，在电路完全对称的情况下，则输出电压 $V_{oc1}=V_{oc2}$，共模增益为

$$A_{VC}=\frac{V_{oc1}-V_{oc2}}{V_{iC}}=0$$

上式说明，双单端输出时，对零点漂移，电源波动等干扰信号有很强的抑制能力。

3）共模抑制比 K_{CMR}

差动放大电器性能的优劣常用共模抑制比 K_{CMR}来衡量，即

$$K_{CMR}=\left|\frac{A_{Vd}}{A_{VC}}\right| \text{或 } K_{CMR}=20\lg\left|\frac{A_d}{A_C}\right|(\text{dB})$$

单端输出时，共模抑制比为

$$K_{CMR}=\frac{A_{Vd1}}{A_{VC}}=\frac{h_{fe}R'_e}{R_{B1}+h_{ie}+(1+h_{fe})\frac{R_{W1}}{2}}$$

双端输出时，共模抑制比为

$$K_{CMR}=\left|\frac{A_{Vd}}{A_{VC}}\right|=\infty$$

4.4.4 实验内容

1. 连线

用万用表检测差动放大电路所用晶体管、电阻、电容的参数，确定无误后，按照电路原理图 4.4.1 连接电路，并进行反复检查。

2. 静态工作点的调整

不加输入信号，将输入端 U_{S1}、U_{S2} 两端对地短路，打开电源开关，调节恒流源电路的 R_{W2}，使 $I_o=1mA$，即 $I_o=2V_{RC1}/R_{C1}$。再用万用表直流档分别测量差分对管 T_1、T_2 的集电极对地的电压 V_{C1}、V_{C2}，如果 $V_{C1}\neq V_{C2}$，应调整 R_{W1} 使满足 $V_{C1}=V_{C2}$。然后分别测 V_{C1}、V_{C2}、V_{B1}、V_{B2}、V_{E1}、V_{E2} 的电压，将测得数据记入表 4-4-1。

表 4-4-1 差动放大电路静态工作点

U_{C1}(V)	U_{B1}(V)	U_{E1}(V)	U_{C2}(V)	U_{B2}(V)	U_{E2}(V)

3. 测量差模放大倍数 A_{Vd}

将 U_{S2} 端接地，从 U_{S1} 端输入 $V_{id}=50mV$(峰峰值)、$f=1kHz$ 的差模信号，用交流毫伏表分别测出单端输出电压 $V_{od1}(U_{o1})$、$V_{od2}(U_{o2})$和双端输出差模电压 $V_{od}(U_{o1}-U_{o2})$，且用示波器观察它们的波形(V_{od}的波形观察方法：用两个探头，分别测 V_{od1}、V_{od2} 的波形，微调档相同，按下示波器 Y2 反相按键，在显示方式中选择叠加方式即可得到所测的差分波形)。并计算出单端输出的差模放大倍数 A_{Vd1} 或 A_{Vd2} 和差模双端输出的放大倍数 A_{Vd}，记入表 4-4-2，分析测量结果。

表 4-4-2

V_{od1}	U_{od2}	V_{od}	A_{Vd1}	A_{Vd2}	A_{Vd}

4. 测量共模放大倍数 A_{VC}

从 U_{S1} 和 U_{S2} 两端同时输入 250mV(峰峰值)，$f=1kHz$ 的共模信号，用交流毫伏表分别测量 T_1、T_2 两管集电极对地的共模输出电压 V_{OC1} 和 V_{OC2} 且用示波器观察它们的波形，则双端输出的共模电压为 $V_{OC}=V_{OC1}-V_{OC2}$，并计算出单端输出的共模放大倍数 A_{VC1}(或 A_{VC2})和双端输出的共模放大倍数 A_{VC}，记入表 4-4-3，分析测量结果。

表 4-4-3

V_{OC1}	U_{OC2}	V_{OC}	A_{VC1}	A_{VC2}	A_{VC}

5. 共模抑制比

根据以上测量结果，分别计算双端输出和单端输出共模抑制比，即 K_{CMR}(单)和 K_{CMR}(双)。

6. 观察温漂现象

首先调零，使 $V_{C1}=V_{C2}$(方法同实验内容 2)，然后用热风吹 T_1、T_2，观察双端及单端输出电压的变化现象。

7. 长尾式差动放大电路

用一个固定电阻 $R_E=10k\Omega$ 代替恒流源电路，即将 R_E 接在 V_{EE} 和 R_{W1} 中间触点插孔之间组成长尾式差动放大电路，重复实验内容 3、4、5，并与恒流源电路相比较。

4.4.5 实验仪器设备

本实验所需仪器设备见表 4-4-4。

表 4-4-4 实验仪器设备

序 号	名 称	型号规格	数 量
1	数字万用表	VC8145	1
2	函数信号发生器	DG1022U	1
3	双踪示波器	GOS6021，20MHz	1
4	交流毫伏表	AS2294D，5Hz～2MHz	1
5	模拟电路实验教学平台	ZSD-MD-1	1

4.4.6 实验注意事项

(1) 相关元件分布图参见附图 3-1 差动放大电路模块，并注意选择参数一致性较好的 T_1 和 T_2。

(2) 注意测量静态工作点时应保持 R_W 值不变(即 I_E 不变)。

(3) 注意不能用示波器或交流毫伏表直接测量 V_{od} 和 V_{oc} 的波形或电压，需要分别对地测量，再做减法运算。

(4) 注意排除差动放大电路引入的干扰和自激振荡。

4.4.7 实验报告要求

(1) 按照实验内容要求，列表整理测量数据，并对所测数据进行分析。
(2) 分析静态工作点变化对差动放大电路输出波形的影响。
(3) 分析比较恒流源差动放大电路对差模信号放大和共模信号放大的异同点。
(4) 分析实际测量值与理论计算值，并说明产生误差的原因。
(5) 分析讨论实验过程中出现的问题，并说明如何解决的。
(6) 总结实验心得与体会。

4.5 模拟运算电路

4.5.1 实验目的

(1) 学会在模拟电路实验教学平台上搭建模拟运算电路。
(2) 熟悉由集成运算放大器组成的模拟运算电路。
(3) 掌握模拟运算电路静态调零方法。
(4) 掌握模拟运算电路主要性能指标的测试方法。

4.5.2 预习内容

(1) 预习模拟运算电路基本工作原理。
(2) 思考为什么要调零，如何调零。
(3) 考虑集成运算放大器在线性应用时的应用条件。
(4) 分析各种模拟运算电路的特点。
(5) 采用集成运算放大器做模拟运算的优点及主要用途。

4.5.3 实验原理

集成运算放大器在线性应用方面可组成比例、加法、减法、积分、微分、对数、指数等模拟运算电路。

1. 反相比例运算电路

电路如图 4.5.1 所示。对于理想运放，该电路的输出电压与输入电压之间的关系为

$$U_o = -\frac{R_F}{R_1}U_i$$

为减小输入级偏置电流引起的运算误差，在同相输入端应接入平衡电阻 $R_2 = R_1 /\!/ R_F$。

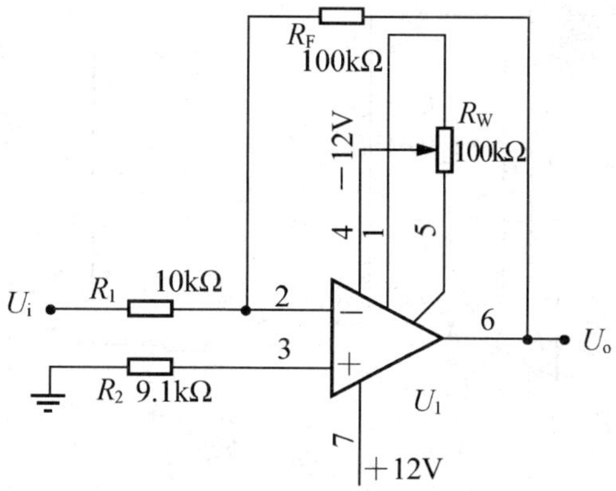

图 4.5.1 反相比例运算电路

2. 反相加法电路

电路如图 4.5.2 所示，输出电压与输入电压之间的关系为

$$U_o=-\left(\frac{R_F}{R_1}U_{i1}+\frac{R_F}{R_2}U_{i2}\right) \qquad R_3=R_1/\!/R_2/\!/R_F$$

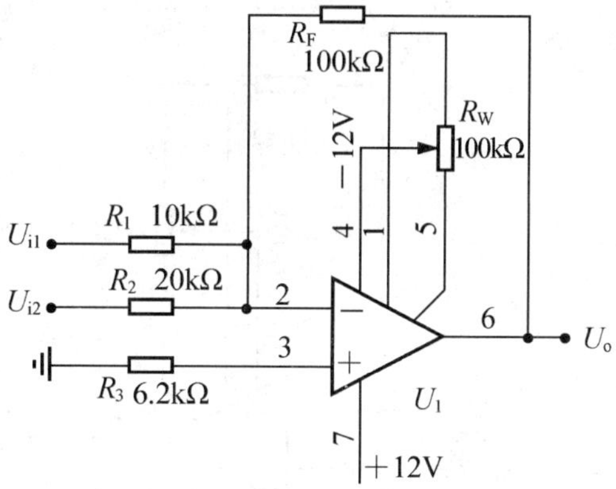

图 4.5.2 反相加法运算电路

3. 同相比例运算电路

同相比例运算电路如图 4.5.3(a)所示，它的输出电压与输入电压之间的关系为

$$U_o=\left(1+\frac{R_F}{R_1}\right)U_i \qquad R_2=R_1/\!/R_F$$

当 $R_1\to\infty$时，$U_o=U_i$，即得到如图 4.5.3(b)所示的电压跟随器。图中 $R_2=R_F$，用以减小漂移和起保护作用。一般 R_F 取 10kΩ，R_F 太小起不到保护作用，太大则影响跟随性。

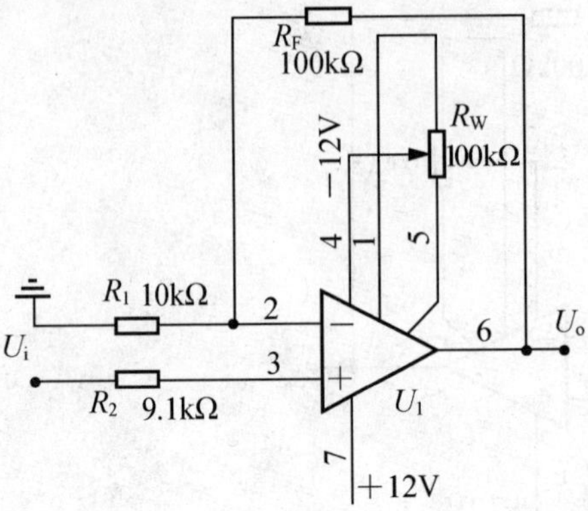

(a) 同相比例运算

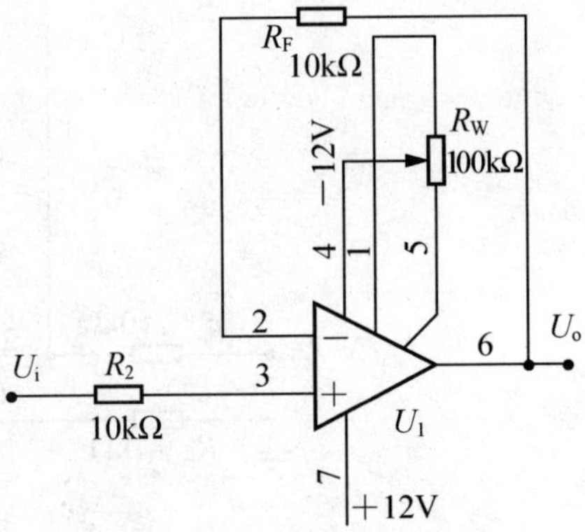

(b) 电压跟随器

图 4.5.3　同相比例运算电路

4. 差动放大电路(减法器)

减法运算电路如图 4.5.4 所示，当 $R_1=R_2$，$R_3=R_F$ 时，有如下关系式：

$$U_o=\frac{R_F}{R_1}(U_{i2}-U_{i1})$$

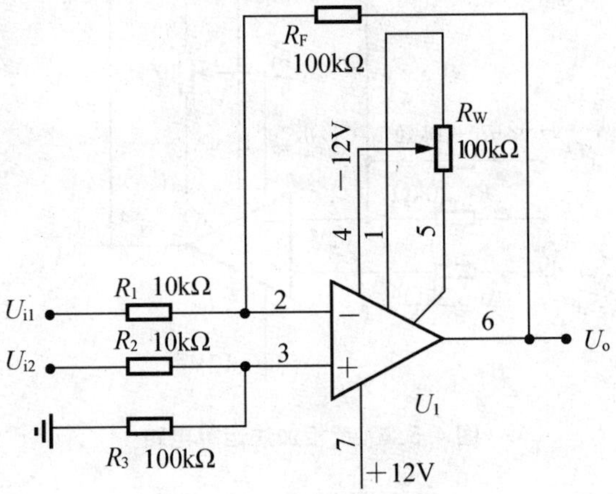

图 4.5.4　减法运算电路

5. 积分运算电路

反相积分电路如图 4.5.5 所示。在理想化条件下，输出电压 U_o 等于

$$U_o(t)=-\frac{1}{RC}\int_0^t U_i\mathrm{d}t+U_C(0)$$

式中，$U_C(0)$是 $t=0$ 时刻电容 C 两端的电压值，即初始值。

如果 $U_i(t)$是幅值为 E 的阶跃电压，并设 $U_C(0)=0$，则

$$U_o(t)=-\frac{1}{RC}\int_0^t E\mathrm{d}t=-\frac{E}{RC}t$$

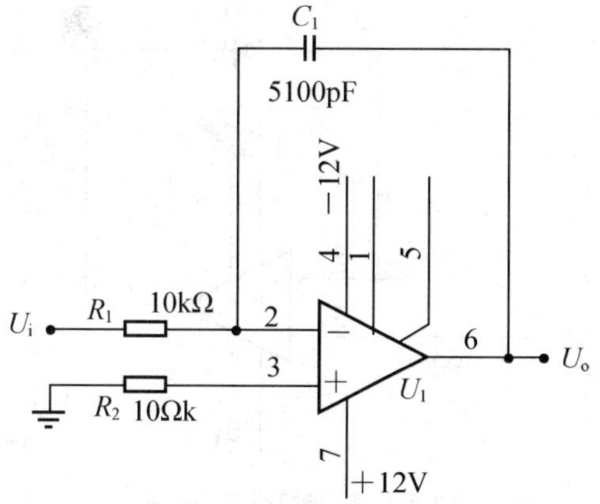

图 4.5.5　积分运算电路

此时显然 RC 的数值越大，达到给定的 U_o 值所需的时间就越长，改变 R 或 C 的值积分波形也不同。一般方波变换为三角波，正弦波移相。

6. 微分运算电路

微分运算电路如图 4.5.6 所示。微分运算电路的输出电压正比于输入电压对时间的微分，一般表达式为：

$$U_o = -RC\frac{dU_i}{dt}$$

利用微分电路可实现对波形的变换，矩形波变换为尖脉冲，正弦波移相，三角波变换为方波。

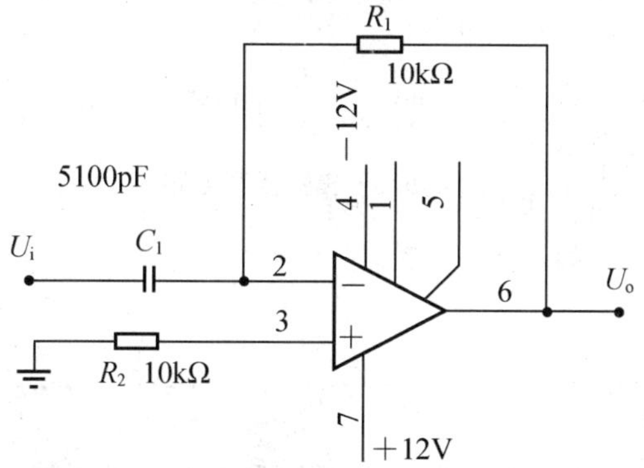

图 4.5.6　微分运算电路

7. 对数运算电路

对数运算电路的输出电压与输入电压的对数成正比，其一般表达式为：

$$U_o = K\ln U_i \qquad K 为负系数$$

利用集成运放和二极管组成的基本对数电路如图 4.5.7 所示。

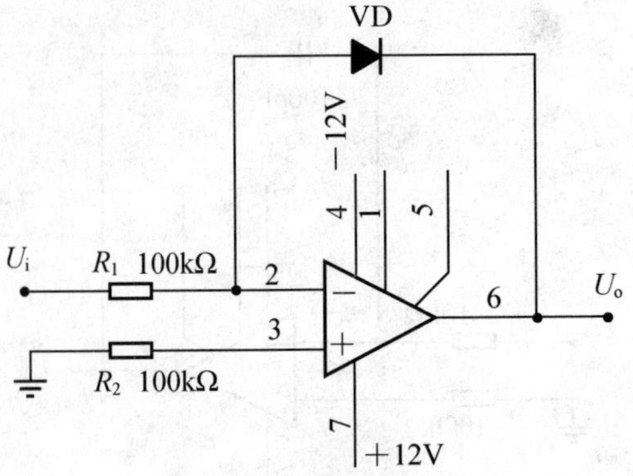

图 4.5.7　对数运算电路

8. 指数运算电路

指数电路的输出电压与输入电压的指数成正比，其一般表达式为：

$$U_o = K e^{U_i} \qquad K\text{为负系数}$$

利用集成运放和二极管组成的基本指数电路如图 4.5.8 所示。

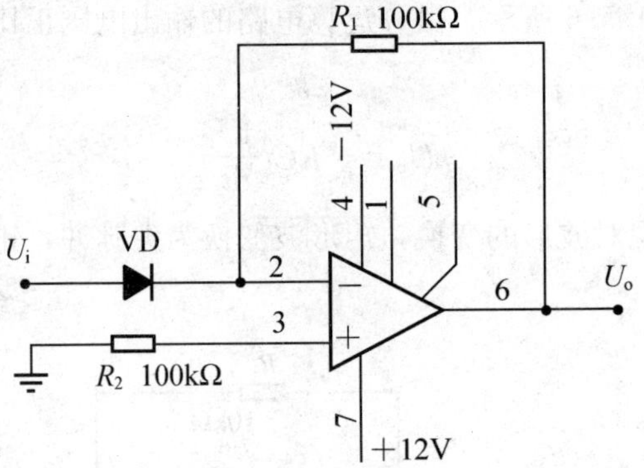

图 4.5.8　指数运算电路

4.5.4　实验内容

1. 反相比例运算电路

(1) 按图 4.5.1 进行电路连接，然后打开电源开关，信号输入端对地短接，进行运放调零(即 $U_i=0$ 时，调节 R_W 使输出 $U_o=0$)。

(2) 断开信号输入接地端，输入 $f=100\text{Hz}$，$U_i=0.5\text{V}$(峰峰值)的正弦信号，用交流毫伏表测量 U_i、U_o 值，并用示波器观察 U_o 和 U_i 的相位关系和电压值，记入表 4-5-1。

表 4-5-1　U_i=0.5V(峰峰值)，f=100Hz

U_i(V)	U_o(V)	U_i波形	U_o波形	A_V	
				实测值	计算值

2. 同相比例运算电路

(1) 按图 4.5.3(a)连接实验电路。实验步骤同上，将结果记入表 4-5-2。

(2) 将图 4.5.3(a)改为 4.5.3(b)电路重复内容(1)。

表 4-5-2　U_i=0.5V(峰峰值)，f=100Hz

U_i(V)	U_o(V)	U_i波形	U_o波形	A_V	
				实测值	计算值

3. 反相加法运算电路

(1) 按图 4.5.2 连接实验电路，然后进行运放调零。

(2) 输入信号采用直流信号源，按如图 4.5.9 所示进行电路连接，获得简易直流信号源，直流信号源输入为 U_{i1}、U_{i2}。

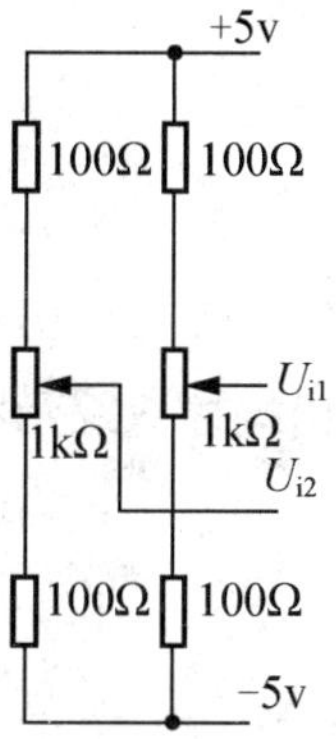

图 4.5.9　简易可调直流信号源

调整电位器并用万用表测量输入电压 U_{i1}、U_{i2}(且要求均大于零小于 0.5V)及输出电压 U_o，记入表 4-5-3。

表 4-5-3

U_{i1}(V)					
U_{i2}(V)					
U_o(V)					

4. 减法运算电路

(1) 按图 4.5.4 连接实验电路，然后进行运放调零。

(2) 采用直流信号输入，实验步骤同内容 3，记入表 4-5-4。

表 4-5-4

U_{i1}(V)					
U_{i2}(V)					
U_o(V)					

5. 积分运算电路

(1) 按图 4.5.5 连接实验电路。

(2) 取频率约为 5kHz、峰峰值为 20V 的方波信号作为输入信号 U_i，打开电源开关，输出端接示波器，可观察到三角波波形输出，若有很大的削底失真则增加 U_i 峰峰值；若有很大的顶端失真则减小 U_i 峰峰值，调节失真很小的三角波波形并记录。

6. 微分运算电路

(1) 按图 4.5.6 连接实验电路。

(2) 取频率约为 5kHz、峰峰值为 20V 的三角波作为输入信号 U_i，打开电源开关，输出端接示波器，可观察到方波波形并记录。

7. 对数运算电路

(1) 按图 4.5.7 连接实验电路。

(2) VD 为普通二极管，取频率为 400～1000Hz、峰峰值为 500mV 的三角波作为输入信号 U_i，打开电源开关，输入和输出端接双踪示波器，调节三角波的幅度，观察输入和输出波形如图 4.5.10 所示。

8. 指数运算电路

(1) 按图 4.5.8 连接实验电路。

(2) VD 为普通二极管，取频率为 600～1000Hz、峰峰值为 1V 的三角波作为输入信号 U_i，打开电源开关，输入和输出端接双踪示波器，调节三角波的幅度，观察输入和输出波形如图 4.5.11 所示。

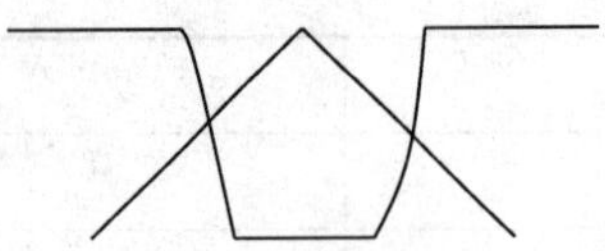

图 4.5.10 对数运算波形图

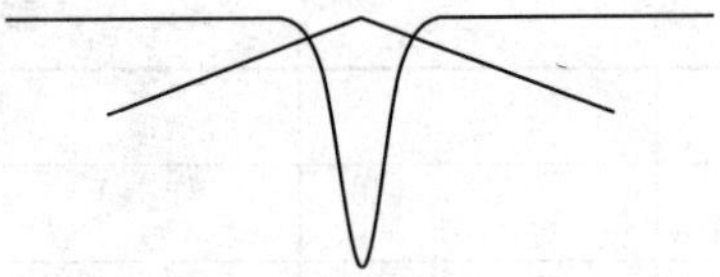

图 4.5.11 指数运算波形图

4.5.5 实验仪器设备

本实验所需仪器设备见表 4-5-5。

表 4-5-5　实验仪器设备

序　　号	名　　称	型号规格	数　　量
1	数字万用表	VC8145	1
2	函数信号发生器	DG1022U	1
3	双踪示波器	GOS6021，20MHz	1
4	交流毫伏表	AS2294D，5Hz～2MHz	1
5	模拟电路实验教学平台	ZSD-MD-1	1

4.5.6 实验注意事项

(1) 相关元件分布图参见附图 3-1 分立元件模块。
(2) 本实验选用双电源集成运放，并可以调零，供电电压为±12V。
(3) 注意电路连接好调零后应保持 R_W值不变。
(4) 注意排除模拟运算电路引入的干扰和自激振荡。

4.5.7 实验报告要求

(1) 按照实验内容要求，列表整理测量数据，并对所测数据进行分析。
(2) 分析运放调零对模拟运算电路输出电压的影响。
(3) 分析比较各种模拟运算电路的异同点。
(4) 分析实际测量值与理论计算值，并说明产生误差的原因。
(5) 分析讨论实验过程中出现的问题，并说明如何解决的。
(6) 总结实验心得与体会。

4.6 电压比较器

4.6.1 实验目的

(1) 学会在模拟电路实验教学平台上搭建电压比较器电路。
(2) 熟悉由集成运算放大器组成的电压比较器电路。
(3) 掌握电压比较器的电路结构和特点。
(4) 掌握电压比较器主要性能指标的测试方法。

4.6.2 预习内容

(1) 预习各种类型电压比较器基本工作原理。

(2) 思考如何通过双踪示波器直接观察传输特性曲线。

(3) 考虑集成运算放大器还有哪些非线性应用。

(4) 分析各种类型电压比较器的不同特点和主要用途。

4.6.3 实验原理

集成运算放大器在非线性应用方面可组成电压比较器。将模拟电压信号和一个参考电压进行比较，使输出电压产生跳变，即高低电平。电压比较器主要应用于模拟与数字信号转换领域。

(1) 某最简单的电压比较器如图 4.6.1 所示，U_R为参考电压，输入电压 U_i 加在反相输入端。图 4.6.1(b)为图 4.6.1(a)比较器的传输特性，表示输出电压与输入电压之间的关系。

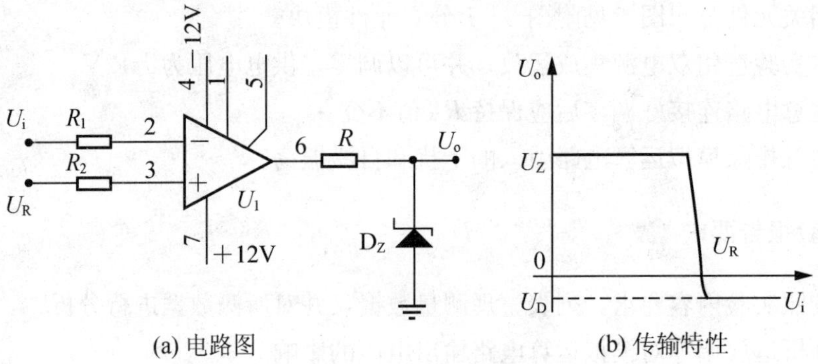

图 4.6.1 电压比较器

当U_i<U_R时，运放输出高电平，稳压管D_Z反向稳压工作。输出端电位被其箝位在稳压管的稳定电压U_Z，即：$U_o=U_Z$

当U_i>U_R时，运放输出低电平，D_Z正向导通，输出电压等于稳压管的正向压降U_D，即

$$U_o=-U_D$$

因此，以U_R为界，当输入电压 U_i 变化时，输出端反映出两种状态：高电位和低电位。

(2) 常用的幅度比较器有简单过零比较器、具有滞回特性的过零比较器(又称 Schmitt 触发器)、双限比较器(又称窗口比较器)等。

① 简单过零比较器。

简单过零比较器如图 4.6.2(a)所示，D_Z 为限幅稳压管。信号从运放的反向输入端输入，零电平参考电压从运放的同相端输入。当 $U_i>0$ 时，输出 $U_o=-Uz-U_D$。当 $U_i<0$

时，输出 $U_o=U_Z+U_D$，其电压传输特性如图 4.6.2(b)所示。简单过零比较器具有结构简单、灵敏度高、抗干扰能力差的特点。

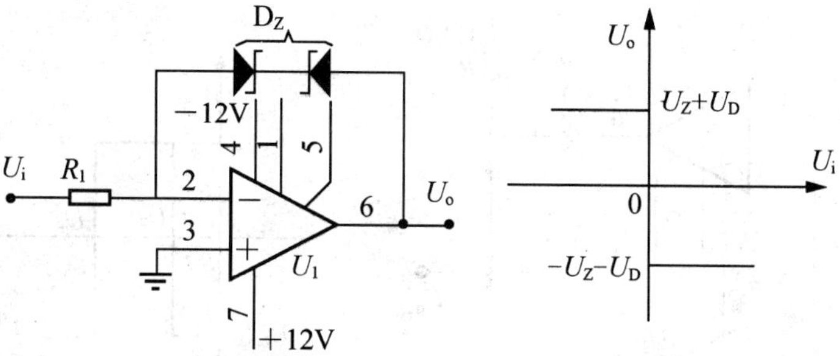

(a) 电路图　　(b) 传输特性

图 4.6.2　过零比较器

② 具有滞回特性的过零比较器。

具有滞回特性的过零比较器如图 4.6.3(a)所示。过零比较器在实际工作时，如果 U_i 恰好在过零值附近，则由于零点漂移的存在，U_o 将不断由一个极限值转换到另一个极限值，这在控制系统中对执行机构将是很不利的。为此，就需要输出特性具有滞回现象，传输特性如图 4.6.3(b)所示。

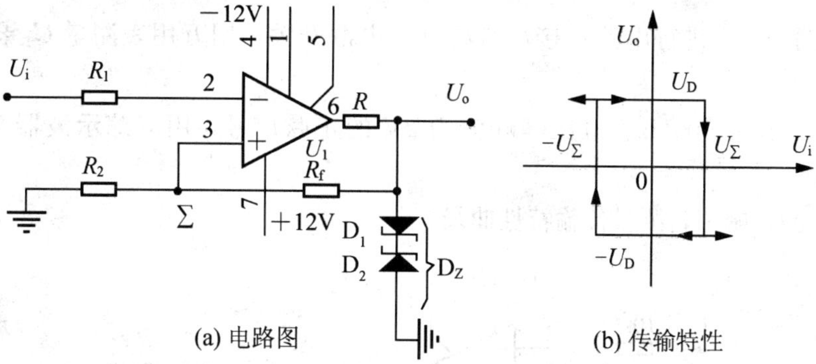

(a) 电路图　　(b) 传输特性

图 4.6.3　具有滞回特性的过零比较器

从输出端引一个电阻分压支路到同相输入端，若 U_o 改变状态，U_Σ 点也随着改变电位，使过零点离开原来位置。当 U_o 为正(记作 U_D)，$U_\Sigma=\dfrac{R_2}{R_f+R_2}U_D$，则当 $U_D>U_\Sigma$ 后，U_o 即由正变负(记作 $-U_D$)，此时 U_Σ 变为 $-U_\Sigma$。故只有当 U_i 下降到 $-U_\Sigma$ 以下，才能使 U_o 再度回升到 U_D，于是出现滞回特性如图 4.6.3(b)中所示。$-U_\Sigma$ 与 U_Σ 的差别称为回差。改变 R_2 的值可以改变回差的大小。

③ 窗口比较器(双限比较器)。

简单的窗口比较器仅能鉴别输入电压 U_i 比参考电压 U_R 高或低的情况，窗口比较器由两个简单比较器组成，如图 4.6.4 所示，它能指示出 U_i 值是否处于 U_R^+ 和 U_R^- 之间。当 $U_R^-<U_i<U_R^+$ 时，窗口比较器的输出电压 U_o 等于运放的正饱和输出电压 $+U_{omax}$；当 $U_i<$

U_R^- 或 $U_i > U_R^+$ 时，则输出电压 U_o 等于运放的负饱和输出电压 $-U_{omax}$。

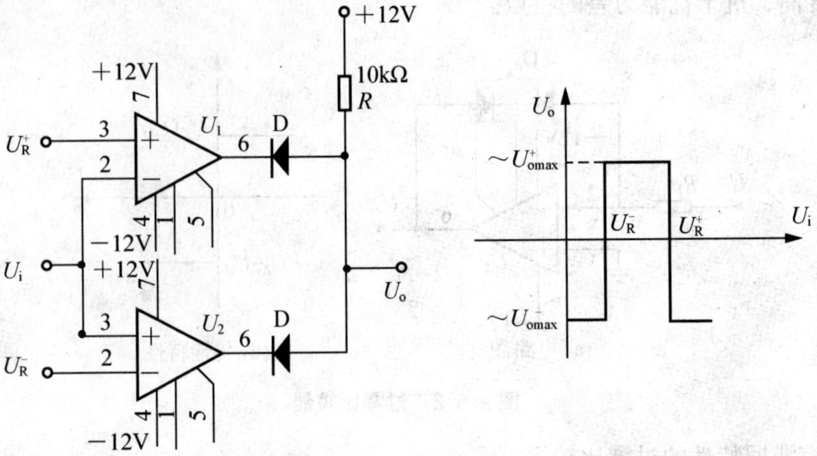

图 4.6.4　窗口比较器

4.6.4　实验内容

1. 过零电压比较器

(1) 按图 4.6.5 进行电路连接，然后打开电源开关，用万用表测量 U_i 悬空时的 U_o 电压。

(2) 从 U_i 输入 500Hz、电压峰峰值为 2V 的正弦信号，用双踪示波器观察 U_i—U_o 波形。

(3) 改变 U_i 幅值，测量传输特性曲线。

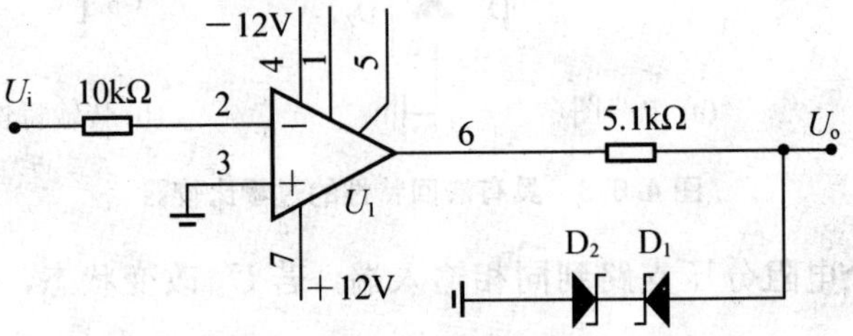

图 4.6.5　过零比较器

2. 反相滞回比较器

(1) 按图 4.6.6 进行电路连接，然后打开电源开关，调好一个±1 范围内的可调直流信号源(参照图 4.5.9 所示和连接方法说明)作为 U_i，用万用表测出 U_o 由正电压跳变到负电压时 U_i 的临界值。

(2) 同上，测出 U_o 由负电压跳变到正电压时 U_i 的临界值。

(3) 把 U_i 改为接 500Hz、电压峰峰值为 2V 的正弦信号，用双踪示波器观察 U_i—U_o 波形。

（4）将分压支路 100kΩ 电阻改为 200kΩ，重复上述实验，测定传输特性。

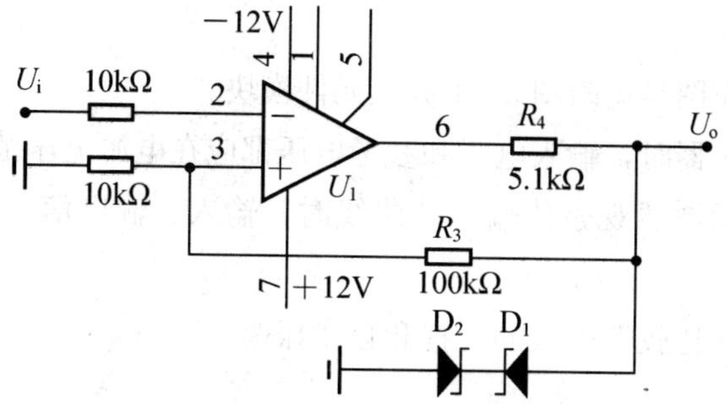

图 4.6.6　反相滞回比较器

3. 同相滞回比较器

（1）按图 4.6.7 进行电路连接，参照实验内容 2，自拟实验步骤及方法。

（2）将结果与实验内容 2 相比较。

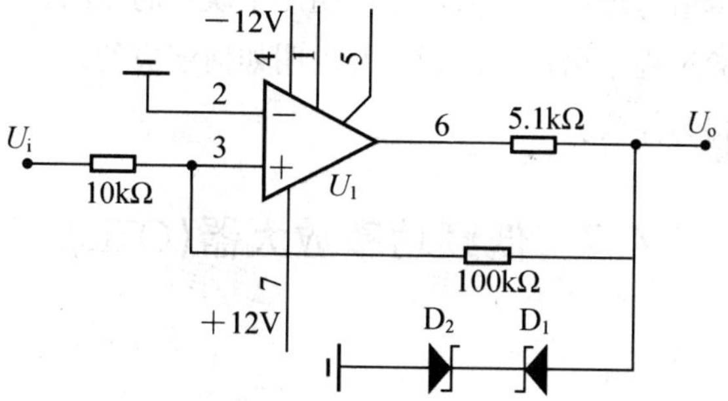

图 4.6.7　同相滞回比较器

4. 窗口比较器

参照图 4.6.4 自拟实验步骤和方法测定其传输特性。

4.6.5　实验仪器设备

本实验所需仪器设备见表 4－6－1。

表 4－6－1　实验仪器设备

序　　号	名　　称	型号规格	数　　量
1	数字万用表	VC8145	1
2	函数信号发生器	DG1022U	1
3	双踪示波器	GOS6021，20MHz	1
4	交流毫伏表	AS2294D，5Hz～2MHz	1
5	模拟电路实验教学平台	ZSD－MD－1	1

4.6.6 实验注意事项

(1) 相关元件分布图参见附图3-1分立元件模块。

(2) 注意运用比较器时，输入电压和参考电压都应在电源电压范围内。

(3) 注意用双踪示波器观察传输特性曲线时，输入、输出信号应分别连接Y1和Y2通道。

(4) 注意排除电压比较器引入的干扰和自激振荡。

4.6.7 实验报告要求

(1) 按照实验内容要求，列表整理测量数据，并对所测数据进行分析。

(2) 分析滞回特性与哪些电路参数有关。

(3) 分析比较各种电压比较器的异同点。

(4) 分析实际测量值与理论计算值，并说明产生误差的原因。

(5) 分析讨论实验过程中出现的问题，并说明如何解决的。

(6) 总结实验心得与体会。

4.7 低频功率放大器(OTL)

4.7.1 实验目的

(1) 学会在模拟电路实验教学平台上搭建OTL低频功率放大器。

(2) 熟悉由分立元件组成的低频功率放大器。

(3) 熟悉低频功率放大器的电路结构和特点。

(4) 掌握低频功率放大器主要性能指标的测试方法。

4.7.2 预习内容

(1) 预习各种类型低频功率放大器基本工作原理。

(2) 通过双踪示波器观察低频功率放大器存在的交越失真现象，如何克服交越失真。

(3) 考虑为什么引入自举电路能扩大输出电压的动态范围。

(4) 分析各种类型低频功率放大器的不同特点和主要用途。

4.7.3 实验原理

低频功率放大器是将低频信号不失真地进行功率放大。功率放大器按工作状态主要分为：A类、B类、AB类、C类和D类5种。

OTL 低频功率放大器属于单电源供电的 B 类功率放大器，如图 4.7.1 所示。

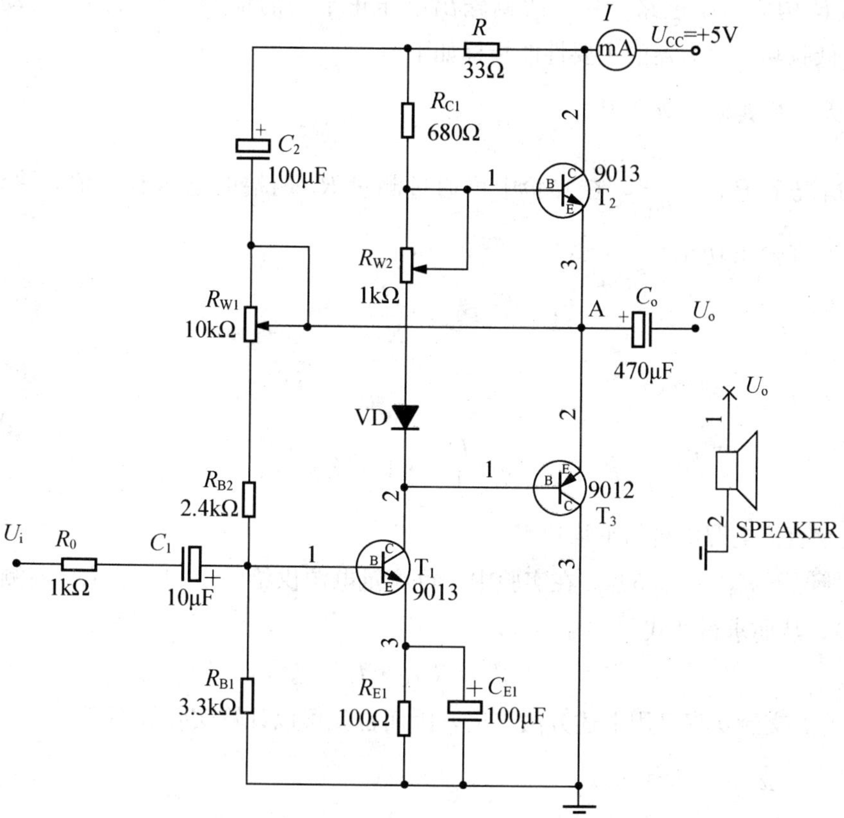

图 4.7.1 OTL 功率放大器电路

其中由晶体三极管 T_1 组成推动级(也称前置放大级)，T_2、T_3 是一对参数对称的 NPN 和 PNP 型晶体三极管，它们组成互补推挽 OTL 功放电路。由于每一个管子都接成射极输出器形式，因此具有输出电阻低，负载能力强等优点，适合于作功率输出级。T_1 管工作于甲类状态，它的集电极电流 I_{C1} 由电位器 R_{W1} 进行调节。I_{C1} 的一部分电流流经电位器 R_{W2} 及二极管 VD，给 T_2、T_3 提供偏压。调节 R_{W2}，可以使 T_2、T_3 得到合适的静态电流而工作于甲、乙类状态，以克服交越失真。静态时要求输出端中点 A 的电位 $U_A=\frac{1}{2}U_{CC}$，可以通过调节 R_{W1} 来实现，又由于 R_{W1} 的一端接在 A 点，因此在电路中引入交、直流电压并联负反馈，一方面能够稳定放大器的静态工作点，同时也改善了非线性失真。

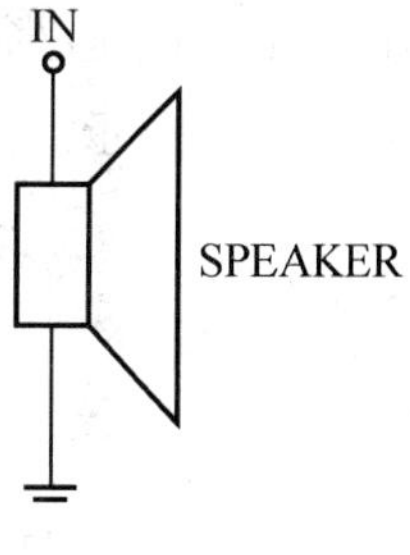

当输入正弦交流信号 U_i 时，经 T_1 放大、倒相后同时作用于 T_2、T_3 的基极，U_i 的负半周使 T_2 管导通(T_3 管截止)，有电流通过负载 R_L(用 8Ω，0.5W 喇叭作为负载 R_L，只要把输出 U_o 插入 SPEAKER 的 IN 端即可)，同时向电容 C_o 充电，在 U_i 的正半周，T_3 导通(T_2 截止)，则已充好电的电容器 C_o 起着电源的作用，通过负载 R_L 放

电，这样在R_L上就得到完整的正弦波。

C_2和R构成自举电路，用于提高输出电压正半周的幅度，以得到大的动态范围。

OTL 低频功率放大器的主要性能指标如下。

1. 最大不失真输出功率P_{om}

理想情况下$P_{om}=\frac{U_{om}^2}{R_L}$，在实验中可通过测量$R_L$两端的电压有效值，来求得实际的最大不失真输出功率

$$P_{om}=\frac{U_{om}^2}{R_L}$$

2. 效率η

$$\eta=\frac{P_{om}}{P_E}\cdot 100\%$$

式中，P_E—直流电源供给的平均功率。

理想情况下$\eta_{max}=78.5\%$。在实验中，可测量电源供给的平均电流I_{dc}(多测几次I取其平均值)，从而求得达式

$$P_E=U_{CC}\cdot I_{dc}$$

负载上的交流功率已用上述方法求出，因而也就可以计算实际效率了。

3. 频率响应

详见 4.1 节有关部分内容。

4. 输入灵敏度

输入灵敏度是指输出最大不失真功率时，输入信号U_i的值。

为了保证频率较低的信号在电容两端不产生太大的交流压降，OTL 一般需采用大容量的电解电容$C_o=470\mu F$，但是电解电容在高频时又有电感效应，使信号产生移相，影响频率特性。另外，大电容不易实现集成化。为了改善电路的频率特性，彻底实现直接耦合，目前广泛采用不用输出电容的 OCL 电路。由于省去了输出电容C_o，所以需采用正、负双电源供电。OCL 电路要求静态时输出端为地电位。否则，如果静态工作点失调或元器件损坏，会有较大的电流流向负载，可能造成损坏。因此，一方面要求T_2、T_3的参数和正负电流电压必须对称，另一方面通常在负载回路接入保险丝作为保护措施。参考电路如图 4.7.2 所示。

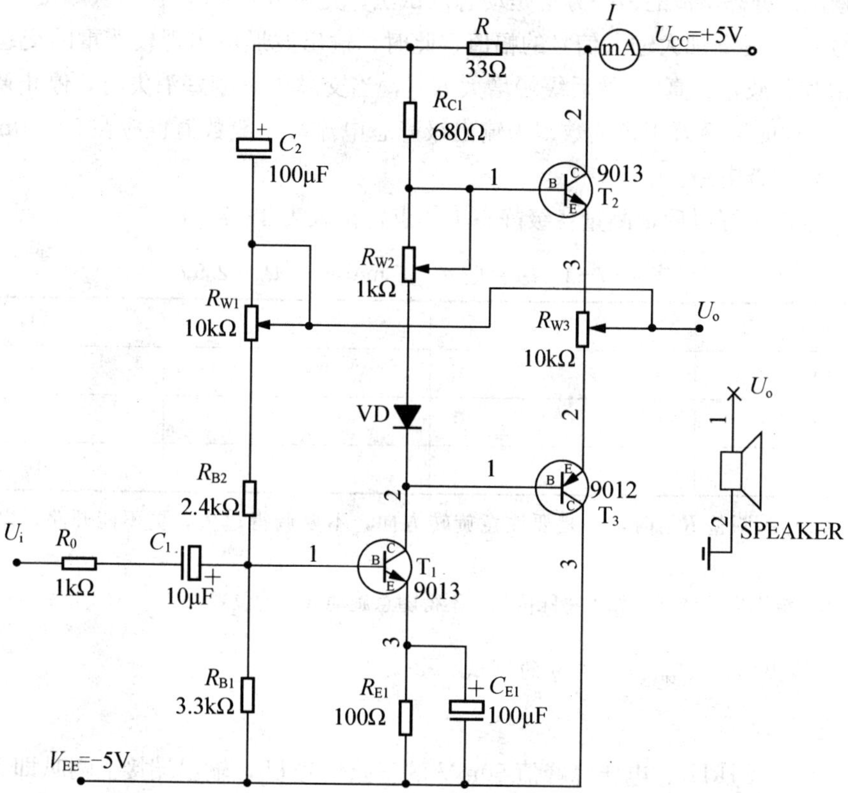

图 4.7.2 OCL 功率放大器参考电路

4.7.4 实验内容

1. 静态工作点的测试

按图 4.7.1 连接实验电路(两个电位器需要自行连接)，电源进线中串入直流毫安表(用数字万用表代替测电流 I)。

1）调节输出端中点电位 U_A

连接完电路后，使 U_i 接地，打开电源开关，调节电位器 R_{W1}，用万用表测量 A 点电位，使

$$U_A=\frac{1}{2}U_{CC}$$

2）调整输出极静态电流及测试各级静态工作点

调节 R_{W2}，使 T_2、T_3 管的 $I_{C2}=I_{C3}=8mA$。从减小交越失真角度而言，应适当加大输出极静态电流，但该电流过大，会使效率降低，所以一般以 8mA 左右为宜。由于数字万用表是串在电源进线中，因此测得的是整个放大器的电流。但一般 T_1 的集电极电流 I_{C1} 较小，从而可以把测得的总电流近似当作末级的静态电流。如要准确得到末级静态电流，则可从总电流中减去 I_{C1} 之值。

调整输出级静态电流的另一方法是动态调试法。先使 $R_{W2}=0$，在输入端接入 $f=1kHz$ 的正弦信号 U_i。逐渐加大输入信号的幅值，此时，输出波形应出现较严重的交越失真(注意：没有饱和和截止失真)，然后缓慢增大 R_{W2}，当交越失真刚好消失时，停止调节 R_{W2}，恢复 $U_i=0$，此时数字万用表读数即为输出级静态电流。一般数值也应在 5～10mA 左右，如过大，则要检查电路。

输出级电流调好以后，测量各级静态工作点，记入表 4-7-1。

表 4-7-1　$I_{C2}=I_{C3}=$____mA　　$U_A=2.5V$

	T_1	T_2	T_3
U_B(V)			
U_C(V)			
U_E(V)			

注意：(1) 在调整 R_{W2} 时，一是要注意旋转方向，不要调得过大，更不能开路，以免损坏输出管。

(2) 输出管静态电流调好，如无特殊情况，不得随意旋动 R_{W2} 的位置。

2. 最大输出功率 P_{om} 和效率 η 的测试

1）测量 P_{om}

输入端接 $f=1kHz$、电压峰峰值 50mV 的正弦信号 U_i，输出端接上喇叭即 R_L，用示波器观察输出电压 U_o 波形。逐渐增大 U_i，使输出电压达到最大不失真输出，用交流毫伏表测出负载 R_L 上的电压 U_{om}，则下面公式计算出 P_{om}。

$$P_{om}=\frac{U_{om}^2}{R_L}$$

2）测量 η

当输出电压为最大不失真输出时，读出数字万用表中的电流值，此电流即为直流电源供给的平均电流 I_{dc}(有一定误差)，由此可近似求得 $P_E=U_{CC}I_{dc}$，再根据上面测得的 P_{om}，即可求出

$$\eta=\frac{P_{om}}{P_E}$$

3. 输入灵敏度测试

根据输入灵敏度的定义，在实验内容 2 基础上，只要测出输出功率 $P_o=P_{om}$ 时(最大不失真输出情况)的输入电压值 U_i 即可。

4. 频率响应的测试

测试方法同 4.1 实验项目，记入表 4-7-2。

表 4－7－2　$U_i=$____ mV

					f_L	f_o	f_H				
f(Hz)						1000					
U_o(V)											
A_v											

在测试时，为保证电路的安全，应在较低电压下进行，通常取输入信号为输入灵敏度的 50%。在整个测试过程中，应保持 U_i 为恒定值，且输出波形不得失真。

5. 研究自举电路的作用

(1) 测量有自举电路，且 $P_o=P_{omax}$时的电压增益 $A_V=\frac{U_{om}}{U_i}$。

(2) 将 C_2 开路，R 短路(无自举)，再测量 $P_o=P_{omax}$的 A_V。

用示波器观察(1)、(2)两种情况下的输出电压波形，并将以上两项测量结果进行比较，分析研究自举电路的作用。

6. 噪声电压的测试

测量时将输入端短路(即 $U_i=0$)，观察输出噪声波形，并用交流毫伏表测量输出电压，即为噪声电压 U_N，本电路若 $U_N<15\text{mV}$，即满足要求。

*7. 试听

有条件的话输入信号改为语音或音乐信号输入，输出端接试听音箱及示波器。开机试听，并观察语音或音乐信号的输出波形。

*8. OCL 低频功率放大器

OCL 低频功率放大器参考电路如图 4.7.2 所示，连接好线路按以上步骤分析之。

4.7.5　实验仪器设备

本实验所需仪器设备见表 4－7－3。

表 4－7－3　实验仪器设备

序　　号	名　　称	型号规格	数　　量
1	台式数字万用表	VC8145	1
2	函数信号发生器	DG1022U	1
3	双踪示波器	GOS6021，20MHz	1
4	交流毫伏表	AS2294D，5Hz～2MHz	1
5	模拟电路实验教学平台	ZSD－MD－1	1

4.7.6 实验注意事项

(1) 相关元件分布图参见附图 3-1 低频功率放大器模块。

(2) 注意在调整 R_{W2} 时要注意电位器的旋转方向，不要调得过大，更不能开路，以免损坏输出管。

(3) 注意输出管静态电流调好后，若无特殊情况，不得随意调节 R_{W2}。

(4) 用双踪示波器观察输入输出波形，调整过程中，输出波形不应有明显失真。

(5) 注意排除引入低频功率放大器的干扰和自激振荡。

4.7.7 实验报告要求

(1) 按照实验内容要求，列表整理测量数据，并对所测数据进行分析。

(2) 分析自举电路的作用。

(3) 分析比较各种低频功率放大器的异同点。

(4) 分析实际测量值与理论计算值，并说明产生误差的原因。

(5) 分析讨论实验过程中出现的问题，并说明如何解决的。

(6) 总结实验心得与体会。

4.8 集成直流稳压电源

4.8.1 实验目的

(1) 学会在模拟电路实验教学平台上搭建集成直流稳压电源。

(2) 熟悉由集成稳压器组成的集成稳压电源电路。

(3) 掌握集成稳压电源的电路结构和特点。

(4) 掌握集成稳压电源主要性能指标的测试方法。

4.8.2 预习内容

(1) 预习各种稳压电源的基本工作原理。

(2) 思考各种稳压电源是如何实现稳压的。

(3) 了解集成稳压器扩展性能的方法。

(4) 分析不同类型直流稳压电源的特点及其主要用途。

4.8.3 实验原理

一般线性稳压电源由电源变压器、整流电路、滤波电路和稳压电路 4 部分组成。其原理框图和波形如图 4.8.1 所示。

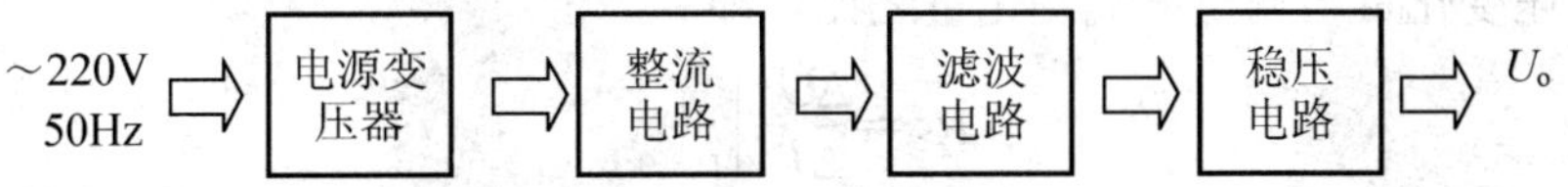

图 4.8.1　线性稳压电源框图

交流电压 U_1(220V AC，50Hz)经过电源变压器降压后得到交流电压 U_2，然后经整流电路变换为脉动电压 U_3，再用滤波器滤除交流分量，得到较为平滑的直流电压 U_4。但这样的交流电压不稳定，会随输入交流电压的波动而波动，不能满足对直流电压稳定性要求较高的场所，所以需要稳压电路进行稳压，使输出直流电压 U_o 基本稳定。

1. 稳压管稳压电路

稳压管稳压电路如图 4.8.2 所示。

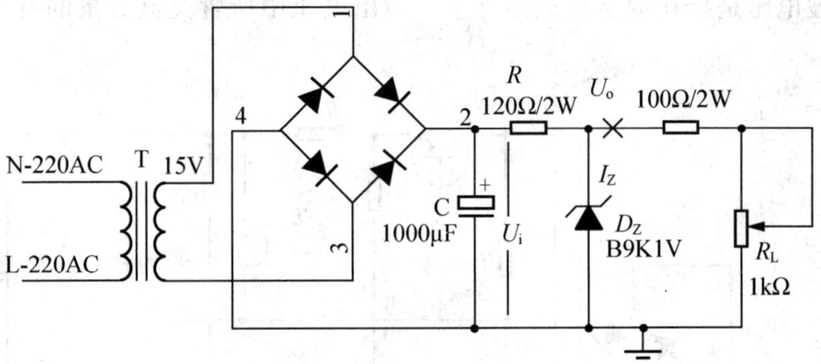

图 4.8.2　稳压管稳压实验电路

其整流部分为单相桥式整流、电容滤波电路，稳压部分分两种情况分析。

1）若电网电压波动，使 U_I 上升时，则

$$U_I\uparrow\rightarrow U_o\uparrow\rightarrow I_Z\uparrow\rightarrow I_R\uparrow\rightarrow U_R\uparrow\rightarrow U_o\downarrow$$

2）若负载改变，使 I_L 增大时，则

$$I_L\uparrow\rightarrow I_R\uparrow\rightarrow U_o\downarrow\rightarrow I_Z\downarrow\rightarrow I_R\downarrow\rightarrow U_R\downarrow\rightarrow U_o\uparrow$$

从上可知稳压电路必须还要串接一个限流电阻 R，根据稳压管的伏安特性，为防止外接负载 R_L 时短路则串上 100Ω/2W 电阻，保护电位器，才能实现稳压。

2. 串联型晶体管稳压电源

串联晶体管稳压如图 4.8.3 所示，稳压电源的主要性能指标如下。

1）输出电压 U_o 和输出电压调节范围

$$U_o=\frac{R_7+R_{W1}+R_8}{R_8+R'_{W1}}(U_Z+U_{BE2})$$

调节 R_{W1} 可以改变输出电压 U_o。

2）最大负载电流 I_{cm}

3）输出电阻 R_o

输出电阻 R_o 的定义为：当输入电压 U_I(稳压电路输入)保持不变，由于负载变化而引

起的输出电压变化量与输出电流变化量之比，即

$$R_o = \frac{\Delta U_o}{\Delta I_o}\bigg|_{U_i=常数}$$

4）稳压系数 S

稳压系数 S 的定义为：当负载保持不变，输出电压相对变化量与输入电压相对变化量之比，即

$$S = \frac{\Delta U_o / U_o}{\Delta U_I / U_I}\bigg|_{R_L=常数}$$

由于工程上常把电网电压波动±10%作为极限条件，因此也有将此时输出电压的相对变化 $\Delta U_o / U_o$ 作为衡量指标，称为电压调整率。

5）纹波电压

输出纹波电压是指在额定负载条件下，输出电压中所含交流分量的有效值(或峰峰值)。

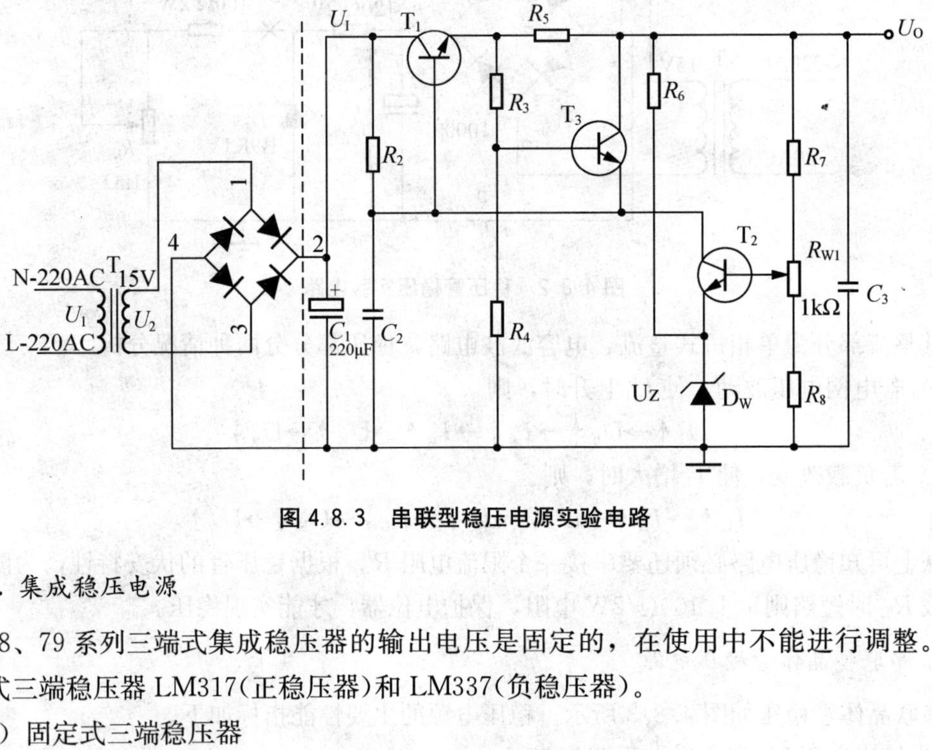

图 4.8.3　串联型稳压电源实验电路

3. 集成稳压电源

78、79 系列三端式集成稳压器的输出电压是固定的，在使用中不能进行调整。另有可调式三端稳压器 LM317(正稳压器)和 LM337(负稳压器)。

1）固定式三端稳压器

图 4.8.4 是用三端式稳压器 7905 构成实验电路图。滤波电容 C 一般选取几百～几千微法。在输入端必须接入电容器 C_1(数值为 0.33μF)，以抵消线路的电感效应，防止产生自激振荡。输出端电容 C_o(数值为 0.1μF)用以滤除输出端的高频信号，改善电路的暂态响应。

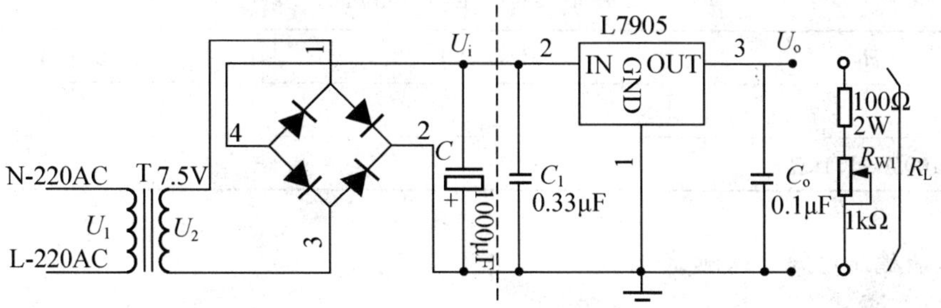

图 4.8.4　固定式稳压电源电路

2）可调式三端稳压器

图 4.8.5 为可调式三端稳压电源电路，可输出连续可调的直流电压，其输出电压范围在 1.25～37V，最大输出电流为 1.5A，稳压器内部含有过流、过热保护电路。如图 4.8.5 所示，C_1，C_2 为滤波电容；VD1，VD2 为保护二极管，以防稳压器输出端短路或过压而损坏稳压器。

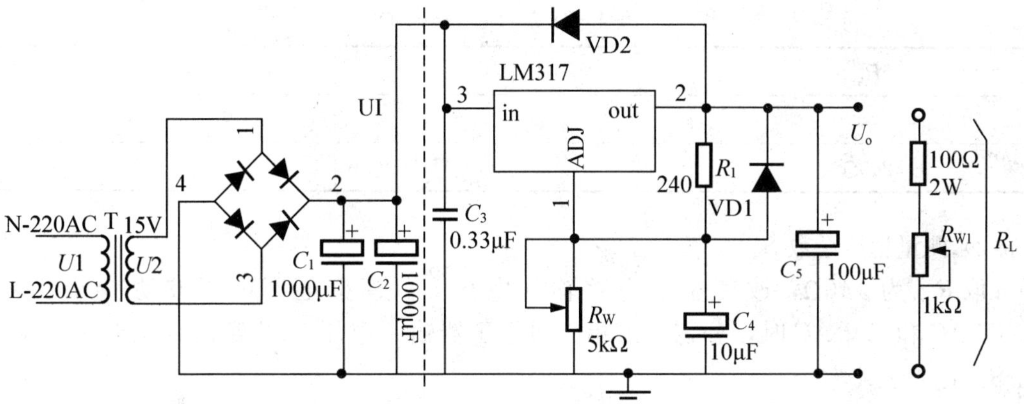

图 4.8.5　可调集成稳压电源电路

4.8.4　实验内容

这里只对集成稳压电源进行测试，具体内容如下。

1. 固定稳压电源电路测试

针对如图 4.8.4 所示实验电路，虚线右边稳压部分已在稳压电源模块连好线，只需从 L7905 输入端 IN 输入滤波后的电压，输出端 OUT 接负载，公共端接地。正确连接电路后，打开变压器电源开关(在实验平台后面)。

(1) 开路时，用万用表测出稳压源稳压值，记入表 4－8－1。

(2) 接负载 R_L(在 U_o 输出端接上 100Ω/2W＋1kΩ 电位器 R_{W1})时，调节 R_{W1}，用万用表测出在稳压情况下的 U_o 变化情况，记入表 4－8－1。

表 4-8-1　$U_2=7.5V$ AC

R_L	U_i(V)	U_o(V)
∞		
100Ω～1.1kΩ		

2. 可调稳压电源电路测试

针对如图 4.8.5 所示实验电路，虚线右边稳压部分已在稳压电源模块连好线，只需从 LM317 输入端 IN 输入滤波后的电压，输出端 OUT 接负载，公共端接地。正确连接电路后，打开变压器电源开关。

1）观察输出电压 U_o 的范围

(1) 测试开路情况下，稳压电源输出电压 U_o 的范围，记入表 4-8-2。

(2) 接负载 R_L(在 U_o 输出端接上 100Ω/2W+1kΩ 电位器 R_{W1})时，调节 R_{W1} 为 140Ω 时，调节 R_W，用万用表测量输出电压 U_o 的范围，记入表 4-8-2。

表 4-8-2　$U_2=15V$ AC

R_L	U_i(V)	U_o(V)
∞		
240Ω		

2）测量稳压系数 S

取 R_{W1} 为 140Ω，改变整流电路输入电压 U_2(模拟电网电压波动)，在 U_2 为 7.5V AC 和 15V AC 时，分别测出相应的稳压器输入电压 U_i 及输出直流电压 U_o，求出 S。记入表 4-8-3。

3）测量输出电阻 R_o

取 $U_2=15V$ AC，改变 R_{W1}，使 I_o 为空载、25mA 和 50mA，分别测量相应的 U_o 值，记入表 4-8-4。

表 4-8-3　$R_{W1}=140Ω$

测试值			计算值
U_2(V)	U_i(V)	U_o(V)	S
7.5			
15			

4）测量输出纹波电压

纹波电压用示波器测量其峰峰值 U_{OPP}，或者用交流毫伏表直接测量其有效值，由于不是正弦波，有一定的误差。取 $U_2=15V$，$U_o=12V$，$I_O=25mA$，测量输出纹波电压 $\tilde{U}_o$，记录之。

表 4-8-4　$U_2=15V\ AC$

测量值		计算值
I_O(mA)	U_o(V)	R_o(Ω)
空载		
25		
50		

4.8.5　实验仪器设备

本实验所需仪器设备见表 4-8-5。

表 4-8-5　实验仪器设备

序　号	名　称	型号规格	数　量
1	数字万用表	VC8145	1
2	双踪示波器	GOS6021，20MHz	1
3	交流毫伏表	AS2294D，5Hz～2MHz	1
4	模拟电路实验教学平台	ZSD-MD-1	1

4.8.6　实验注意事项

(1) 相关元件分布图参见附图 3-1 稳压电源模块。

(2) 整流滤波实验时要注意安全，每次改接电路时要切断交流输入电源，通电时不要触及变压器输入初级端。

(3) 注意检查二极管和滤波电容极性，接入电路时不要反接，以免发生事故。

(4) 注意整流滤波电路和稳压电路不要靠近电源变压器，以减小引入的纹波干扰。

4.8.7　实验报告要求

(1) 按照实验内容要求，列表整理测量数据，并对所测数据进行分析。

(2) 分析稳压电源出现故障时，如何进行故障检查，并排除故障。

(3) 分析比较各种类型稳压电源的异同点。

(4) 分析实际测量值与理论计算值，并说明产生误差的原因。

(5) 如何提高稳压电源的各项性能指标。

(6) 总结实验心得与体会。

4.9 集成运放综合应用(控温电路)

4.9.1 实验目的

(1) 学会在模拟电路实验教学平台上搭建集成运放综合应用电路(控温电路)。

(2) 熟悉由测温传感器和集成运放组成的控温电路。

(3) 掌握控温电路的结构和特点。

(4) 掌握控温电路主要参数的测试方法。

4.9.2 预习内容

(1) 预习控温电路的基本工作原理。

(2) 思考控温电路是如何实现温度自动控制的。

(3) 分析控温电路的关键调试方法。

(4) 分析控温电路的特点和主要用途。

4.9.3 实验原理

(1) 实验电路如图 4.9.1 所示，它由负温度系数电阻特性的热敏电阻(NTC 元件)。$R\mathrm{t}$ 为一臂组成测温电桥，其输出经测量放大器(由 A1、A2、A3 组成)放大后由滞回比较器输出“加热”(灯亮)与“停止”(灯熄)。改变滞回比较器的比较电压 U_R 即改变控温的范围，而控温的精度则由滞回比较器的滞回宽度确定。热敏电阻 $R\mathrm{t}$ 和 100Ω/2W 的功率电阻捆绑在一起。

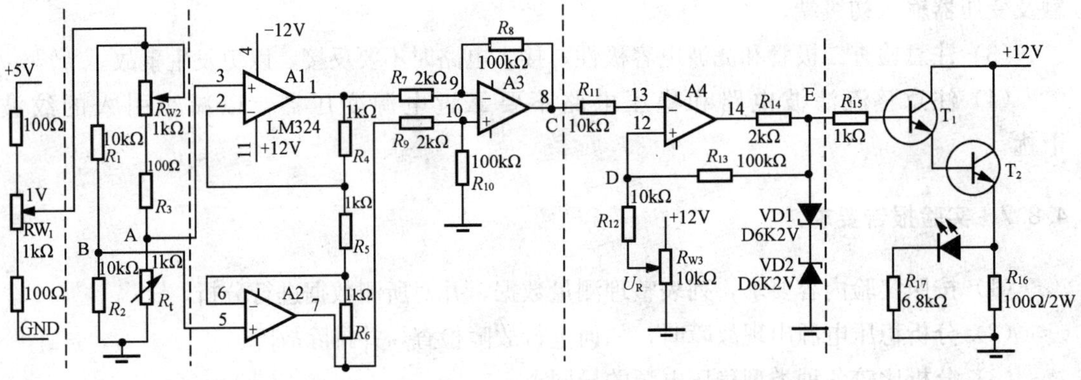

图 4.9.1 控温实验电路

(2) 控制温度的标定。

首先确定控制温度的范围。设控温范围的 $t_1 \sim t_2$(℃)，标定时将 NTC 元件 $R\mathrm{t}$ 置于恒温槽中，使恒温槽温度为 t_1，调整 R_{W2} 使 $U_C = U_D$，此时的 R_{W2} 位置标为 t_1，同理可标定

t_2 的位置。根据控温精度要求，可在 $t_1 \sim t_2$ 之间标作若干点，在电位器 R_{W2} 上标注相应的温度刻度即可。若 R_{W2} 调不到所要求值，则应改变 R_3 或 R_{W2} 的阻值。控温电路工作时只要将 R_{W2} 对准所要求温度，即可实现恒温控制。由于不具备恒温槽条件，我们调节 R_{W2} 的 t_1（室温）和 t_2（$U_{AB}=30$mV）进行比较、调试和原理说明。

（3）实验电路分析。

实验中的加热装置用一个100Ω/2W的电阻模拟，将此电阻靠近 Rt 即可，调节 R_{W3} 使 $U_R=4$V，当调节 R_{W2} 由最大值逐渐减小到灯亮和灯息临界状态时为 t_1，根据滞回比较器的传输特性，此时 $U_C=U_D$，此时100Ω/2W电阻的温度就是当前室温，不用测量温度可用手感觉到，调节到 t_2 情况下，经过仪器放大器输出 $|U_C|$ 很大，根据滞回比较器的传输特性，U_E 为正稳压值，复合管起放大作用，向100Ω/2W电阻开始加热，灯亮。此时 Rt 随电阻温度的增加而阻值减小，U_A 逐渐逼近 U_B 值，$|U_C|$ 逐渐减小到 $U_C<U_D$ 时灯熄，U_E 为负稳压值，这样停止加热，Rt 值增加，$|U_C|$ 增加到加热的情况，这样灯亮灯熄变化，保持在 $U_C=U_D$ 的附近加热和停止，控制电阻温度在 t_2 值不变，达到了恒温控制的目的。

4.9.4　实验内容

1. 系统性能测试

在实验平台控温电路模块中，令输入端B点接地，A点引入0V直流信号源（参照图4.5.9直流信号源连接方法1），电源插孔接入+12V和−12V电源，Co点与Ci点连接，连接好电位器 R_{W3}，打开电源开关，调节 R_{W3} 使输入电压 U_R 为4V。用万用表检测Co点或Ci点电压，并用示波器观察 E_0 点电位，当缓慢改变A点电压及其极性时，分别记录使 E_0 点电位发生正跳变和负跳变的 U_C 值，并由此画出滞回特性曲线。

2. 电压放大倍数的测量

在实验内容1连线的基础上，断开Co点与Ci点的连接，调节A点输入电压使 $U_{AB}=30$mV，测量C点处电压 U_C 值，计算测量放大器的电压放大倍数。

3. 系统调试

在实验原理分析中，如图4.9.1所示，由于一旦加热，热敏电阻阻值变化很快，这样A点的电位是动态变化的，因此为了达到所要求的恒温控制过程，要先在不加热情况下调整好一个恒温值，此处设为 t_2（如原理说明一致，即 $U_{AB}=30$mV，由于热敏电阻为负温差特性，随室温不同阻值是变化的，在冬天热敏电阻电阻值比较大，在夏天热敏电阻电阻值很小，为了使 U_{AB} 的值能调节到30mV，则相应改变 R_3 的阻值来调节 U_{AB}，设室温情况下热敏电阻值为 R_t，调节电阻值为 R_3，电位器最大阻值为 R_{W2}，则它们之间的关系为：$R_3<R_t\leqslant R_{W2}+R_3$）来进行系统调试。

（1）在实验平台中，按照实验原理图4.9.1所示电路正确接线，开始接直流信号源到电桥电路，C、E点即是C_o与Ci、E_0与Ei相连点，我们先连接C_o点与Ci，我们已把热敏电阻和功率电阻捆绑在一起，热敏电阻一端连接到A点，另一端已接地；电源插孔接入+12V和−12V电源，除了E_0与Ei不连接，输出级+12V电源插孔不接外，将连线连接完毕。

(2) 打开电源开关，调节直流信号源R_{W1}使接入电桥的电压为1V，调节R_{W3}使U_R为4V，调节R_{W2}使U_{AB}=30mV，连接E_0与Ei，输出级+12V电源插孔接入+12V电源，电路构成如图4.9.1所示闭环控温系统，用万用表测量A、C、D、E点各电压变化情况，列表记录数据，并结合数据分析恒温控制的工作过程。

(3) 用万用表测量灯亮（“加热”）与灯熄（“停止”）临点时C(C_o点或Ci)的电压值，绘制出滞回比较器的特性曲线。

4. 控温过程的测试

若条件允许，试按表4-9-1要求重复步骤3，记录整定温度下的升温和降温时间及用温度计测量出大概温度值。

表4-9-1

控温范围	R_{W2}值(Ω)	升温时间(s)	降温时间(s)
$T=$	500		

4.9.5 实验仪器设备

本实验所需仪器设备见表4-9-2。

表4-9-2 实验仪器设备

序号	名称	型号规格	数量
1	数字万用表	VC8145	1
2	双踪示波器	GOS6021，20MHz	1
3	交流毫伏表	AS2294D，5Hz～2MHz	1
4	模拟电路实验教学平台	ZSD-MD-1	1

4.9.6 实验注意事项

(1) 相关元件分布图参见附图3-1控温电路模块。

(2) 注意电路连接时，要分步进行连接调试。

(3) 注意调试C点之前电路时，后级功率放大电路不应加电工作。

(4) 注意功率电阻加热时间不宜太长，加热过程中不宜用手触摸功率电阻，以免烫伤。长时间处于加热状态应该断开电源，检查故障原因。

4.9.7　实验报告要求

（1）按照实验内容要求，列表整理测量数据，并对所测数据进行分析。

（2）分析控温电路出现故障时，如何进行故障检查，并排除故障。

（3）分析调节D点电位对温控周期有何影响，并分析升降温时间不等的原因，提出如何尽快降温的办法。

（4）分析实际测量值与理论计算值，并说明产生误差的原因。

（5）分析如何提高控温电路的各项性能指标。

（6）总结实验心得与体会。

4.10　晶体管共射极放大电路设计

4.10.1　实验目的

（1）熟悉采用面包板或多功能板搭建电路的技术。

（2）掌握晶体管共射极放大电路的基本设计方法。

（3）进一步熟悉常用电子仪器设备的使用。

（4）完成晶体管共射极放大电路的调试与参数测试分析。

4.10.2　预习内容

（1）预习晶体管共射极放大电路的基本工作原理。

（2）预习晶体管共射极放大电路的设计、调试与参数测试方法。

（3）采用Multisim仿真软件对晶体管共射极放大电路进行初步设计仿真。

4.10.3　实验原理

如图4.10.1所示为阻容耦合晶体管共射极放大电路，它采用分压式电流负反馈偏置电路。要满足性能指标的要求，就必须考虑静态工作点的设置。放大器的静态工作点Q主要由R_C、R_{B1}、R_{B2}、R_E以及电源电压V_{CC}决定。

确定静态工作点的基本原则是要保证输出电压既不产生饱和失真也不产生截止失真。如图4.10.2所示，根据三极管输出特性曲线和对动静态负载线的分析，输出电压不产生失真的条件是：

$$U_{CEQ} \geqslant U_{OM} + U_{CES}$$

$$I_{CQ} \times (R_C // R_L) \geqslant U_{OM}$$

$$V_{CC} = U_{CEQ} + I_{CQ} \times (R_C + R_E) > U_{OM} + U_{CES} + U_{OM} + I_{CQ} \times R_E = 2U_{OM} + U_{CES} + U_{EQ}$$

式中，$U_{OM} = A_u \cdot U_{im} = A_u \cdot \sqrt{2} U_i$；$U_{CES}$为三极管饱和压降，可查三极管的产品性能表得到，一般可取1V。

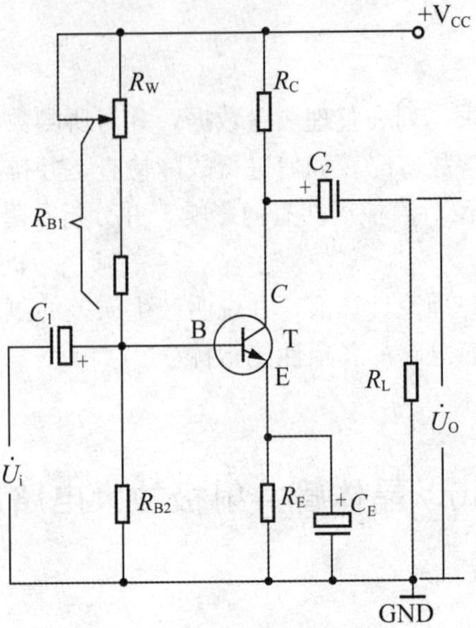

图 4.10.1　晶体管共射极放大电路

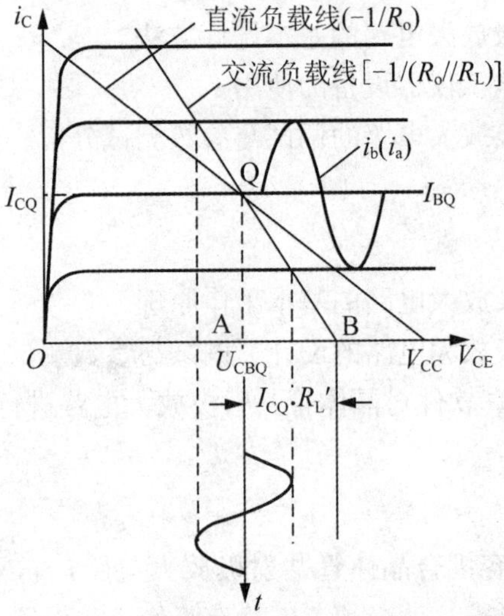

图 4.10.2　三极管输出特性曲线

4.10.4　设计内容和要求

设计一个晶体管共射极放大电路。

(1) 已知条件：

- 输入正弦信号电压　　　U_i＝20mV(有效值)；
- 负载电阻　　　　　　　R_L＝5.1kΩ；
- 半导体三极管　　　　　9013(β 值大小待测)；
- 电源电压　　　　　　　V_{CC}＝＋12V。

(2) 性能指标要求：

· 电压增益 $A_V>50$；

· 输入输出电阻 $R_i>1k\Omega$，$R_o<3k\Omega$；

· 频带宽度 $f_L<100Hz$，$f_H>100kHz$。

4.10.5 设计步骤

根据实验原理，需要计算与选取的参数是 R_C、R_{B1}、R_{B2}、C_1、C_2、C_E 以及电源电压 V_{CC}，设计以上元件参数值的主要原则是满足设计要求规定的电路性能指标。可以有多种设计步骤，下面先从工作点稳定条件来考虑。

(1) 由工作点稳定条件决定 U_{EQ} 和 U_{BQ}。

要使工作点稳定，流过硅管偏置电阻 R_{B1} 和 R_{B2} 的直流电流应该是晶体管基极静态电流 I_{BQ} 的5～10倍；对于锗管，则要求流过偏置电阻的直流电流是 I_{BQ} 的10～20倍。并且发射极静态电压 U_{EQ} 对于硅管一般取3～5V，对于锗管取1～3V。

选定发射极静态电压 V_{EQ} 后，则基极静态电压为 $U_{BQ}=U_{EQ}+0.7V$(硅管)，$U_{BQ}=U_{EQ}+0.3V$(锗管)。

(2) 由 U_{OM} 确定电源电压 V_{CC} 和三极管的静态管压降 U_{CEQ}。

由输出电压不失真的条件得

$$V_{CC}>2U_{OM}+U_{CES}+U_{EQ}$$

$$U_{CEQ}\geqslant U_{OM}+U_{CES}$$

(3) 确定 I_{CQ} 和 R_{CQ}。

集电极静态电流 I_{CQ} 和集电极电阻 R_C 一般要综合考虑。这是设计中比较难确定的一处，选择的依据是

$$I_{CQ}\times(R_C/\!/R_L)\geqslant U_{OM}$$

由于选择集电极电阻 R_C 还应满足电路电压放大倍数的要求，即

$$\frac{\beta R'_L}{r_{be}}>|A_u|$$

式中

$$r_{be}=r'_{bb}+(1+\beta)\frac{26mV}{I_{CQ}},\ R'_L=R_L/\!/R_C$$

式中，r_{be} 和 I_{CQ} 有关，即选择 R_C 又会与 I_{CQ} 有关，所以决定 I_{CQ} 与 R_C 这两个值时要综合考虑。

通常小信号低频放大电路的集电极静态电流 I_{CQ} 可取为1mA左右。

一般在有发射极电阻时，可令 I_{CQ} 等于或略大于 $\frac{U_{OM}}{R_C/\!/R_L}$，这是因为发射极电阻会降去一部分直流电压，放大时动态负载线在工作段就可以完全避开三极管的截止区。这样一方面充分利用了三极管的放大区间，另一方面也使设计变得简单。

注意：在设计时要考虑三极管放大倍数 β 的离散性。

(4) 确定 R_{B1} 和 R_{B2}。

根据工作点稳定条件确定偏置电阻 R_{B1} 和 R_{B2}，由于基极电流一般为几十毫安，因此流过偏置电阻 R_{B1} 和 R_{B2} 的直流电流 I_1 可以选择在几百微安到几毫安的数量级。以 I_1 表示流过偏置电阻 R_{B1} 和 R_{B2} 的直流电流，则

$$R_{B2}=\frac{U_{BQ}}{I_1}$$

$$R_{B1}=\frac{V_{CC}}{I_1}-R_{B2}$$

(5) 确定 R_E。

$$R_E=\frac{U_E}{I_C}=\frac{U_B-U_{BE}}{I_C}$$

(6) 其他元件选择。

在图 4.10.1 所示的射极偏置电路中，电容 C_1、C_2、C_E 均为电解电容，一般 C_1、C_2 选用 4.7～47μF，C_E 选用 10～220μF 均可满足要求。电阻 R_B、R_C、R_E 选用金属膜电阻或碳膜电阻均可。

4.10.6 设计指标测试

根据自己的设计选取元件，在多功能实验电路板上搭建电路，检查无误后接通电源，进行如下性能指标测试。

(1) 测量和调节该电路的静态工作点。

输入端接入 $f=1\text{kHz}$、$U_i=20\text{mV}$(有效值)的正弦信号，使用示波器观察输出电压 u_o 的波形，同时调节工作点，使波形 u_o 不失真的动态范围幅度最大，然后将输入端与信号源断开并接地($u_i=0$)，测试此时的 U_B，U_E，U_{CE}，U_{BE}，算出 I_C，并与理论计算比较。注意记录可调节部分的电阻阻值。

(2) 测量该电路的电压增益 A_u。

输入端接入 $f=1\text{kHz}$、$U_i=20\text{mV}$(有效值)的正弦信号，使用示波器观察输入电压 u_i 和输出电压 u_o 的波形，分别记录幅值与相位的关系，算出电压增益 $A_u=\left|\frac{U_o}{U_i}\right|$。

(3) 测量该电路的输入电阻 R_i 和输出电阻 R_o。

参见 4.1.3 小节“放大器动态指标测试”中的测试方法。

(4) 测量该电路的幅频响应特性。

参见 4.1.3 小节“放大器动态指标测试”中的测试方法。放大电路的幅频响应采用“描点法”测量，作出幅频响应特性曲线，求出上、下限截止频率 f_H、f_L 和通频带 $BW=f_H-f_L$。

4.10.7 设计报告

(1) 电路设计。

① 简要说明电路的原理与优缺点。

② 主要参数的计算和元器件的选择。

③ 静态工作点和主要性能指标 A_u、R_i、R_o 的计算。

(2) 整理各项测试内容的实验数据与波形；分析实验结果，分别与理论值和仿真值进行比较，分析误差原因。

(3) 写出测试过程中所遇到的问题及解决方法，总结实验心得与体会。

4.11　有源滤波器设计

4.11.1　实验目的

(1) 熟悉采用面包板或多功能板搭建电路的技术。

(2) 掌握各种有源滤波器的基本设计方法。

(3) 进一步熟悉常用电子仪器设备的使用。

(4) 完成语音滤波器的设计、调试与参数测试分析。

4.11.2　预习内容

(1) 预习各种有源滤波器的基本工作原理。

(2) 预习各种有源滤波器的设计、调试与参数测试方法。

(3) 采用 Multisim 仿真软件对各种有源滤波器进行初步设计仿真。

4.11.3　实验原理

1. 有源滤波器的特性

由 R、C 元器件和运放组成的滤波器称 RC 有源滤波器，其原理框图如图 4.11.1 所示。它的功能是让一定频率范围内的信号通过，有效抑制此频率范围外的信号。受运放带宽限制，此类滤波器仅适用于低频信号滤波。根据频率范围可将滤波器分为低通、高通、带通和带阻 4 种滤波器，其幅频特性如图 4.11.2 所示。具有理想特性的滤波器很难实现，只能尽可能逼近。常用的逼近方法有巴特沃斯最大平坦响应和切比雪夫等波动响应。本实验主要介绍巴特沃斯二阶 RC 有源滤波器的设计。

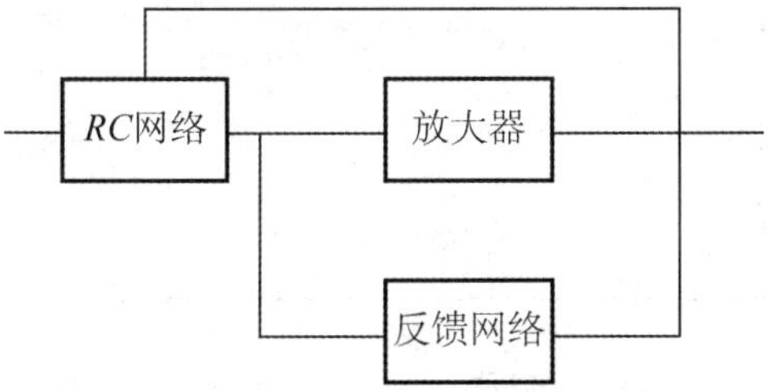

图 4.11.1　*RC* 有源滤波器框图

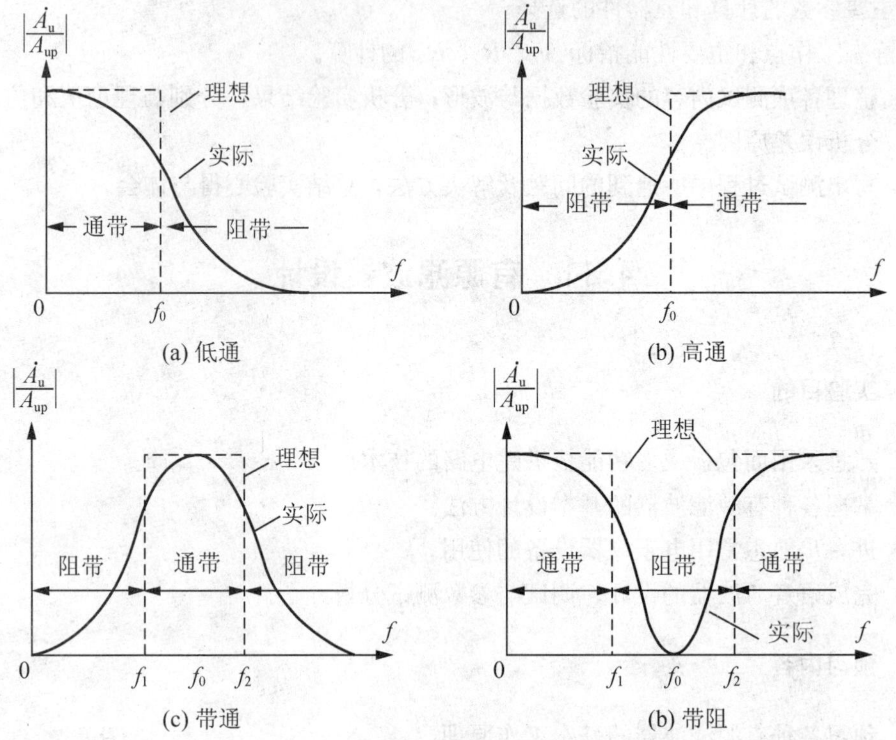

图 4.11.2　常见 4 种滤波器的幅频特性示意图

2. *有源滤波器的传递函数*

巴特沃斯有源滤波器是一种平坦滤波器，在截止频率附近有突起，对阶跃相响应有过冲或振铃现象。这种滤波器有一定的非线性响应，适用于一般性的滤波器。n 阶巴特沃斯有源低通滤波器的传递函数为

$$A(S)=\frac{A_0}{B(S)}=\frac{A_0}{S^n+a_{n-1}S^{n-1}+\cdots+a_1S+a_0}$$

式中，S 为归一化频率，$B(S)$为巴特沃斯多项式，a_{n-1}，…，a_1，a_0 为多项式系数，可根据 n 的值查表获得，见表 4-11-1。

表 4-11-1　n 阶巴特沃斯多项式列表

n	$B(S)$
1	$S+1$
2	$S^2+\sqrt{2}S+1$
3	S^3+2S^2+2S+1
⋮	…

随着巴特沃斯滤波器阶数增加，阻带内的衰减也随之增加，故可根据情况选用合适的阶数。二阶巴特沃斯有源低通滤波器的传递函数为

$$A(S)=\frac{A_0}{S^2+\sqrt{2}S+1}$$

高通和带通滤波器可以通过频率变换的方法从低通滤波器传递函数获得，可用 $S=1/P$ 代入上式得

$$A(S)=\frac{A_0P^2}{P^2+\sqrt{2}P+1}$$

故二阶巴特沃斯有源高通滤波器的传递函数可以写为

$$A(S)=\frac{A_0S^2}{S^2+\sqrt{2}S+1}$$

对于带通滤波器，通常采用归一化低通变带通的方式获得，可用 $S=(P^2+1)/P$，其中带通函数的中心频率值为1，带宽与低通函数带宽相等。这样通过二阶巴特沃斯有源低通滤波器的传递函数获得的二阶有源带通滤波器传递函数为

$$A(S)=\frac{A_0S^3}{S^4+\sqrt{2}S^3+3S^2+\sqrt{2}S+1}$$

一阶和二阶滤波器使用得最多，设计中高阶滤波器往往被简化为多个低阶滤波器的组合。表4-11-2给出了一阶、二阶有源滤波器典型传递函数及其幅频和相频特性的表达式，以作为设计有源滤波器的基础。

表4-11-2　一阶、二阶有源滤波器典型传递函数及其幅频和相频特性

类型	传递函数 $G(s)$	幅频特性 $G(w)$	相频特性 $w(\phi)$
一阶低通	$\frac{A_0w_c}{s+w_c}$	$\frac{A_0w_c}{\sqrt{w^2+w_c^2}}$	$-\arctan\frac{w}{w_c}$
一阶高通	$\frac{A_0s}{s+w_c}$	$\frac{A_0w}{\sqrt{w^2+w_c^2}}$	$\frac{\pi}{2}-\arctan\frac{w}{w_c}$
二阶低通	$\frac{A_0w_c^2}{s^2+w_cs/Q+w_c^2}$	$\frac{A_0w_c^2}{\sqrt{(w^2-w_c^2)^2+(ww_c/Q)^2}}$	$-\arctan\frac{ww_c}{Q(w_c^2-w^2)}$
二阶高通	$\frac{A_0s^2}{s^2+w_cs/Q+w_c^2}$	$\frac{A_0w^2}{\sqrt{(w^2-w_c^2)^2+(ww_c/Q)^2}}$	$\pi-\arctan\frac{ww_c}{Q(w_c^2-w^2)}$
二阶带通	$\frac{A_0w_0s/Q}{s^2+w_0s/Q+w_0^2}$	$\frac{A_0ww_0/Q}{\sqrt{(w^2-w_0^2)^2+(ww_0/Q)^2}}$	$\frac{\pi}{2}-\arctan\frac{ww_0}{Q(w_0^2-w^2)}$
二阶带阻	$\frac{A_0(s^2+w_0^2)}{s^2+w_0s/Q+w_0^2}$	$\frac{A_0(w_0^2-w^2)}{\sqrt{(w^2-w_c^2)^2+(ww_c/Q)^2}}$	$-\arctan\frac{ww_0}{Q(w_0^2-w^2)}$，$w<w_0$ $\pi-\arctan\frac{ww_0}{Q(w_0^2-w^2)}$，$w>w_0$

注：表中的 A_0 是通道内的放大倍数，w_c 是上限或下限截止频率，在 w_c 处的放大倍数是通道放大倍数 A_0 的 $1/\sqrt{2}$ 倍，w_0 是中心频率，Q 是电路的品质因数。

4.11.4　设计实例

1. 二阶低通滤波器设计实例

压控电压源电路中集成运放为同相输入接法，因此滤波器的输入阻抗高，输出阻抗低，滤波器相当于一个电压源，故称压控电压源电路，特点是电能性能稳定，增益容易调节。压控电压源二阶低通滤波器如图 4.11.3 所示。

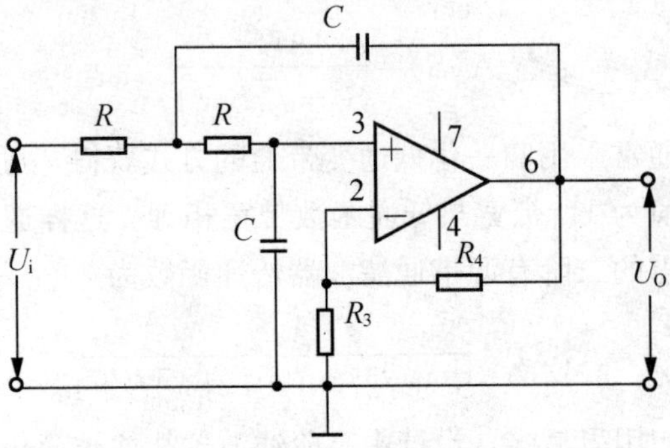

图 4.11.3　二阶压控电压源低通滤波器

其传递函数为

$$A(S)=\frac{A_0 w_c^2}{s^2+\frac{w_c}{Q}s+w_c^2}$$

式中，$w_c=\frac{1}{RC}$，$A_0=1+\frac{R_4}{R_3}$，$\frac{1}{Q}=3-A_0$

所以当 w_c 和 Q 已知时，则有 $RC=\frac{1}{w_c}$，$A_0=3-\frac{1}{Q}$，其中，$w_c=2\pi f_c$

例 1： 设计一个截止频率为 $f_c=3\text{kHz}$、$Q=2$ 的二阶有源低通滤波器。

因为低通滤波器在 -3dB 处的截止频率 $w_c=2\pi f_c$，则有

$$RC=\frac{1}{w_c}=\frac{1}{2\pi f_c}=\frac{1}{2\pi\times3\times10^3}=5.3\times10^{-5}$$

$$A_0=3-\frac{1}{Q}=3-\frac{1}{2}=2.5$$

若选 $C=0.1\mu\text{F}$，则 $R=530\Omega$；

因 $A_0=1+\frac{R_4}{R_3}=2.5$，所以$\frac{R_4}{R_3}=1.5$，若取 $R_3=10\text{k}\Omega$，$R_4=15\text{k}\Omega$。

例 2： 已知 $f_c=500\text{Hz}$，设计一个如图 4.11.3 电路形式的巴特沃斯二级低通滤波器。

通常 C 的容量在微法数量级，选 $C=0.047\mu\text{F}$，则 R 取值为

$$R=\frac{1}{Cw_c}=\frac{1}{0.047\times10^{-6}\times2\pi\times500}=6.776(\text{k}\Omega)$$

由图 4.11.3 的传递函数 $A(S)$取归一化复频率 $S=s/w_c$，并考虑 -3dB 截止频率 $w_c=w_n$，则

$$A(S)=\frac{A_0}{\left(\frac{s}{w_c}\right)^2+\frac{s}{Qw_c}+1}=\frac{A_0}{S^2+\frac{1}{Q}S+1}$$

对照表 4-11-1 二阶巴特沃斯滤波函数，有 $A(S)=\frac{A_0}{S^2+\frac{1}{Q}S+1}$，则

$$Q=\frac{1}{\sqrt{2}}，A_0=3-\frac{1}{Q}=1.586，R_4=0.586R_3。$$

另外，考虑运放两输入端电阻满足平衡条件，知

$R_4/\!/R_3=2R=2\times6.776=13.552\text{k}\Omega$，可得 $R_3=36.678\text{k}\Omega$，$R_4=21.493\text{k}\Omega$。

2. 二阶高通滤波器设计实例

图 4.11.4 为压控电压源二阶高通滤波器电路，其传递函数为

$$A(S)=\frac{A_0s^2}{s^2+\frac{w_c}{Q}s+w_c^2}$$

式中，$w_c=\frac{1}{RC}$，$A_0=1+\frac{R_4}{R_3}$，$Q=\frac{1}{3-A_0}$。

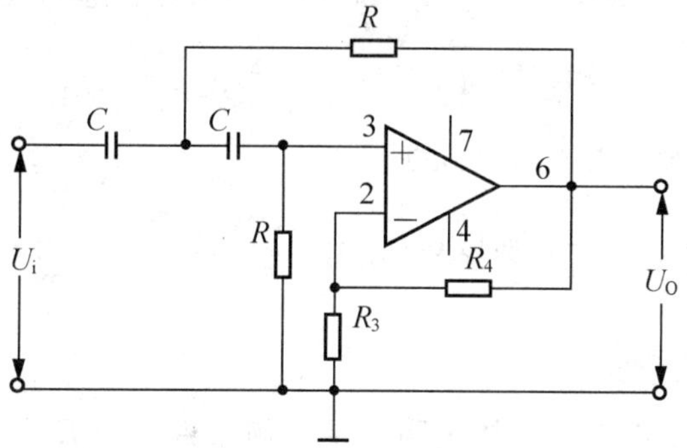

图 4.11.4　压控电压源二阶高通滤波器

例 3：设计一个截止频率为 $f_c=300\text{Hz}$，$A_0=2$ 的二阶有源高通滤波器。

因为高通滤波器在 -3dB 处的截止频率 $\omega_c=2\pi f_c$，则有

$$RC=\frac{1}{2\pi f_c}=\frac{1}{2\times3.14\times300}=5.3\times10^{-4}$$

若选 $C=6800\text{pF}$，则 $R=77.9\text{k}\Omega$，取 R 为 $82\text{k}\Omega$。

因 $A_0=1+\frac{R_4}{R_3}=2$，所以 $\frac{R_4}{R_3}=1$，考虑运放平衡条件，可取 $R_3=R_4=82\text{k}\Omega$。

3. 二阶带通滤波器设计实例

图 4.11.5 为压控电压源二阶带通滤波器电路，其传递函数为

$$A(S)=\frac{A_0\frac{w_0}{Q}s}{s^2+\frac{w_0}{Q}s+w_0^2}$$

式中，$w_0=\frac{1}{RC}$，$A_0=\frac{A_{VF}}{3-A_{VF}}$，$Q=\frac{1}{3-A_{VF}}$，$A_{VF}=1+\frac{R_5}{R_4}$。其中，$A_{VF}$小于3，电路才能稳定工作。

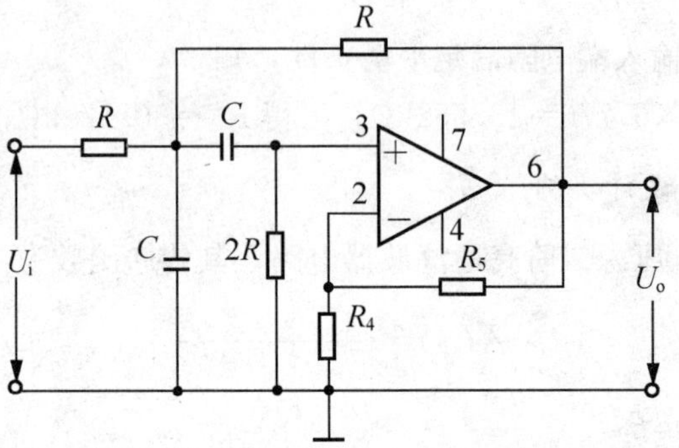

图 4.11.5　二阶压控电压源带通滤波器

例 4：设计一个 $f_0=1\text{kHz}$，$BW=100\text{Hz}$ 的二阶有源带通滤波器。

因为带通滤波器 $w_0=2\pi f_0$，则有 $RC=\frac{1}{2\pi f_0}=\frac{1}{2\times3.14\times10^3}=1.59\times10^{-4}$。

若取 $C=0.01\mu\text{F}$，则有 R 约为 $16\text{k}\Omega$。

因为 $BW=\frac{f_0}{Q}$，$Q=\frac{1}{3-A_{VF}}$；所以 $Q=\frac{f_0}{BW}=10$，$A_{VF}=3-\frac{1}{Q}=2.9$，$A_0=\frac{2.9}{3-2.9}=29$；$\frac{R_5}{R_4}=2.9-1=1.9$。

考虑与运放两输入端相连的外接电阻满足平衡条件，即 $R_5/\!/R_4=2R=32\text{k}\Omega$，可得 $R_4=48.8\text{k}\Omega$，$R_5=92.7\text{k}\Omega$。

4. 二阶带阻滤波器设计

图 4.11.6 为双 T 型带阻滤波器电路，其传递函数为

$$A(S)=\frac{A_0(s^2+w_0^2)}{s^2+\frac{w_0}{Q}s+w_0^2}$$

其中，$w_0=\frac{1}{RC}$，$A_0=1+\frac{R_5}{R_4}$，$Q=\frac{1}{2(2-A_0)}$

例 5：设计一个能抑制 50Hz 工频干扰信号的双 T 型陷波器，要求品质因素 $Q\geqslant10$。

因为带通滤波器 $w_0=2\pi f_0$，则有 $RC=\frac{1}{2\pi f_0}=\frac{1}{2\times3.14\times50}\approx3.18\times10^{-3}$。

若取 $C=0.1\mu\text{F}$，则有 R 为 $32\text{k}\Omega$。

因为$Q=\frac{1}{2(2-A_0)}\geqslant 10$，所以$A_0\geqslant 1.95$，则有$R_5\geqslant 0.95R_4$。

考虑$R_5//R_4=2R=64\text{k}\Omega$，则可取$R_4=130\text{k}\Omega$，$R_5=125\text{k}\Omega$。

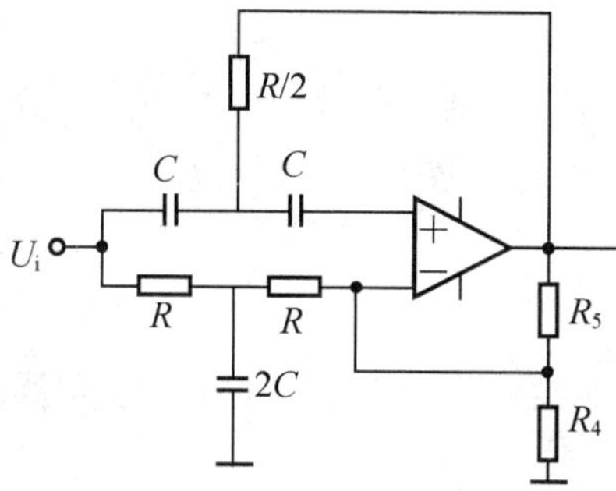

图 4.11.6　双 T 型陷波器

4.11.5　设计内容和要求

设计一个具有一定带宽的语音滤波器(提示：采用一级二阶低通与一级二阶高通级联)。

语音滤波器性能指标要求：

(1) 截止频率：$f_H=3000\text{Hz}$，$f_L=300\text{Hz}$；

(2) 增益：$A_V=10$；

(3) 阻带衰减速率：$-40\text{dB}/10$倍频程。

4.11.6　设计报告

(1) 确定设计方案。

(2) 简要说明工作原理。

(3) 电路设计与制作。

(4) 数据测试与分析。

(5) 结论(或结束语)。

4.12　函数发生器设计

4.12.1　实验目的

(1) 进一步熟悉采用面包板或多功能板搭建电路的技术。

(2) 掌握函数发生器的设计方法。

(3) 进一步熟悉常用电子仪器设备的使用。

(4) 完成函数发生器的调试与参数测试分析。

(5) 熟练使用 Multisim 仿真软件对电路进行设计仿真。

4.12.2 预习内容

(1) 预习函数发生器的基本工作原理。
(2) 预习函数发生器的设计、调试与参数测试方法。
(3) 采用 Multisim 仿真软件对函数发生器进行初步设计仿真。

4.12.3 实验内容

设计一个能产生方波、三角波和正弦波信号的函数发生器。具体原理框图如图 4.12.1 所示。

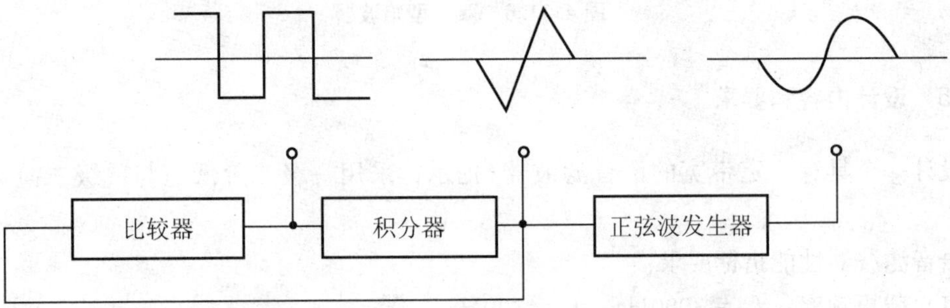

图 4.12.1 函数发生器组成框图

4.12.4 实验原理

函数发生器能自动产生正弦波、三角波、方波及锯齿波、阶梯波等电压波形。其电路中使用的器件可以是分立器件，也可以是集成电路(如 ICL8038)。本项目主要介绍由集成运放与晶体管差分放大器组成的方波—三角波—正弦波函数发生器。

产生正弦波、方波、三角波的方案有多种，如首先产生正弦波，然后通过整形电路将正弦波变换成方波，再由积分电路将方波变成三角波；也可以首先产生三角波—方波，再将三角波变成正弦波或将方波变成正弦波等。本项目采用先产生方波—三角波，再将三角波变换成正弦波的电路设计方法。

1. 方波—三角波产生电路

能自动产生方波—三角波的电路如图 4.12.2 所示。电路工作原理如下：运算放大器 U1 与 R_1、R_2 及 R_3、R_{P1} 组成电压比较器，R_1 称为平衡电阻，电压比较器输出 U_{o1} 的高电平等于正电源电压 $+V_{CC}$，低电平等于负电源电压 $-V_{EE}$($|+V_{CC}|=|-V_{EE}|$)，当电压比较器的 $U_+=U_-=0$ 时，比较器翻转，输出 U_{o1} 从高电平跳到低电平，或者从低电平跳到高电平。

运算放大器 U2 与 R_4、R_{P2}、C_1 及 R_5 组成反相积分器，其输入信号为方波 U_{o1}，则积分器的输出信号为 U_{o2}，方波信号经过积分器变换为三角波信号。

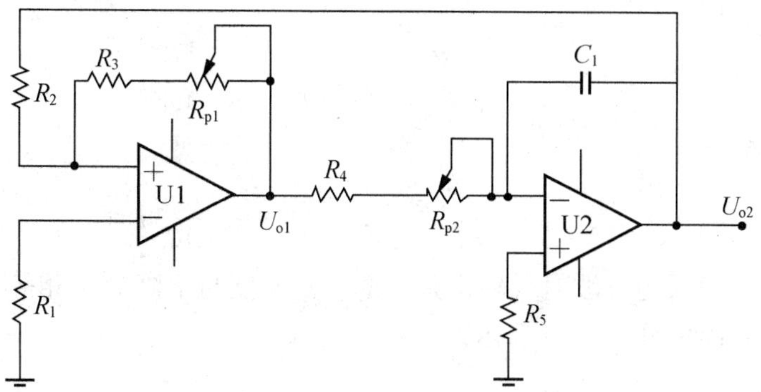

图 4.12.2　方波—三角波产生电路

根据叠加原理，运放 U1 同相端的电压为

$$U_+ = \frac{R_2}{R_2+R_3+R_{P1}}U_{o1} + \frac{R_3+R_{P1}}{R_2+R_3+R_{P1}}U_{o2}$$

因为电压比较器的输出电压 $U_{o1}=+V_{CC}$ 或 $U_{o1}=-V_{EE}$，假设积分开始时，积分电容的初始电压为零，即 $U_{o2}=0$，电压比较器的输出电压 $U_{o1}=+V_{CC}$ 时，

$$U_+ = \frac{R_2}{R_2+R_3+R_{P1}}(+V_{CC}) + \frac{R_3+R_{P1}}{R_2+R_3+R_{P1}}U_{o2}$$

经过积分器积分，积分器输出电压 U_{o2} 随时间向负向增加，U_+ 将随之减小，当减小到零时，比较器反转，输出端电压 U_{o1} 将从 $+V_{CC}$ 跳变到 $-V_{EE}$。

当 $U_{o1}=-V_{EE}$ 时，

$$U_+ = \frac{R_2}{R_2+R_3+R_{P1}}(-V_{EE}) + \frac{R_3+R_{P1}}{R_2+R_3+R_{P1}}U_{o2}$$

经过积分器积分，积分器的输出电压 U_{o2} 随时间向正向增加，U_+ 将随之增加，当增加到零时，比较器再次反转，输出端电压 U_{o1} 将从 $-V_{EE}$ 跳变到 $+V_{CC}$。

由以上公式可得比较器的电压传输特性，如图 4.12.3 所示。

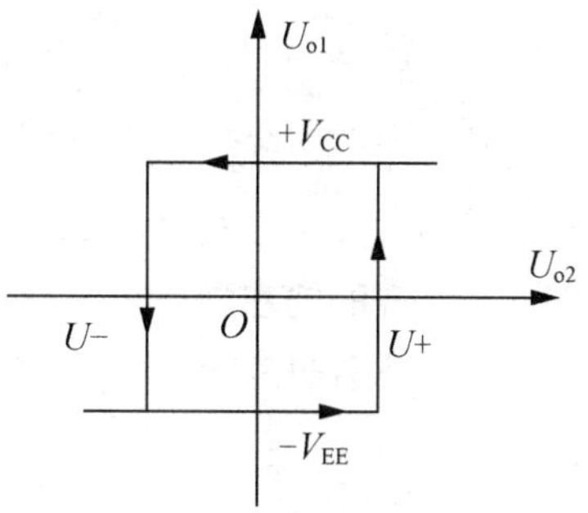

图 4.12.3　电压比较器传输特性

积分器的输出电压为

$$U_{o2} = \frac{-1}{(R_4+R_{P2})C_1}\int U_{o1}\,dt$$

当 $U_{o1}=+V_{CC}$ 时

$$U_{o2}=\frac{-(+V_{CC})}{(R_4+R_{P2})C_1}t=\frac{-V_{CC}}{(R_4+R_{P2})C_1}t$$

当 $U_{o1}=-V_{EE}$ 时

$$U_{o2}=\frac{-(-V_{EE})}{(R_4+R_{P2})C_1}t=\frac{V_{CC}}{(R_4+R_{P2})C_1}t$$

可见积分器的输入为方波时，输出是一个上升速度与下降速度相等的三角波，其方波—三角波波形关系图如 4.12.4 所示。

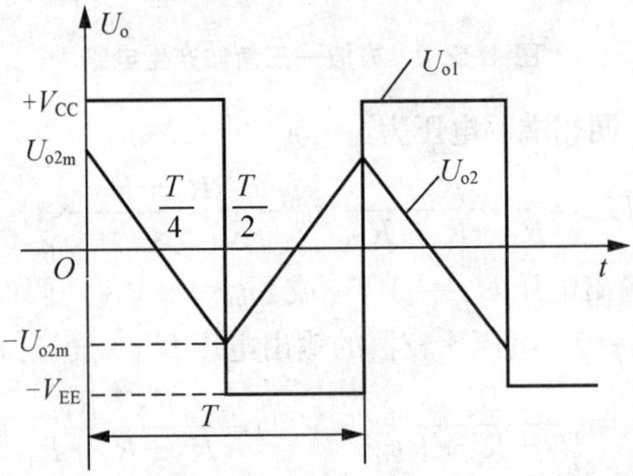

图 4.12.4 方波—三角波

比较器与积分器首尾相连，形成闭环电路，则自动产生方波—三角波。三角波的幅度为

$$U_{o2m}=\frac{R_2}{R_3+R_{P1}}V_{CC}$$

方波—三角波的频率

$$f=\frac{1}{T}=\frac{R_3+R_{P1}}{4R_2(R_4+R_{P2})C_1}$$

由以上两式可以得到如下结论。

(1) 方波的输出幅度应等于电源电压 $+V_{CC}$，三角波的输出幅度应为 $\frac{R_2}{R_3+R_{P1}}V_{CC}$。电位器 R_{P1} 可实现幅度微调，但也会影响方波—三角波的频率。

(2) 电位器 R_{P2} 在调整方波—三角波的输出频率时，不会影响输出波形的幅度。若要求输出频率的范围较宽，可用 C_1 改变频率的范围，R_{P2} 实现频率微调。

2. 三角波—正弦变换电路

波形变换的原理是：利用差分放大器传输特性曲线的非线性，将三角波变换为正弦波。传输特性曲线的表达式为

$$i_{C1}=\alpha i_{E1}=\frac{\alpha I_0}{1+e^{-v_{id}/U_T}}$$

式中 $\alpha=I_C/I_E\approx1$；I_0 为差分放大器的恒定电流；U_T 为温度的电压当量，当室温为 25℃

时，$U_T \approx 26\text{mV}$。

如果 v_{id} 为三角波，设表达式为

$$U_{id}=\begin{cases}\dfrac{4U_m}{T}\left(t-\dfrac{T}{4}\right) & \left(0\leqslant t\leqslant \dfrac{T}{2}\right)\\ \dfrac{-4U_m}{T}\left(t-\dfrac{3T}{4}\right) & \left(\dfrac{T}{2}\leqslant t\leqslant T\right)\end{cases}$$

式中 U_m 为三角波的幅度；T 为三角波的周期。根据上式得出

$$i_{C1}(t)=\begin{cases}\dfrac{\alpha I_0}{1+e^{\frac{-4U_m}{U_T T}\left(t-\frac{T}{4}\right)}} & \left(0\leqslant t\leqslant \dfrac{T}{2}\right)\\ \dfrac{\alpha I_0}{1+e^{\frac{4U_m}{U_T T}\left(t-\frac{3T}{4}\right)}} & \left(\dfrac{T}{2}< t\leqslant T\right)\end{cases}$$

由上式绘制出的曲线近似于正弦波，利用此曲线可进行三角波到正弦波变换。波形变化曲线如图 4.12.5 所示。为使输出波形更接近正弦波，要求：

（1）传输特性曲线越对称，线性区越窄越好。

（2）三角波的幅度 U_m 应正好使晶体管接近饱和区或截止区。

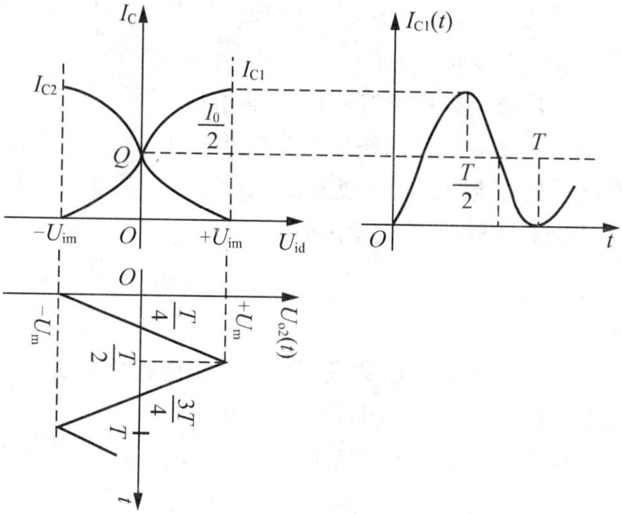

图 4.12.5　三角波—正弦波变换曲线图

实现三角波—正弦波变换的变换电路如图 4.12.6 所示。此电路为镜像恒流源差分变化电路，镜像恒流源的电流大小由 R_{P3} 调节。三角波信号由 U_i 输入，经变换的正弦波信号从 U_o 输出。其中 R_{P1} 调节三角波的幅度，R_{P2} 调整电路的对称性，其并联电阻 R_5 用来减小差分放大器的线性区。电容 C_1、C_2、C_3 为隔直电容。

3. 函数发生器的性能指标

一般函数发生器的性能指标有以下几方面。

（1）输出波形：正弦波、方波、三角波等。

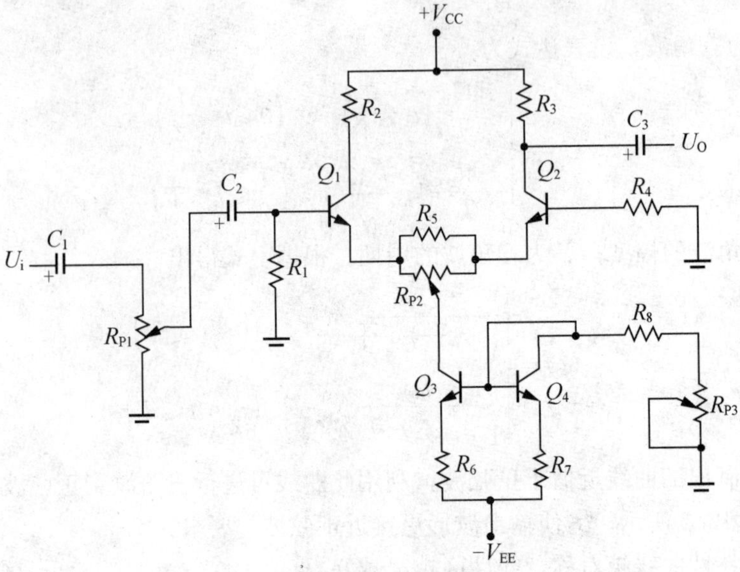

图 4.12.6　三角波—正弦波变换电路

(2) 频率范围：频率范围一般分为若干频段，例如 1～10Hz、10～100Hz、100～1kHz、1k～10kHz、10k～100kHz、100k～1MHz 等。

(3) 输出电压：一般指输出波形的峰峰值，即 $V_{p-p}=2V_m$。

(4) 波形特性：表征正弦波特性的参数是非线性失真 $\gamma\sim$，一般要求 $\gamma\sim<3\%$；表征三角波特性的参数是非线性系数 $\gamma\Delta$，一般要求 $\gamma\Delta<2\%$；表征方波特性的参数是上升时间 t_r，一般要求 $t_r<100$ns(1kHz，最大输出时)。

4.12.5　设计实例

设计一个方波—三角波—正弦波函数发生器。性能指标要求如下。

(1) 频率范围：1～10Hz，10～100Hz。

(2) 输出电压：方波 $V_{p-p}\leqslant 24$V，三角波 $V_{p-p}=8$V，正弦波 $V_{p-p}>6$V。

(3) 波形特性：方波 $t_r<30\mu$s，三角波 $\gamma\Delta<2\%$，正弦波 $\gamma\sim<5\%$。

1. 电路设计

1) 确定电路结构及电源电压

采用如图 4.12.7 所示电路，其中运放 U1A、U1B 用一只双运放 TL062，差分放大器采用晶体管单端输入—单端输出差分放大器。因为方波的幅度接近电源电压，所以取电源电压 $+V_{CC}=+12$V，$-V_{EE}=-12$V。

2) 电路元件参数计算

由上式得

$$\frac{R_2}{R_3+R_{P1}}=\frac{U_{o2m}}{V_{CC}}=\frac{4}{12}=\frac{1}{3}$$

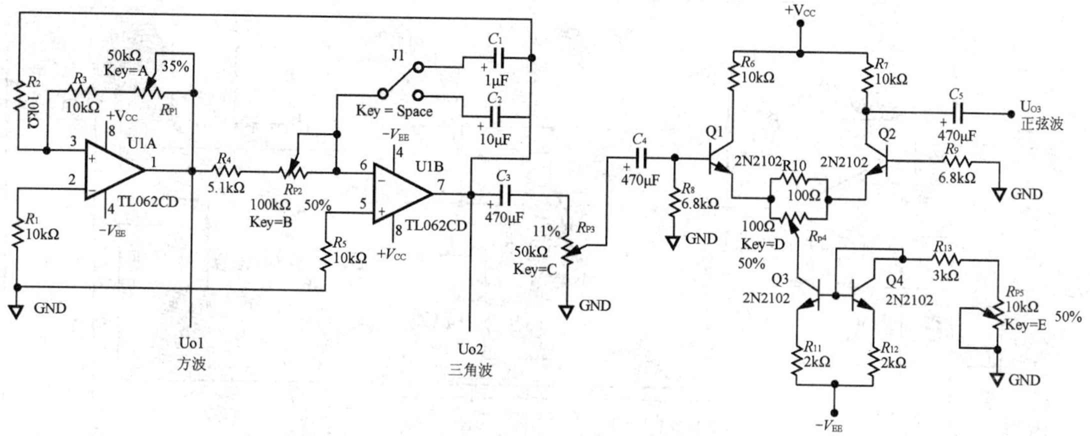

图 4.12.7　三角波—方波—正弦波函数发生器试验电路

取 $R_2=10\text{k}\Omega$，取 $R_3=10\text{k}\Omega$，$R_{P1}=50\text{k}\Omega$。平衡电阻 $R_1=R_2/\!/(R_3+R_{P1})\approx10\text{k}\Omega$。
由输出的频率表达式得

$$R_4+R_{P2}=\frac{R_3+R_{P1}}{4R_2C_2f}$$

当 $1\text{Hz}\leqslant f\leqslant10\text{Hz}$ 时，取 $C_2=10\mu\text{F}$，取 $R_4=5.1\text{k}\Omega$，R_{P2} 为 $100\text{k}\Omega$。
当 $10\text{Hz}\leqslant f\leqslant100\text{Hz}$ 时，取 $C_1=1\mu\text{F}$ 以实现频率波段的转换，R_4 及 R_{P2} 的取值不变，取平衡电阻 $R_5=10\text{k}\Omega$。

三角波→正弦波变换电路的参数选择原则是：隔直电容 C_3、C_4、C_5 要取得较大，因为信号输出频率很低，取 $C_3=C_4=C_5=470\mu\text{F}$，$R_{10}=100\Omega$ 与 $R_{P4}=100\Omega$ 相并联，以减小差分放大器的线性区。差分放大器的几个静态工作点可通过观测传输特性曲线，调整 R_{P4} 及电阻 R_{P5} 来确定。

3）采用 Multisim 软件对电路进行仿真

通过调整电位器 R_{P1} 来主要调节三角波信号输出幅度，调节电位器 R_{P2} 可主要调节方波、三角波信号的输出频率，调节电位器 R_{P3} 可调节输出正弦信号的非线性特性。如图 4.12.8 所示仿真电路进过参数调整后，仿真输出波形如图 4.12.9 所示，输出波形电压分别为：方波 $V_{p-p}=24\text{V}$，三角波 $V_{p-p}=8\text{V}$，正弦波 $V_{p-p}=10\text{V}$；输出波形频率为 12.5Hz，如果开关 J1 切换到 C2 上，则输出波形频率为 1.25Hz。

2. 电路安装与调试技术

1）方波—三角波发生器的装调

由于比较器 U1A 与积分器 U1B 组成正反馈闭环电路，同时输出方波与三角波，这两个单元电路可以同时安装。需要注意的是，安装电位器 R_{P1} 与 R_{P2} 之前，要先将其调整到设计值，如设计举例题中，应先使 $R_{P1}=10\text{k}\Omega$，R_{P2} 取(2.5～70)kΩ 内的任一值，否则电路可能会不起振。只要电路接线正确，上电后，U_{o1} 的输出为方波，U_{o2} 的输出为三角波，微调 R_{P1}，使三角波的输出幅度满足设计指标要求有，调节 R_{P2}，则输出频率在对应波段内连续可变。

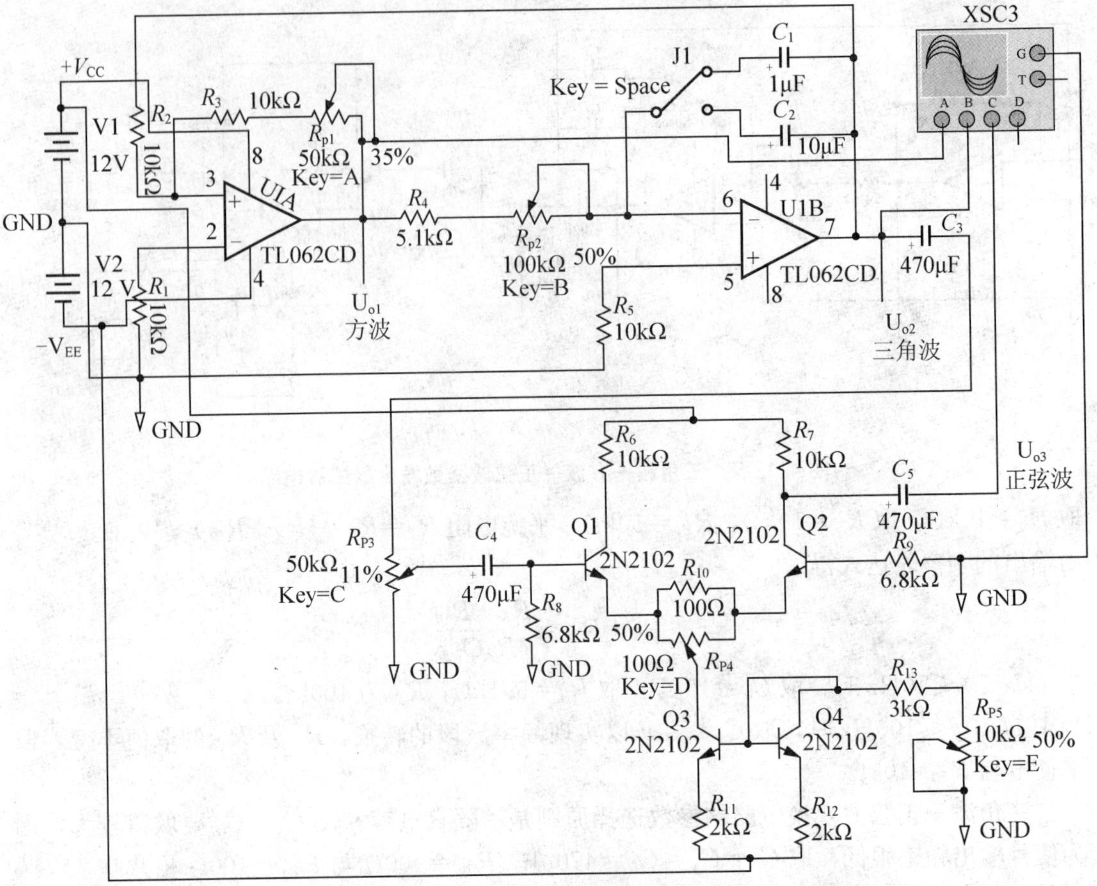

图 4.12.8　方波、三角波和正弦波函数发生器仿真电路图

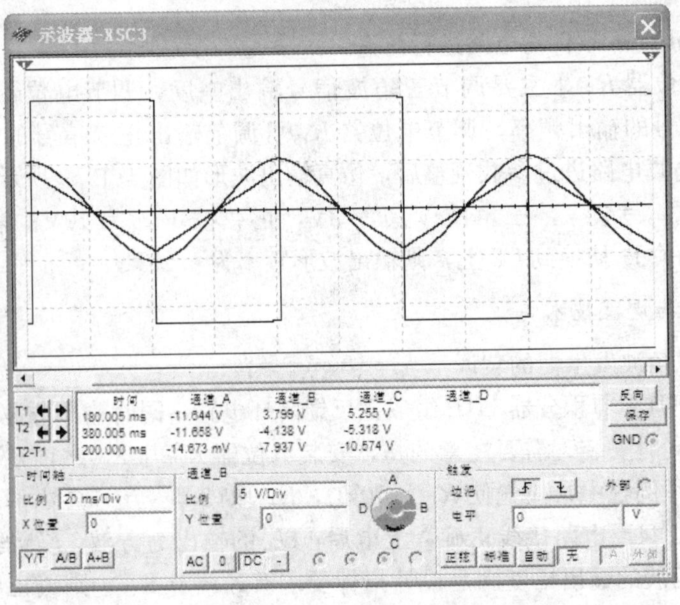

图 4.12.9　方波、三角波和正弦波函数发生器仿真波形图

2）三角波—正弦波变换电路的装调

三角波—正弦波变换电路，电路的调试步骤如下。

(1) 经电容 C_4 输入差模信号电压 $V_{id}=50mV$，$f_i=10Hz$ 正弦波。调节 R_{P4} 及 R_{P5}，使传输特性曲线对称。在逐渐增大 V_{id} 直到传输特性曲线形状入图 4.12.5 所示，记下次时对应的峰值即 V_{idm} 值。移去信号源，再将 C_4 左端接地，测量差分放大器的静态工作点 I_o、V_{Q1C}、V_{Q2C}、V_{Q3C}、V_{Q4C}。

(2) R_{P3} 与 C_4 连接，调节 R_{P3} 使三角波输出幅度经 R_{P3} 等于 V_{idm} 值，这时 U_{o3} 的输出波形应接近正弦波，调节 R_{P1} 大小可改善输出波形。如果 U_{o3} 的波形出现如图 4.12.10 所示的几种正弦波失真，则应调节和改善参数，产生失真的原因及采取的措施有：

① 钟形失真如图 4.12.10(a)所示，传输特性曲线的线性区太宽，应减小 R_{10}。

② 半波圆定或平顶失真如图 4.12.10(b)所示，传输特性曲线对称性差，工作点 Q 偏上或偏下，应调整电阻 R_{P5}。

③ 非线性失真如图 4.12.10(c)所示，三角波传输特性区线性度差引起的失真，主要是受到运放的影响。可在输出端加滤波网络改善输出波形。

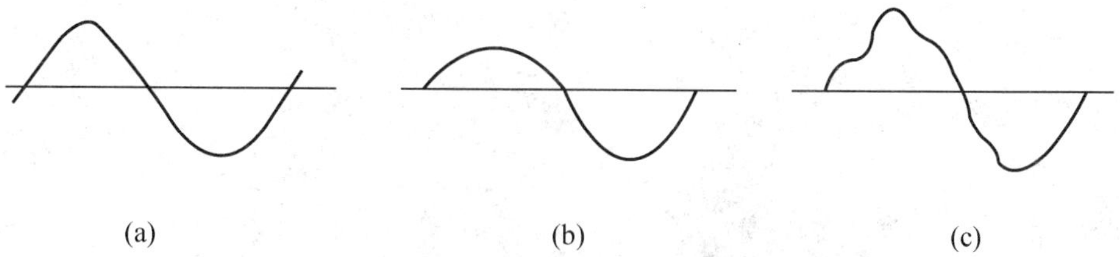

图 4.12.10 波形失真现象

3. 误差分析

(1) 方波输出电压 $U_{P-P}\leqslant 2V_{CC}$，是因为运放输出极由 NPN 型或 PNP 型两种晶体组成复合互补对称电路，输出方波时，两管轮流截止与饱和导通，由于导通时输出电阻的影响，使方波输出度小于电源电压值。

(2) 方波的上升时间 t_r，主要受预算放大器转换速率的限制。如果输出频率较高，可接入加速电容 C_1，一般取 C_1 为几十皮法。用示波器或脉冲示波器测量 t_r。

4.12.6 设计要求

设计一个方波—三角波—正弦波函数发生器，性能指标要求如下。

(1) 频率范围：100Hz～1kHz。

(2) 输出电压：方波 $V_{p-p}\leqslant 24V$，三角波 $V_{p-p}=6V$，正弦波 $V_{p-p}>4V$。

(3) 波形特性：方波 $t_r<30\mu s$(1kHz，最大输出时)，三角波 $\gamma\Delta<2\%$，正弦波 $\gamma\sim<5\%$。

4.12.7 设计报告

(1) 确定设计方案。
(2) 简要说明工作原理。
(3) 电路设计与制作。
(4) 数据测试与分析。
(5) 结论(或结束语)。

第5章

模拟电路课程设计

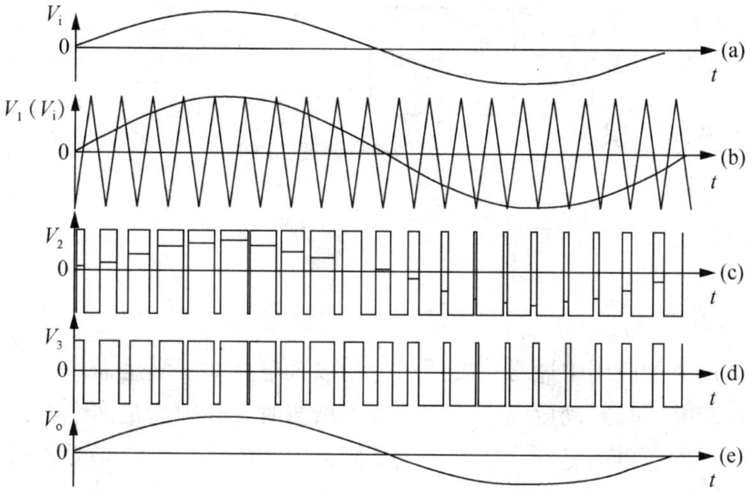

5.1　微弱信号调理电路设计

5.1.1　实验目的

（1）熟悉掌握一些基本器件的应用。

（2）熟悉多功能板的焊接工艺技术和电子线路系统的装调技术。

（3）熟悉仪表放大器的基本工作原理及应用。

（4）熟悉常用仪器的使用及测量方法。

（5）完成微弱信号调理电路的设计和制作。

5.1.2　预习内容

（1）预习各类仪表放大器的基本工作原理。

（2）了解微弱信号的处理方法。

（3）思考微弱信号调理电路的设计方法和装调技术。

（4）采用 Multisim 仿真软件对仪表放大器和滤波电路进行初步仿真。

5.1.3 实验内容

设计制作一个能对微弱直流信号或超低频小信号进行放大调理的电路，以便于后续测量。微弱信号调理电路框图如图 5.1.1 所示。

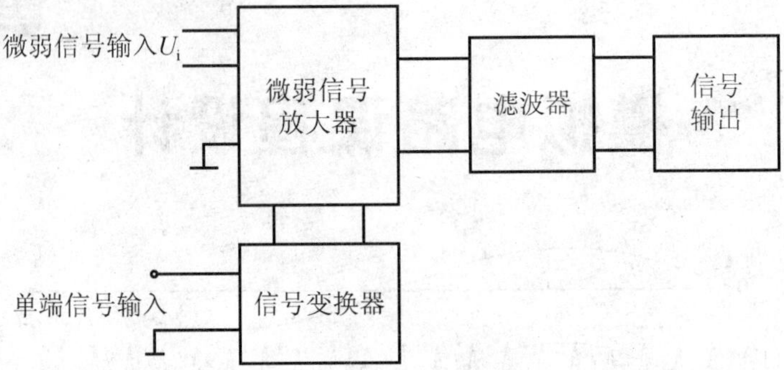

图 5.1.1　微弱信号调理电路框图

5.1.4 实验原理

1. 仪表放大器

在一般信号放大的应用中通常只要通过差动放大电路即可满足需求，然而基本的差动放大电路精密度较差，且差动放大电路调节放大增益时，必须满足两个电阻，影响整个信号放大精确度的因素就更加复杂。仪表放大器则无上述的缺点，它是微弱信号放大电路的首选。

图 5.1.2 所示仪表放大电路是由三个放大器所共同组成的，其中电阻 R 与 R_x 用来调整放大的增益值，其关系式如式(1)所示，唯须注意避免每个放大器的饱和现象(放大器最大输出为其工作电压 V_{CC})。一般而言，上述仪表放大器都有包装好的成品可以买到，我们只需外接一个电阻 R_x，依照其特有的关系式调整至所需的放大倍率即可。

$$G=\frac{2R}{R_x}+1 \tag{1}$$

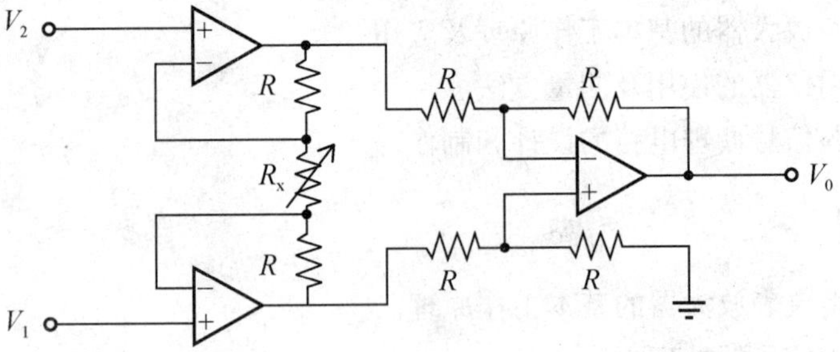

图 5.1.2　仪表放大电路原理示意图

常用仪表放大器很多，如高精度仪表放大器有：AD524、AD624、AD625、AD8225、

AMP04、INA101、INA115、LT1101、MAX4195 等；低功耗仪表放大器有：AD620、AD627、INA102、INA126 等；低噪声、低失真仪表放大器有：AMP01、INA166、INA217 等。下面介绍一款低功耗仪表放大器 AD620。

AD620 为一个低成本、高精度的单片仪器放大器，为 8 脚 DIP 或 SOIC 封装。AD620 的单片结构和激光晶体调整，允许电路元件紧密匹配和跟踪，从而保证电路固有的高性能。D620 为三运放集成的仪表放大器结构，为保护增益控制的高精度，其输入端的三极管提供简单的差分双极输入，并采用 B 工艺获得更低的输入偏置电流，通过输入级内部运放的反馈，保持输入三极管的集电极电流恒定，并使输入电压加到外部增益控制电阻 R_G 上。AD620 的两个内部增益电阻为 24.7kΩ，因而增益方程式为：

$$G=\frac{49.4\text{k}\Omega}{R_G}+1 \tag{2}$$

对于所需的增益，则外部控制电阻值为：

$$R_G=\frac{49.4\text{k}\Omega}{G-1} \tag{3}$$

外部增益控制电阻值 R_G 也决定前置放大器的跨导，当 R_G 减小时，由式(2)可知可编程的增益增加，开环增益随之增加；反之当 R_G 增大时则增益降低，并且降低了增益误差，同时带宽也随之增加，因而优化了频率响应。另一方面，AD620 的低输入电压噪声在 1kHz 时为 9nV/Hz，在 0.1Hz 到 10Hz 频带时为 0.28μVp－p，电流噪声仅为 0.1pA/Hz，因而在精确测量系统中，应用 AD620 设计电路是非常理想的。

1）特点

单电阻设置增益范围：1～1000

宽电源范围：±2.3V～±18V

低功耗：最大电源电流 1.3mA

输入失调电压：最大 50μV

输入失调漂移：0.6μV/℃

输入偏置电流：最大 1nA

带宽：120kHz($G=100$)

最小共模抑制比：100dB($G=10$)

2）引脚功能

AD620 仪表放大器的外围引脚图如图 5.1.3 所示。其中 1、8 脚需跨接一电阻 R_G 来调整放大倍率，4、7 脚需提供正负相等的工作电压，由 2、3 脚接输入的放大的电压即可从 6 脚输出放大后的电压值。5 脚则是参考基准，如果接地则第 6 脚的输出为与地之间的相对电压。AD620 的放大增益关系如式(2)、式(3)所示，由此二式即可推算出各种增益所要使用的电阻值 R_G。

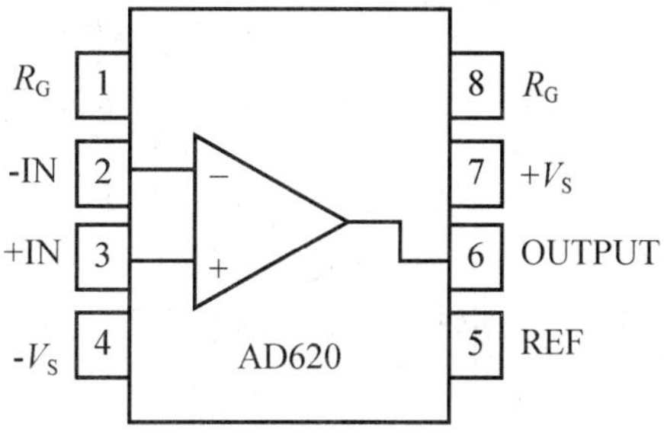

图 5.1.3　AD620 引脚图

3）实际应用

AD620 由于体积小、功耗低、噪声小及供电电源范围广等特点，使其特别适用于诸如称重、心电图监测仪、精密电压电流转换、数据采集系统、电源适配器等应用场合。

（1）压力传感器电路。

AD620 特别适宜于较高电阻值、较低电源电压的压力传感器电路设计。AD620 的体积小、功耗低成为压力传感器的重要因素，图 5.1.4 为 3kΩ、＋5V 电源供电的压力传感器电桥。在这样一个电路中，电桥功耗仅为 1.7mA，AD620 和 AD705 缓冲电压驱动器对信号调节，使总供电电流仅为 3.8mA，同时该电路产生的噪声和漂移也极低。

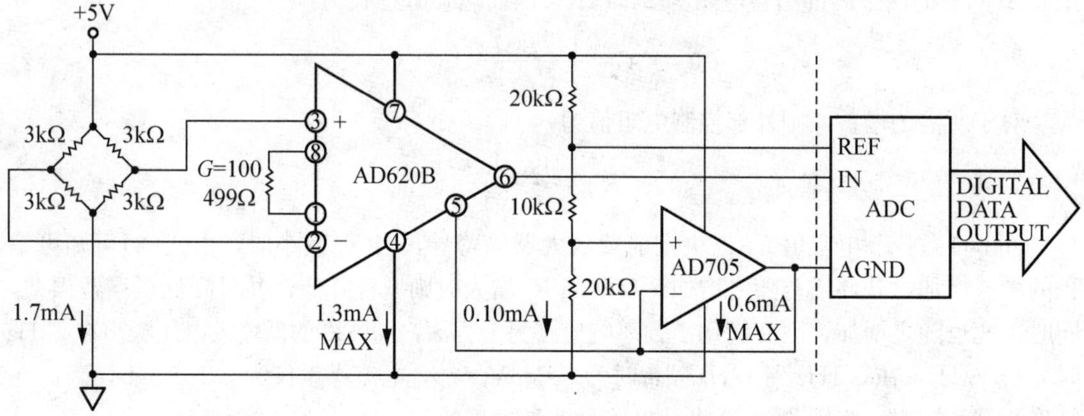

图 5.1.4　压力检测器电路

（2）心电图监测电路。

在心电图监测电路设计中，信号的源阻抗极高、器件的便携特点要求用低功耗、供电电压的放大器进行设计，而 AD620 正是这种器件的最佳选择。图 5.1.5 为心电图监测电路中 AD620 的应用情况。而且 AD620 的低电压噪声改善了动态范围，使监测电路具有较好的性能，为了维持图中驱动环路的稳定性，应使电容 C_1 选择适当的值。

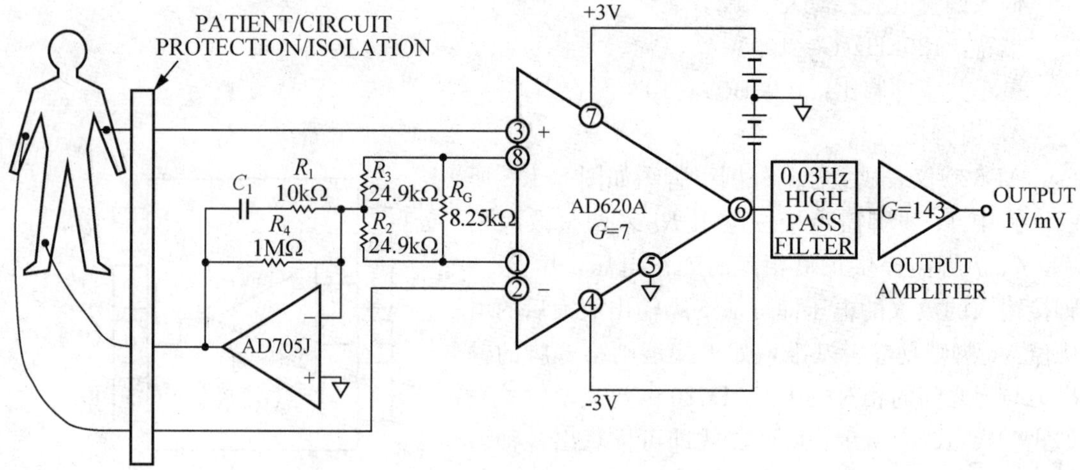

图 5.1.5　心电图监测电路

(3) 精密电压电流转换器。

AD620 与一运放组合可以设计成一个精密电压电流转换器，通过 AD705 对 AD620 的参考端进行缓冲，使之保持优良的共模抑制，AD620 的 V_x 通过 R_1 电阻转换为电流，此电流小到仅为运算放大器 AD705 的输入偏置电流，然后流出到负载，电路如图 5.1.6 所示。

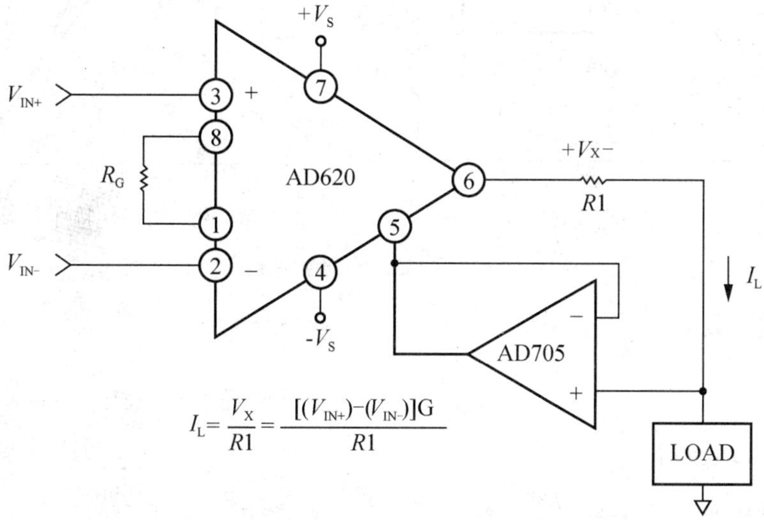

图 5.1.6　精密电压电流转换

在仪表放大器的电路设计中，尚有一些实际问题需要进行考虑，主要有以下几点。

① AD620 的增益是通过改变编程电阻 R_G来实现的，为了使 AD620 设计提供精确增益，应使用 0.1%～1%误差的电阻，同时为了保持增益的高稳定性，避免高的增益漂移，应选择低温度系数的电阻。

② 为获得较高的共模抑制比(CMR)，参考端应连接于低阻抗点，因为 AD620 的输出电压与参考端的电位有关，它能够通过简单地将参考端连接到“局部地”来提高共模抑制比，并使两输入端的输入电容与输入电阻差异为最小。在多数情况下，输入信号以屏蔽电缆馈入，并提供专门的驱动。

③ 在许多数据采集系统中，通常有模拟地和数字地的问题。由于电流通过接地线和印刷电路板中的电流能产生几百毫伏的误差，所以为了达到模拟与数字噪声的隔离，应采用分立的接地回路，使敏感点到系统接地的流过电流为最小，这些接地回路必须在某些点连接在一起。

2. 二阶低通滤波器

低通滤波器(LPF)用来通过低频信号，衰减或抑制高频信号。

图 5.1.7(a)为典型的二阶有源低通滤波器。它由两级 RC 滤波环节与同相比例运算电路组成，其中第一级电容 C 接在输出端，引入适量的正反馈，以改善幅频特性。其幅频特性如图 5.1.7(b)所示。

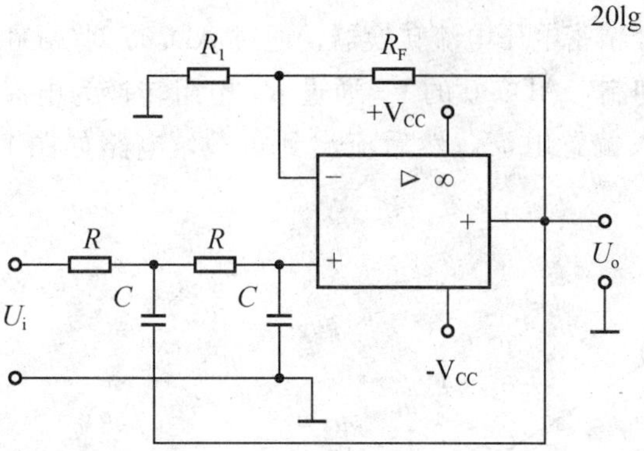

(a) 电路图

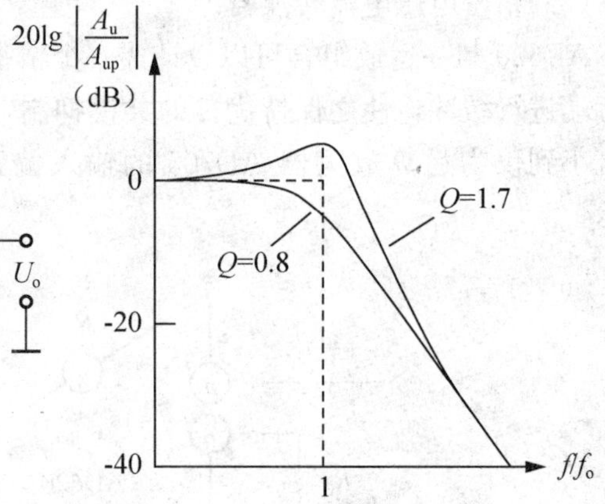

(b) 频率特性

图 5.1.7 二阶低通滤波器

它的传递函数为

$$G(s)=\left(1+\frac{R_F}{R_1}\right)\times\frac{1}{1+3sRC+(sRC)^2}$$

电路性能参数如下。

(1) 通带增益：$A_{up}=1+\dfrac{R_F}{R_1}$。

(2) 截止频率：$f_c=\dfrac{1}{2\pi RC}$。

(3) 品质因素：$Q=\dfrac{1}{3-A_{up}}$。

3. 带阻滤波器

带阻滤波器和带通滤波器相反，即在规定的频带内，信号不能通过(或受到很大衰减或抑制)，而在其余频率范围，信号则能顺利通过。

典型的带阻滤波器可以在双 T 网络后加一级同相比例运算电路构成，如图 5.1.8(a)所示。图 5.1.8(b)为二阶带阻滤波器的幅频特性曲线。

它的传递函数为

$$G(s)=A_{up}(s)\cdot\frac{1+(sRC)^2}{1+2\left[2-A_{up}(s)\right]sRC+(sRC)^2}$$

电路性能参数如下。

(1) 通带增益：$A_{up}=1+\dfrac{R_F}{R_1}$。

(2) 截止频率：$f_c=\dfrac{1}{2\pi RC}$。

(3) 带阻宽度：$B=2(2-A_{up})f_o$。

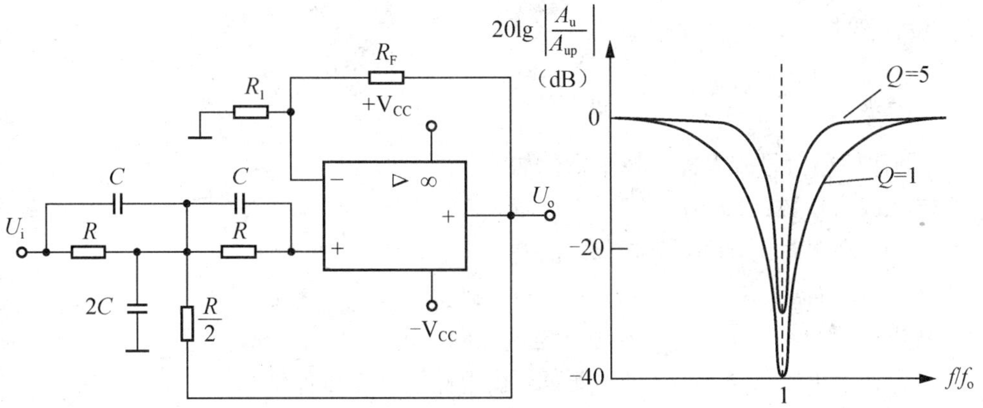

(a) 电路图　　　　　　(b) 频率特性

图 5.1.8　二阶带阻滤波器

(4) 品质因素：$Q=\dfrac{1}{2(2-A_{up})}$。

4. 电压比较器

电压比较器是对集成运放的非线性应用，它将一个模拟量电压信号与一个参考电压进行比较，输出一个高电平或低电平信号。它可用于模拟与数字信号转换场所。

图 5.1.9(a)所示为一最简单的电压比较器，U_R为参考电压，输入电压U_i加在反相输入端。图 5.1.9(b)为图 5.1.9(a)比较器的传输特性，表示输出电压与输入电压之间的关系。

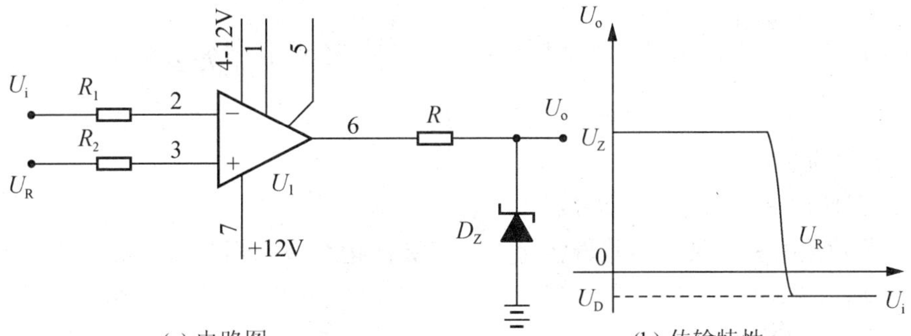

(a) 电路图　　　　　　(b) 传输特性

图 5.1.9　电压比较器

当$U_i<U_R$时，运放输出高电平，稳态管D_Z反向稳压工作。输出端电位被其箝位在稳压管的稳定电压U_Z，即：$U_o=U_Z$。

当$U_i>U_R$时，运放输出低电平，D_Z正向导通，输出电压等于稳压管的正向压降U_D，即$U_o=U_D$。

因此，以U_R为界，当输入电压U_i变化时，输出端反映出两种状态：高电位和低电位。

5.1.5 设计要求

1. 基本要求

(1) 制作微弱信号放大器，技术指标如下。

① 电压放大倍数：1000；误差：±5%。

② −3dB 高频截止频率：200Hz；误差：±10Hz。

③ 50Hz 滤波器误差：±5Hz。

④ 共模抑制比：≥ 60dB(共模输入电压范围：±7.5V)。

⑤ 差模输入电阻：≥2MΩ(可不测试，由电路设计予以保证)。

⑥ 输出电压动态范围：±10V。

(2) 设计信号变化器对微弱信号放大器通频带和滤波器的滤波特性进行测量。输入正弦波信号 10mV 时，能用示波器清晰地测量输出信号不失真波形。

2. 发挥部分

(1) 自制电桥测量微弱信号放大器的直流放大特性。

(2) 将微弱信号放大器−3dB 高频截止频率扩展到 500Hz，并且能达到基本要求(2)的效果。

(3) 电压放大倍数可以分档切换调节(手动或自动调节)。

(4) 实际测试微弱信号时，放大器的等效输入噪声(包括 50Hz 干扰)：<400μV(峰-峰值)，且输出信号清晰稳定。

5.1.6 设计实例

只给出微弱信号放大器的设计参考方案，滤波器部分和信号变换器部分略。

1. 方案选择与论证

1) 放大器选择

方案一：使用一般运算放大器 OP07。

OP07 芯片是一种低噪声、非斩波稳零的双极性运算放大器集成电路。由于 OP07 具有非常低的输入失调电压(对于 OP07A 最大为 25μV)，所以 OP07 在很多应用场合不需要额外的调零措施。OP07 同时具有输入偏置电流低(OP07A 为±2nA)和开环增益高(对于 OP07A 为 300V/mV)的特点，这种低失调、高开环增益的特性使得 OP07 特别适用于高增益的测量设备和放大传感器的微弱信号等方面。

方案二：使用仪表放大器 AD620。

AD620 由于具有很高的精度(最大非线性为 40ppm，最大值失调电压为 50μV，最大失调漂移为 0.6μV/℃)，因此，把它用于精确的数据采集系统(如称重和传感器接口)是比较理想的。而且，由于 AD620 的低噪音、低输入偏置电流和低功耗的特性。AD620 只需一个外接电阻就能实现对信号 1～1000 的增益电路简单应用。

考虑到电路对信号放大倍数和精密度的要求，我们选择方案二。

2）量程切换电路设计

方案一：利用移位寄存器74LS194和继电器组合。74LS194能够实现信号变化时改变输出，实现选择继电器的目的，但是电路比较复杂，继电器也比较大，切换有很大的延迟，不能满足在尽可能短的时间内稳定信号的要求。

方案二：利用加减可分别控制同步计数器74LS192和四通道模拟开关CD4052组合。这样的组合能够和前级电路实现很好的连接模拟开关的快速切换，要比继电器好很多。

综上所述，所以我们选择方案二。

3）比较电路设计

比较电路采用两片LM311组合成一组单输入双输出的双限比较器。门限电压可调1～15V。

4）脉冲电路设计

方案一：利用L-C震荡电路设计一个脉冲发生器，这样做成本很低，但是电路很不稳定。

方案二：利用555芯片构成一个脉冲发生器。此种方案能够实现对脉冲信号的频率、幅度进行控制，产生的脉冲也比较精确，电路简单。

综上所述，我们采用方案二。

2. 工作原理

系统工作原理为输入信号输入AD620先进行一级预放大1000倍，将放大后的电压输入比较电路，当输出信号在门限电压内时计数器不工作，当输出信号在门线电压外时计数器进行循环加计数。利用NE555的脉冲信号控制计数器，计数器直接控制模拟开关CD4052。选通相应的通道实现四级放大倍数的自动切换。

3. 硬件设计

1）仪表放大器

使用仪表放大器AD620进行信号放大处理。原理如图5.1.10所示。

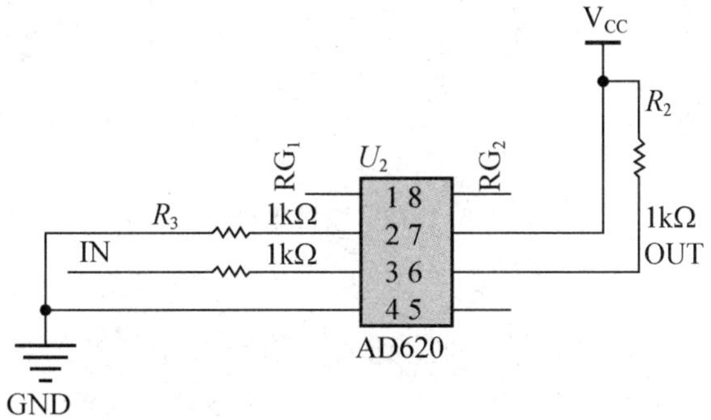

图5.1.10　放大电路

2）脉冲信号发生器

采用 NE555 定时电路产生脉冲信号，原理如图 5.1.11 所示。

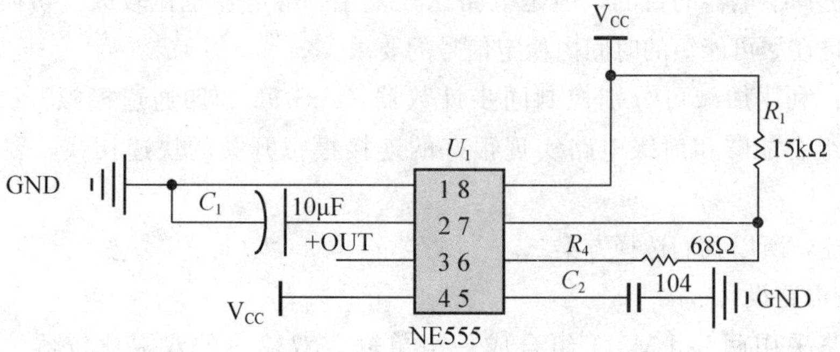

图 5.1.11　NE555 定时电路

3）比较器

采用 LM311 构成的双限比较器，能够在 1～15V 的范围内调节比较电压的范围。原理如图 5.1.12 所示。

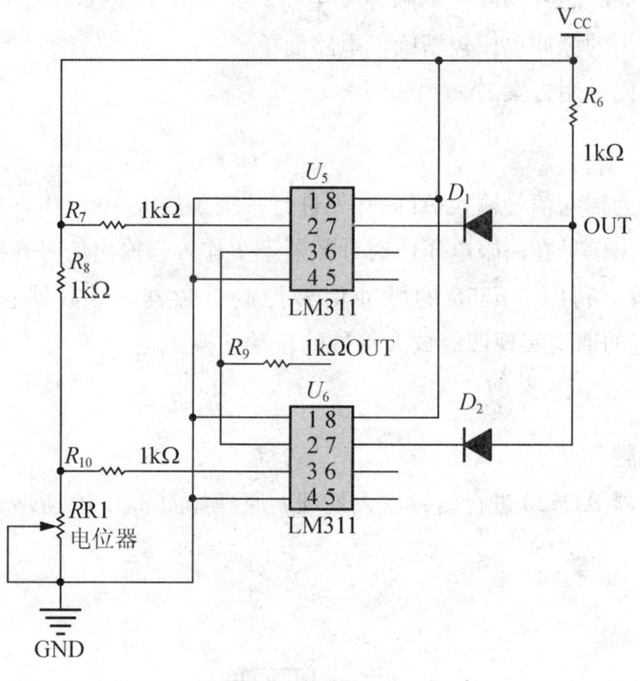

图 5.1.12　双限比较器

4）量程选择电路

通过模拟开关选择合适的电位器来达到放大倍数自动切换的目的。原理如图 5.1.13 所示。

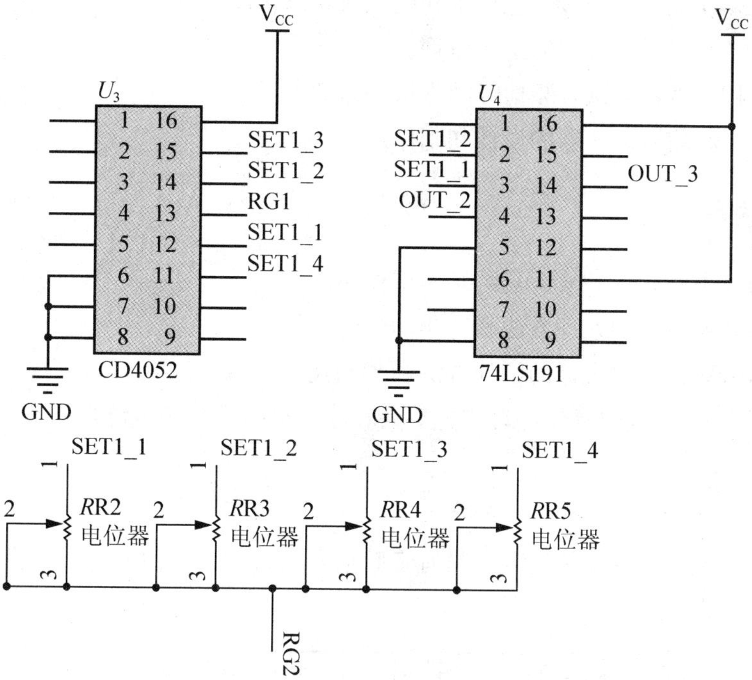

图 5.1.13 量程控制电路

4. 数据测试与结果分析

门限电压设为 2～12V 时的测量数据见表 5-1-1。

表 5-1-1 仪表放大器程控放大数据表

实际输入电压	10mV	20mV	50mV	100mV	0.5V	1V
放大倍数	1000	100	100	100	10	5
输出电压/V	10	2	5	10	5	5

5. 结论

本实验原理参照 TI 公司芯片 PGA202 可编程放大器原理，利用计数器和模拟开关实现数字电路对量程的控制，设计此电路能深刻体会到模拟电路和数字电路在电路设计中的重要地位。

5.2 音频信号放大器设计

5.2.1 实验目的

（1）熟悉掌握一些基本器件的应用。

(2) 熟悉多功能板的焊接工艺技术和电子线路系统的装调技术。

(3) 熟悉音频信号放大器的工作原理。

(4) 掌握用示波器测试音频信号的方法。

(5) 完成音频信号放大器的设计和制作。

5.2.2 预习内容

(1) 预习各类音频信号放大器的基本工作原理。

(2) 分析音频信号的处理方法和音频功放的性能特点。

(3) 思考音频信号放大器的设计方法和装调技术。

(4) 采用 Multisim 仿真软件对前置放大和滤波电路进行初步仿真。

5.2.3 实验内容

设计一个音频信号放大器，要求具有音频信号放大、音频信号滤波、音调控制、功率放大等功能。其框架如图 5.2.1 所示。

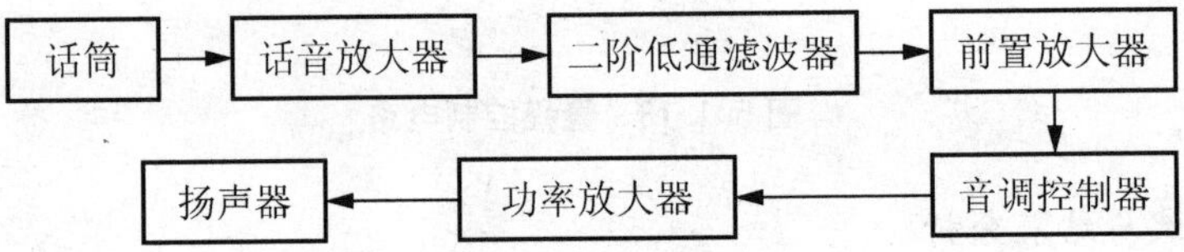

图 5.2.1 音频信号放大器原理框图

5.2.4 实验原理

1. 前置放大器的设计

1) 语音放大器

由于话筒的输出信号一般只有 5mV 左右，而输出阻抗达到 20kΩ(亦有低输出阻抗的话筒如 20Ω，200Ω 等)，所以话音放大器的作用是不失真地放大声音信号(最高频率达 10kHz)，且其输入阻抗远大于话筒的输出阻抗。

2) 前置放大器

前置放大器的作用是对语音信号进一步放大，用来弥补低通滤波器对信号的衰减。

3) 参考电路

单电源供电的音频信号放大器如图 5.2.2 所示，运放采用同相比例放大，故输入阻抗高，其输入与输出电压关系如下：

$$U_o=\left(\frac{R_3}{R_4}+1\right)U_i \tag{1}$$

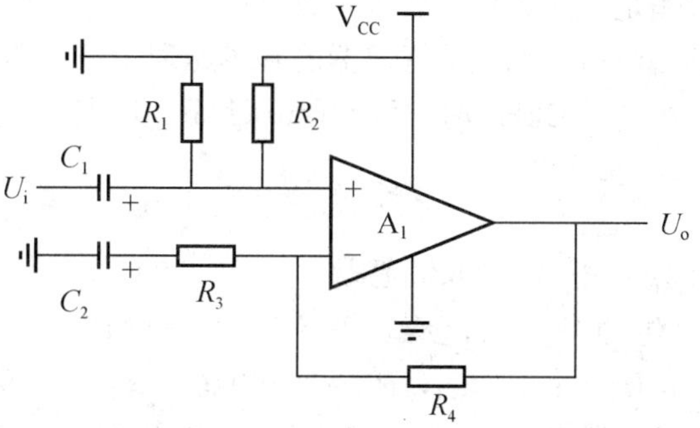

图 5.2.2 音频放大器

2. 二阶低通滤波器设计

音频信号的频率为 20Hz～20kHz，由于话音放大器中的电容具有高通的效果，而且截止频率满足 20Hz 的要求，为了防止大于 20kHz 的高频干扰，故这里只需要设计一个截止频率为 20kHz 的低通滤波器。在本设计中采用二阶有源 RC 低通滤波器。

1）性能参数

如图 5.2.3 所示的是根据巴特沃斯平坦响应设计的二阶有源 RC 低通滤波器，其中运放为同相输入，输入阻抗很高，输出阻抗很低，滤波器相当于一个电压源，故称无限电压控制电压源电路。其优点是电路性能稳定，增益容易调节。

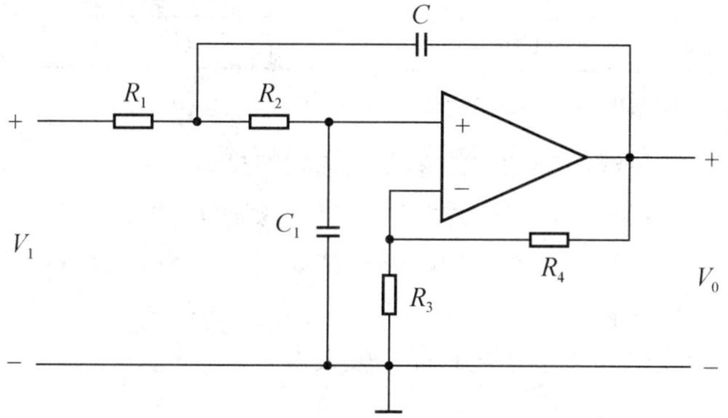

图 5.2.3 二阶有源 RC 低通滤波器

其性能参数如下。

截止频率 w_c：

$$w_c{}^2=\frac{1}{R_1R_2CC_1} \tag{2}$$

增益：

$$A_v=1+\frac{R_4}{R_3} \tag{3}$$

2）设计举例

设计一个二阶压控电压源低通滤波器，要求截止频率为 $f_c=2\text{kHz}$，增益 $A_v=2$。

解：由于已知条件满足快速设计的要求，故可按如下步骤设计。

(1) 根据题意得到二阶电压源低通滤波器的基本原理图，如图 5.2.3 所示。

(2) 计算系数 K，由 $f_c=2\text{kHz}$ 时，取 $C=0.01\mu\text{F}$，根据

$$K=\frac{100}{f_c C} \tag{4}$$

得到系数 K=5，满足一般 K 的取值范围 [1, 10] 的要求。

(3) 查表获取归一化的参数值，从表 5-2-1 中可得 $A_v=2$ 时，电容 $C_1=C=0.01\mu\text{F}$；K=1 时，电阻 $R_1=1.126\text{k}\Omega$，$R_2=2.250\text{k}\Omega$，$R_3=6.752\text{k}\Omega$，$R_4=6.752\text{k}\Omega$。

(4) 计算实际的电路参数值，将上述电阻值乘以参数 K=5，得：

$R_1=5.63\text{k}\Omega$　　取标称值 5.6kΩ+30Ω

$R_2=11.25\text{k}\Omega$　　取标称值 11kΩ+240Ω

R_3=R4=33.76kΩ　　取标称值 33kΩ+750Ω

设计的电路图如图 5.2.4(a)所示。

表 5-2-1　参数值表

A_v	1	2	4	6	8	10
R_1	1.422	1.126	0.824	0.617	0.512	0.462
R_2	399	2.250	1.537	2.051	2.429	2.742
R_3	开路	6.752	3.148	3.203	3.372	3.560
R_4	0	6.752	9.444	16.012	23.602	32.038
C_1	0.33C	C	C	C	C	C

注：电阻为参数 K=1 时的值，单位为 kΩ。

(5) 试验调整、测量滤波器的性能参数及幅频特性。

首先输入信号 $V_i=100\text{mV}$，观察滤波器的截止频率 f_c 及电压放大倍数 A_v，测得 $f_c=2\text{kHz}$，$A_v=2.08$，$A_{vc}=1.66$，测得的幅频特性如图 5.2.4(b)所示，滤波器的衰减速度为 −32.4dB/10 倍频，基本满足设计指标的要求。由于 $\Delta R/R$ 、$\Delta C/C$ 对 w_c 的影响较大，所以试验参数与设计表中的关系式之间存在较大误差。

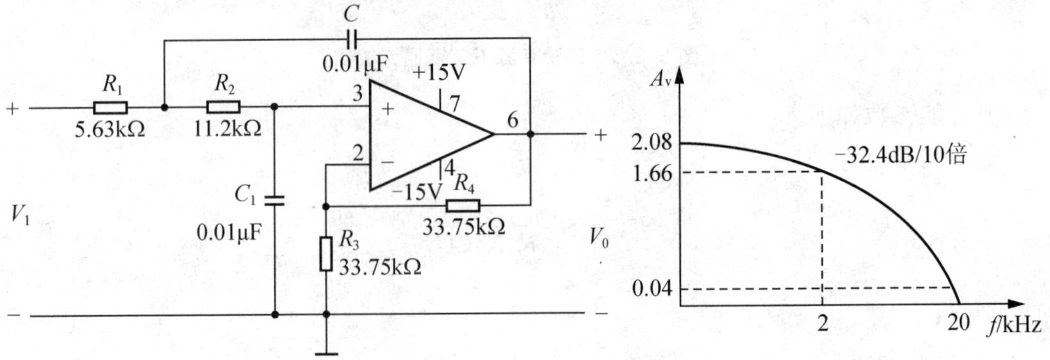

(a) 实验电路　　(b) 幅频特性

图 5.2.4　有源 RC 滤波器设计实例

3. 音调控制器设计

音调控制器主要是控制、调节音响放大器的幅频特性，理想的控制曲线如图 5.2.4 中折线所示。图中，f_o(1kHz)表示中音频率，要求增益 $A_{vo}=0$dB；f_{L1}表示低音频转折(或截止)频率，一般为几十赫兹；$f_{L2}(10f_{L1})$表示低音频区的中音频转折频率；f_{H1}表示高音频区的中音频转折频率；$f_{H2}(10f_{H1})$表示高音频转折频率，一般为几十千赫兹。

由图 5.2.5 可见，音调控制器只对低音频与高音频的增益进行提升与衰减，中音频的增益保持 0dB 不变。因此，音调控制器的电路可由低通滤波器与高通滤波器构成。由运放构成的音调控制器如图 5.2.6 所示，这种电路调节方便，元器件较少，在一般收录机、音响放大器中应用较多。下面分析该电路的工作原理。

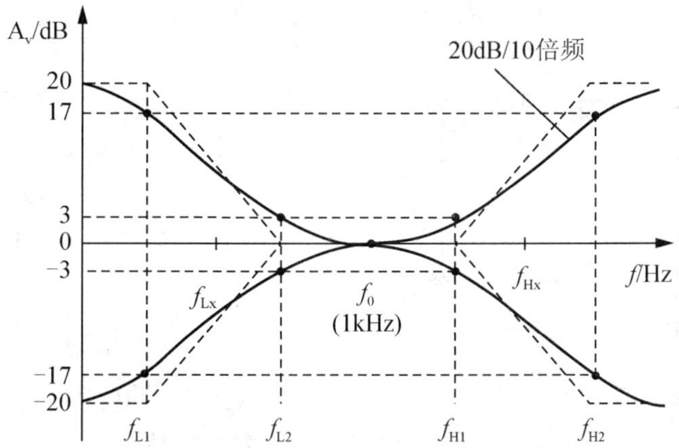

图 5.2.5　音调控制曲线

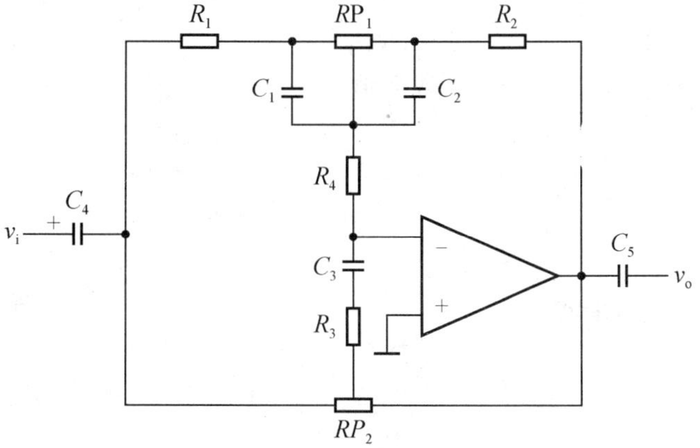

图 5.2.6　音调控制器

设电容 $C_1=C_2\gg C_3$，在中、低音频区，C_3 可视为开路，在中、高音频区，C_1、C_2 可视为短路。

(1) 当 $f<f_0$ 时，音调控制器的低频等效电路如图 5.2.7 所示。其中，图 5.2.7(a)所示的为 RP_1 的滑臂在最左端，对应于低频提升最大的情况；图 5.2.7(b)所示的为 RP_1

滑臂在最右端，对应于低频衰减最大的情况。分析表明，图 5.2.7(a)所示电路是一个一阶有源低通滤波器，其增益函数的表达式为

$$\dot{A}(\mathrm{jw})=\frac{\dot{V}_o}{\dot{V}_i}=-\frac{RP_1+R_2}{R_1}\cdot\frac{1+(\mathrm{j}w)/w_2}{1+(\mathrm{j}w)w_1} \tag{5}$$

式中，

$$w_1=1/(RP_1\cdot C_2)$$

或

$$f_{L1}=1/(2\pi RP_1\cdot C_2)$$

$$w_2=(RP_1+R_2)/(RP_1R_2C_2)$$

或

$$f_{L2}=(RP_1+R_2)/(2\pi RP_1R_2C_2)$$

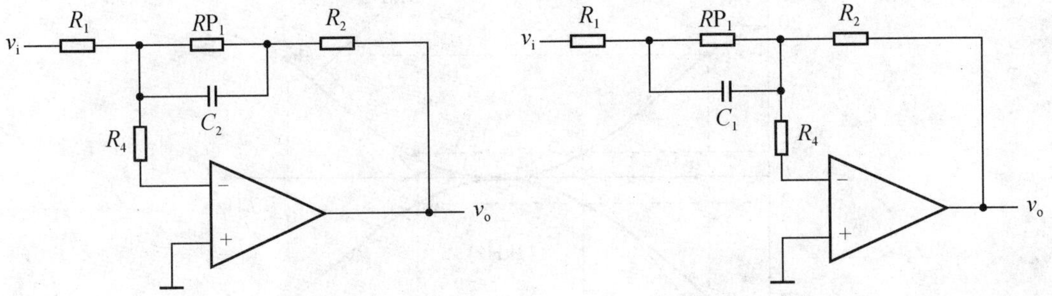

(a) 低频提升　　(b) 低频衰减

图 5.2.7　音调控制器的低频等效电路

当 $f<f_{L1}$ 时，C_2 可视为开路，运放的反向输入端视为虚地，R_4 的影响可以忽略，此时电压增益：

$$A_{v1}=(RP_1+R_2)/R_1 \tag{6}$$

在 $f=f_{L1}$ 时，因为 $f_{L2}=10f_{L1}$，故可由式(5)得

$$A_{v1}=-\frac{RP_1+R_2}{R_1}\cdot\frac{1+0.1\mathrm{j}}{1+\mathrm{j}} \tag{7}$$

$$模\quad A_{v1}=(RP_1+R_2)/\sqrt{2}R_1 \tag{8}$$

此时电压增益 A_{V1} 相对于 A_{VL} 下降 3dB。

在 $f=f_{L2}$ 时，由式(5)得

$$A_{V2}=-\frac{RP_1+R_2}{R_1}\cdot\frac{1+\mathrm{j}}{1+10\mathrm{j}} \tag{9}$$

$$模\quad A_{V2}=-\frac{RP_1+R_2}{R_1}\cdot\frac{\sqrt{2}}{10}=0.14A_{VL} \tag{10}$$

此时电压增益相对于 A_{VL} 下降 17dB。

同理可以得出图 5.27(b)所示电路的相应表达式，其增益相对于中频增益为衰减量。音调控制器低频时的幅频特性曲线如图 5.2.5 中左半部分的实线所示。

(2) 当 $f>f_o$ 时，音调控制器的高频等效电路如图 5.2.8 所示。由于此时可将 C_1、C_2 视为短路，R_4 与 R_1、R_2 组成星形连接，将其转换成三角形连接后的电路如图 5.2.9 所示。

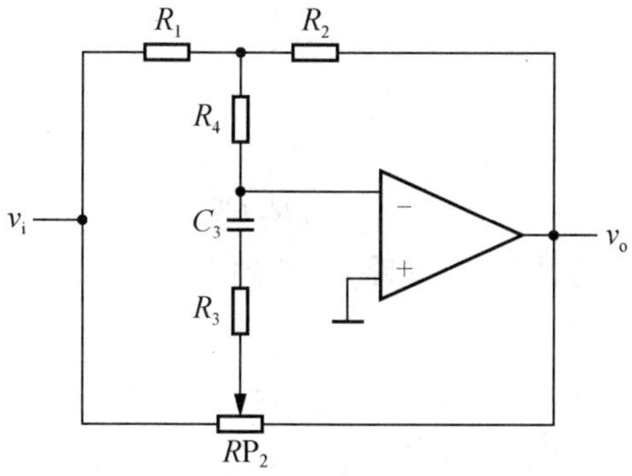

图 5.2.8　音调控制器的高频等效电路

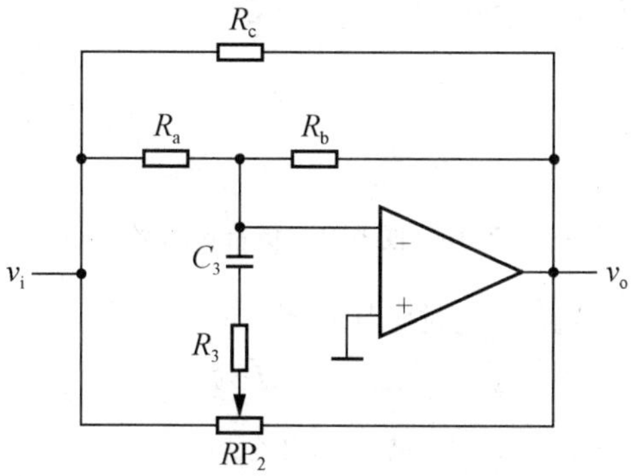

图 5.2.9　图 5.2.8 的等效电路

电阻的关系式为：

$$\left.\begin{aligned} R_a &= R_1 + R_4 + (R_1 R_4 / R_2) \\ R_b &= R_4 + R_2 + (R_4 R_2 / R_1) \\ R_c &= R_1 + R_2 + (R_1 R_2 / R_4) \end{aligned}\right\} \tag{11}$$

若取 $R_1 = R_2 = R_4$，则式(11)为

$$R_a = R_b = R_c = 3R_1 = 3R_2 = 3R_4 \tag{12}$$

图 5.2.9 所示的高频等效电路如图 5.2.10 所示，其中，图 5.2.10(a)所示的为 RP_2 的滑臂在最左端时，对应于高频提升最大的情况；图 5.2.10(b)所示的为 RP_2 的滑臂在最右端时，对应于高频衰减最大的情况。分析表明，图 5.2.10(a)所示电路为一阶有源高通滤波器，其增益函数的表达式为

$$A(\mathrm{j}\omega) = \frac{v_o}{v_i} = -\frac{R_b}{R_a} \cdot \frac{1 + (\mathrm{j}\omega)/\omega_3}{1 + (\mathrm{j}\omega)/\omega_4} \tag{13}$$

式中

$$\omega_3 = \frac{1}{(R_a + R_3) C_3}$$

或

$$f_{H2} = \frac{1}{2\pi (R_a + R_3) C_3}$$

$$w_4 = \frac{1}{R_3 C_3}$$

或

$$f_{H2} = \frac{1}{2\pi R_3 C_3}$$

与分析低频等效电路的方法相同(从略)，得到下列关系式。

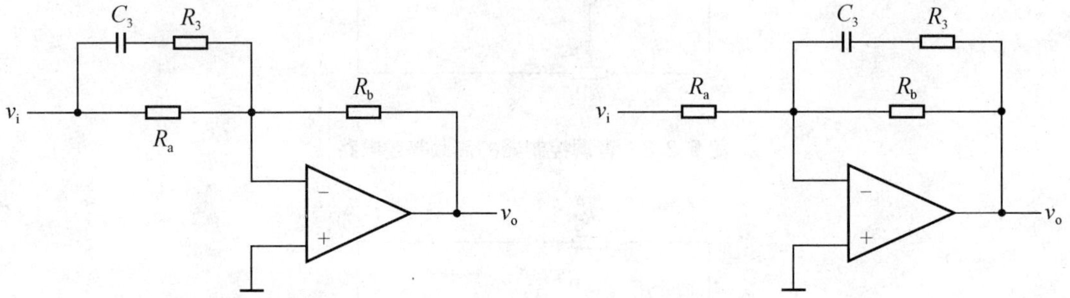

(a) 高频提升　　　　(b) 高频衰减

图 5.2.10　图 5.2.9 的高频等效电路

当 $f < f_{H1}$ 时，C_3 视为开路，此时电压增益

$$A_{v0} = 1(0dB)$$

在 $f = f_{H1}$ 时，　$A_{v3} = \sqrt{2} A_{v0}$

此时电压增益 A_{v3} 相对于 A_{v0} 提升了 3dB。

在 $f = f_{H2}$ 时，　$A_{v4} = \frac{10}{\sqrt{2}} A_{v0}$

此时电压增益 A_{v4} 相对于 A_{v0} 提升了 3dB。

当 $f > f_{H2}$ 时，C_3 视为短路，此时电压增益

$$A_{vH} = \frac{R_b}{R_3 /\!/ R_a} = \frac{R_a + R_3}{R_3}$$

同理可以得出图 5.2.10(b)所示电路的相应表达式，其增益相对于中频增益为衰减量。音调控制器高频时的幅频特性曲线如图 5.2.5 中右半部分实线所示。

实际应用中，通常先提出低频区 f_{Lx} 处和高频区 f_{Hx} 处的提升量或衰减量 x(dB)，再根据下式求转折频率 f_{L2}(或 f_{L1})和 f_{H1}(或 f_{H2})，即

$$f_{L2} = f_{Lx} \cdot 2^{x/6} \tag{14}$$

$$f_{H1} = f_{Hx} / 2^{x/6} \tag{15}$$

4. 集成功率放大器 LA4102

1）内部结构

图 5.2.11 所示的为 LA4102 的内部电路，此集成功放既可以采用单电源供电方式，也可以采用正负双电源供电方式(3 脚接负电源)。

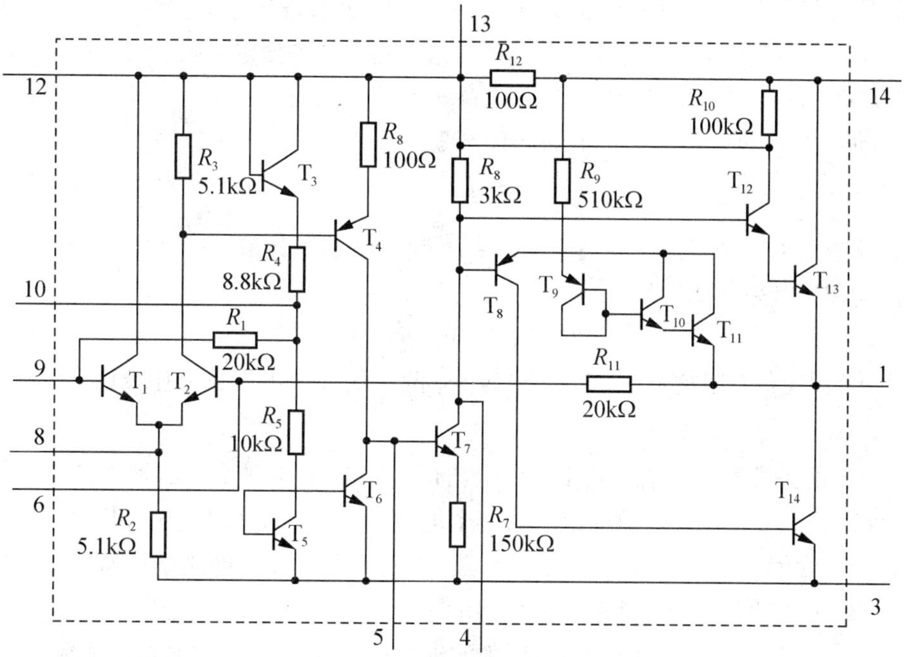

图 5.2.11　LA4102 集成功放的内部电路

2）典型应用

将 LA4102 接成 OTL 形式的电路，如图 5.2.12 所示。其外部元器件的作用如下。

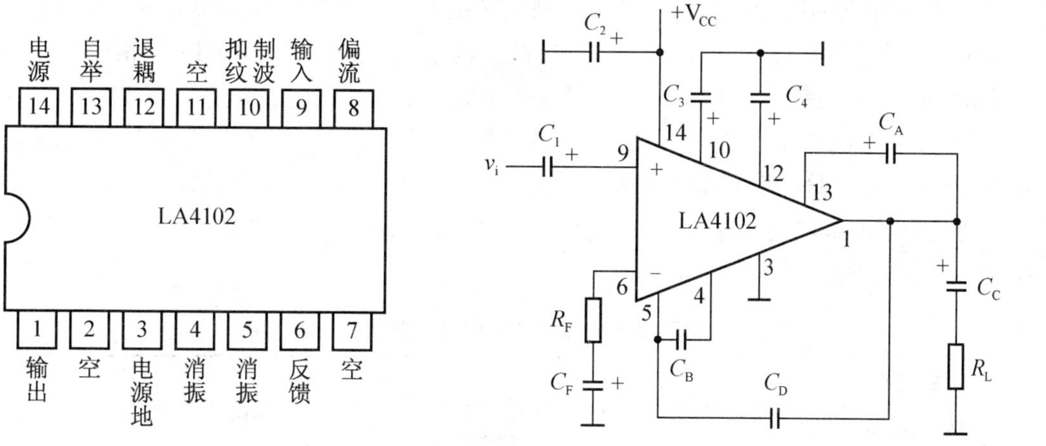

图 5.2.12　LA4102 接成 OTL 电路

（1）R_F、C_F 与内部电阻 R_{11} 组成交流负反馈支路，控制功放级的电压增益 A_{VF}，即

$$A_{VF}=1+R_{11}/R_F\approx R_{11}/R_F \tag{16}$$

（2）C_B 为相位补偿电容。C_B 减小，带宽增加，可消除高频自激。C_B 一般取几十皮法至几百皮法。

（3）C_C 为 OTL 电路的输出端电容，两端的充电电压等于 $V_{CC}/2$，C_C 一般采用耐压值远大于 $V_{CC}/2$ 的容值几百微法的电容。

(4) C_D 为反馈电容，消除自激振荡，C_D 一般取几百皮法。

(5) C_A 为自举电容，使复合管 T_{12}，T_{13} 的导通电流不随输出电压的升高而减小。

(6) C_3、C_4 可滤除纹波，一般取几十微法至几百微法。

(7) C_2 为电源退耦滤波，可消除低频自激。

5. 音响放大器主要技术指标及测试方法

(1) 额定功率。音频信号放大器输出失真度小于某一数值(如 $\gamma<5\%$)时的最大功串称为额定功率。其表达式为

$$P_o=V_o^2/R_L \tag{17}$$

式中，R_L 为额定负载阻抗，V_o(有效值)为 R_L 两端的最大不失真电压。V_o 常用来选定电源电压 V_{CC}($V_{CC}\geqslant 2\sqrt{2}V_o$)。

测量 P_o 的条件如下：信号发生器的输出信号(音频信号放大器的输入信号)的频率 $f_i=1\text{kHz}$，电压 $v_i=5\text{mV}$，音调控制器的两个电位器 RP_1、RP_2 置于中间位置，音量控制电位器置于最大值，用双踪示波器观测 v_i 及 v_o 的波形，失真度测量仪监测 v_o 的波形失真。测量 P_o 的步骤是：功率放大器的输出端接额定负载电阻 R_L(代替扬声器)，逐渐增大输入电压 v_i，直到 v_o 的波形刚好不出现削波失真(或 $\gamma<3\%$)，此时对应的输出电压为最大输出电压，由式(17)即可算出额定功率 P_o。

注意：在最大输出电压制量完成后应迅速减小 V_i，否则会损坏功放。

(2) 音调控制特性。输入信号 v_i(100mV)从音调控制级输入端的耦合电容加入，输出信号 v_o 从输出端的耦合电容引出。分别测低频提升—高频衰减和低频衰减—高频提升这两条曲线。测量方法如下：将 RP_1 的滑臂置于最左端(低频提升)，RP_2 的滑臂置于最右端(高频衰减)，当频率从 20Hz 至 50kHz 变化时记下对应的电压增益；将测量数据填入表 5-2-2 中，再将 RP_1 的滑臂置于最右端(低频衰减)，RP_2 的滑臂置于最左端(高频提升)，当频率从 20Hz 至 50kHz 变化时，记下对应的电压增益。将测量数据填入表 5-2-2 中，最后绘制音调控制特性曲线，并标注与 f_{L1}、f_x、f_{L2}、f_0(1kHz)、f_{H1}、f_{Hx}、f_{H2} 等对应的电压增益。

表 5-2-2　音调控制特性曲线测量数据

测量频率点	$<f_{L1}$	f_{L1}	f_{Lx}	f_{L2}	f_0	f_{H1}	f_{Hx}	f_{L2}	$>f_{H2}$
V_i=100mv	20Hz				1kHz				50kHz
低频提升	V_o								
高频衰减	A_v								
低频衰减	V_o								
高频提升	A_v								

(3) 频率响应。放大器的电压增益相对于中音频 f_0(1kHz)的电压增益下降 3dB 时对应低音频截止频率 f_L 和高音频截止频率 f_H，称 $f_L\sim f_H$ 为放大器的频率响应。测量条件

同上，调节 RP_3 使输出电压约为最大输出电压的 50%。测量步骤是：音频信号放大器的输入端接 v_i(5mV)，RP_1 和 RP_2 置于最左端，使信号发生器的输出频率 f_i 从 20Hz 至 50kHs 变化(保持 f_i=5mV 不变)，测出负载电阻 R_L 上对应的输出电压 V_o，用半对数坐标纸绘出频率响应曲线，并在曲线上标注 f_L 与 f_H 值。

(4) 输入阻抗。将从音频信号放大器输入端(话音放大器输入端)看进去的阻抗称为输入阻抗 R_i。如果接高阻话筒，则 R_i 应远大于 20kΩ。R_i 的测量方法与放大器的输入阻抗测量方法相同。

注意：测量仪表的内阻要远大于 R_i。

(5) 输入灵敏度。使音频信号放大器输出额定功率时所需的输入电压(有效值)称为输入灵敏度 V_s。测量条件与测量额定功率的相同，测量方法是，使 V_i 从零开始逐渐增大，直到 V_o 达到额定功率值时所对应的电压值，此时对应的 V_i 值即为输入灵敏度。

(6) 噪声电压。音频信号放大器的输入为零时，输出负载 R_L 上的电压称为噪声电压 V_N。测量条件同上，测量方法是，使输入端对地短路，音量电位器为最大值，用示波器观测输出负载 R_L 两端的电压波形，用交流毫伏表测量其有效值。

(7) 整机效率：$\eta=P_o/P_c\times100\%$，P_o 为输出的额定功率；P_c 为输出额定功率时所消耗的电源功率。

5.2.5 设计实例

设计一音响放大器，要求具有电子混响延时、音调输出控制、卡拉 OK 伴唱，对话筒与录音机的输出信号进行扩音。

(1) 已知条件。V_{CC}=9V，话筒(低阻 20Ω)的输出电压为 5mV，录音机的输出信号电压为 100mV。电子混响延时模块 1 片，集成功放 LA4102 1 片，8Ω/2W 负载电阻 R_L1 片，8Ω/4W 扬声器 1 片，集成运放 LM324 1 片(或 μA741 3 片)。

(2) 主要技术指标。额定功率 $P_o\geqslant$1W($\gamma<3\%$)；负载阻抗 R_L=8Ω；截止频率 f_L=40Hz，f_H=10kHz，即音调控制特性 1kHz 处增益为 0dB，100Hz 和 10kHz 处有±12dB 的调节范围，$A_{VL}=A_{VH}\geqslant$20dB，话放级输入灵敏度为 5mV，输入阻抗 $R_i\gg$20Ω。

解：本题的设计过程为：首先确定整机电路的级数，再根据各级的功能及技术指标要求分配电压增益，然后分别计算各级电路参数，通常从功放级开始向前级逐级计算。本题已经给定了电子混响电路模块，需要设计话音放大器、混合前置放大器、音调控制器及功率放大器。根据技术指标要求，音响放大器的输入为 5mV 时，输出功率大于 1W，则输出电压 $V_o=\sqrt{P_oR_L}>2.8$V。可见系统的总电压增益 $A_{V\Sigma}=V_o/V_i>560$ 倍(55dB)。实际电路中会有损耗，因此要留有充分余地。设各级电压增益分配如图 5.2.13 所示。A_{V4} 由集成功放级决定，此级增益不宜太大，一般为几十倍。音调控制级在 f_o=1kHz 时增益为 1 倍(0dB)，实际会产生衰减，故取 A_{V3}=0.8 倍(−2dB)。受到运放增益带宽积限制，话放级与混合放大级若采用 μA741，其增益也不宜太大。

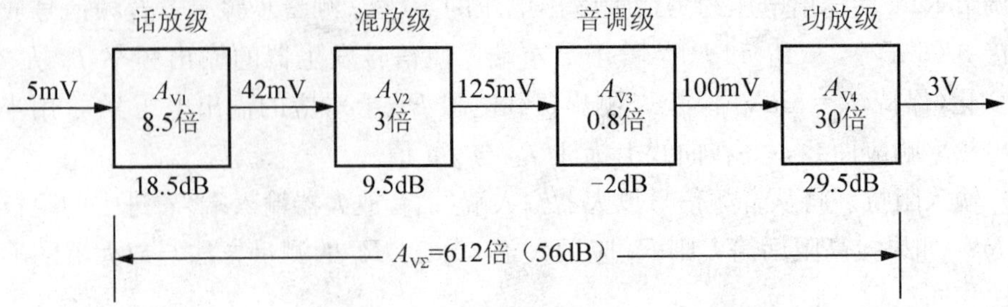

图 5.2.13　各级增益分配

1）功放设计

集成功放的电路如图 5.2.14 所示。

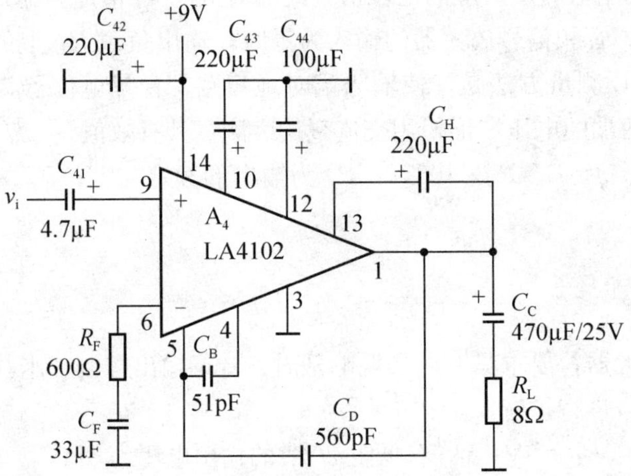

图 5.2.14　功率放大器

由式(16)得功放级的电压增益：

$$A_{V3} \approx R_{11}/R_P = 33$$

如果出现高频自激(输出波形上叠加有毛刺)，可以在 13 脚与 14 脚之间加 0.15μF 的电容，或衰减小 C_D 的值。

2）音调控制器(合音量控制)设计

音调控制器的电路如图 5.2.15 所示。其中，RP_{33} 为音量控制电位器，其滑臂在最上端时，音响放大器输出最大功率。

已知 $f_{Lx}=100\text{Hz}$，$f_{Hx}=10\text{kHz}$，$x=12\text{dB}$。由式(14)、(15)得到转折频率 f_{L2} 及 f_{H1}；$f_{L2}=f_{Lx}\cdot 2^{x/6}=400\text{Hz}$，则 $f_{L1}=f_{L2}/10=40\text{Hz}$ 即 $f_{H2}=10f_{H1}=25\text{kHz}$。

由式(6)得 $A_{VL}=(RP_{31}+R_{32})/R_{31}\geqslant 20\text{dB}$。其中 R_{31}，R_{32}，RP_{31} 不能取得太大，否则运放漂移电流的影响不可忽略。但也不能太小，否则流过它们的电流将超出运放的输出能力。一般取几千欧姆至几百千欧姆。现取 $RP_{31}=470\text{k}\Omega$，$R_{31}=R_{32}=47\text{k}\Omega$，则

$$A_{VL}=(RP_{31}+R_{32})/R_{31}=11(20.8\text{dB})$$

由式(5)得

$$C_{32}=\frac{1}{2\pi RP_{31}f_{L1}}=0.008\mu F$$

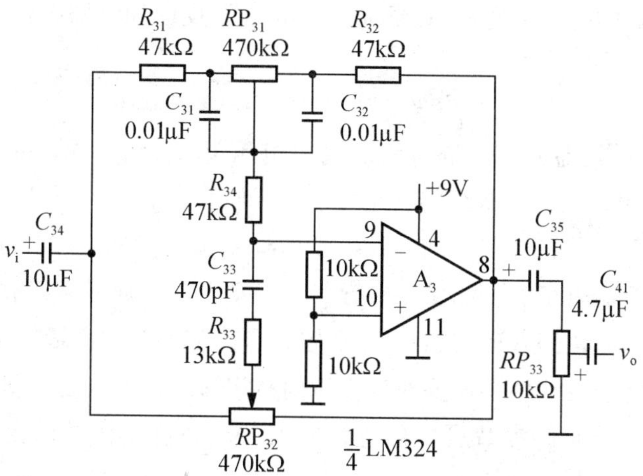

图 5.2.15 音调控制器

取标称值 0.01μF，即 $C_{31}=C_{32}=0.01\mu F$

由式(12)得 $R_{34}=R_{31}=R_{32}=47k\Omega$ 则 $R_0=3R_{31}=141k\Omega$

$R_{33}=R_0/10=14.1k\Omega$ 取标称值 13kΩ

由式(13)得 $C_{33}=\frac{1}{2\pi R_{33}f_{H2}}=490pF$ 取标称值 470pF

$RP_{32}=RP_{31}=470k\Omega$，$RP_{33}=10k\Omega$，级间耦合与隔直电容 $C_{34}=C_{35}=10\mu F$。

3）话音放大器与混合前置放大器设计

图 5.2.16 所示电路由话音放大与混合前置放大两级电路组成。其中 Al 组成同相放大器，具有很高的输入阻抗，能与高阻话筒配接作为话音放大器电路，其放大倍数：

$$A_{v1}=1+R_{12}/R_{11}=8.5(18.5dB)$$

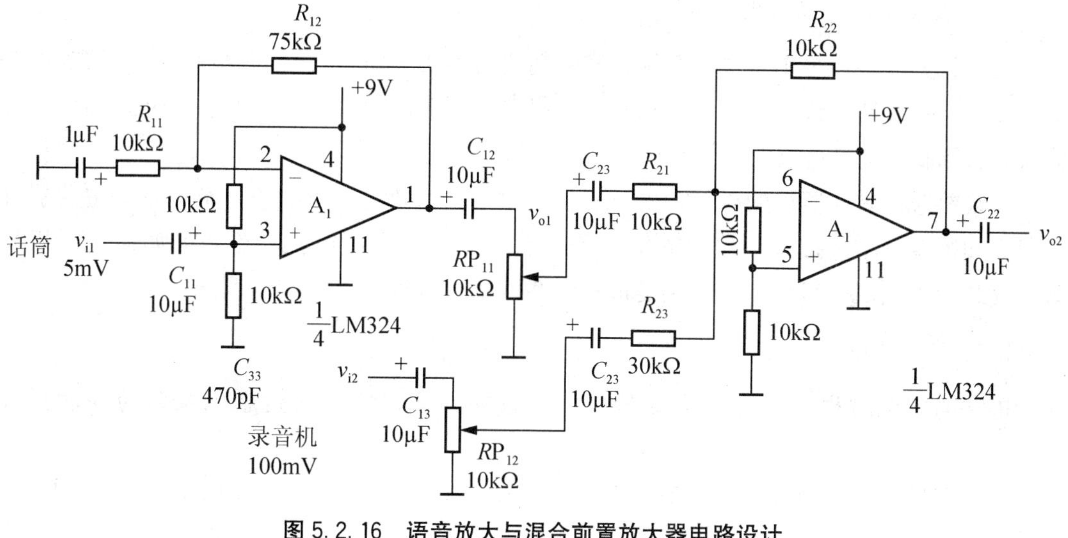

图 5.2.16 语音放大与混合前置放大器电路设计

4 运放 LM324 的频带虽然很窄(增益为 1 时，带宽为 1MHz)，但这里放大倍数不高，故能达到 $f_h=10kHz$ 的频响要求。

混合前置放大器的电路由运放 A_2 组成，这是一个反向加法器电路，由式(3)得输出电压 V_{o2} 的表达式为

$$V_{o2}=-\left[(R_{22}/R_{21})V_{o1}+(R_{22}/R_{23})V_{i2}\right]$$

根据图 5.2.13 的增益分配，混合级的输出电压 $V_{o2}\geqslant 125mV$，而话筒放大器的输出 V_{o1} 已经达到了 42mV，放大 3 倍就能满足要求。录音机的输出信号 $V_{i2}=100mV$，已基本达到 V_{o2} 的要求，不需要再进行放大。所以，取 $R_{23}=R_{22}=3R_{21}=30k\Omega$，可使话筒与录音机的输出经混放级后输出相等。如果要进行卡拉 OK 唱歌，则可在话放输出端及录音机输出端接两个音量控制电位器 RP_{11}、RP_{12} 分别控制声音和音乐的音量。

以上各单元电路的设计值还需要通过实验调整和修改，特别是在进行整机调试时，由于各级之间相互影响，有些参数可能要进行较大变动，待整机调试完成后，再画出整机电路。

5.2.6 设计要求

(1) 具有话筒扩音、音调控制等功能。

(2) 额定功率：$P_o\geqslant 0.3W$。

(3) 负载阻抗：$R_L=8\Omega$。

(4) 频率响应：$f_L\sim f_H=50Hz\sim 20kHz$。

(5) $R_i>20k\Omega$。

(6) 音调控制特性：1kHz 处增益为 0dB，125Hz 和 8kHz 处在 −12～12dB 范围内。

5.2.7 电路安装与调试技术

1. 合理布局，分级装调

音响放大器是一个小型电路系统，安装前要对整机线路进行合理布局，一般按照电路的顺序一级一级地布线，功放级应远离输入级，每一级的地线尽量安装在一起，连线尽可能短，否则很容易产生自激。

安装前应检查元器件的质量，安装时特别要注意功效块、运放、电解电容等主要器件的引脚和极性，不能接错。从输入级开始向后级安装，也可以从功放级开始向前逐级安装。安装一级调试一级，安装两级要进行级联调试，直到整机安装与调试完成。

2. 电路调试技术

电路的调试过程一般是先分级调试，再级联调试，最后进行整机调试与性能指标测试。

分级调试又分为静态调试与动态调试。静态调试时，将输入端对地短路，用万用表测

该级输出端对地的直流电压。话放级、混合级、音调级都是由运放组成的，其静态输出直流电压均为 $V_{CC}/2$，功放级的输出(OTL 电路)也为 $V_{CC}/2$，且输出电容 C_c 两端充电电压也应为 $V_{CC}/2$。动态调试是指输入端接入规定的信号，用示波器观测该级输出波形，并测量各项性能指标是否满足题目要求，如果相差很大，应检查电路是否接错，元器件数值是否合乎要求，否则是不会出现很大偏差的。

单级电路调试时的技术指标较容易达到，但进行级联时，由于级间相互影响，可能使单级的技术指标发生很大变化，甚至两级不能进行级联。产生的主要原因：一是布线不太合理，形成续间交耦合，应考虑置新布线；二是级联后各级电流都要流经电源内阻，内阻压降对某一级可能形成正反馈，应接 RC 去耦滤波电路。R 一般取几十欧姆，C 一般用几百微法大电容与 0.1 微法小电容相并联。功故级输出信号较大，对前级容易产生影响，引起自激。集成块内部电路多极点引起的正反馈易产生高频自激，常见高频自激现象如图 5.2.17 所示。可以加强外部电路的负反馈予以抵消，如功放级 1 脚与 5 脚之间接入几百皮法的电容，形成电压并联负反馈，可消除叠加的高频毛刺。常见的低频自激现象是电源电流表有规则地左右摆动，或插出波形上下抖动。产生的主要原因是输出信号通过电源及地线产生了正反馈。可以通过接入 RC 去耦滤波电路消除。为满足整机电路指标要求，可以适当修改单元电路的技术指标。图 5.2.18 为设计举例整机实验电路图，与单元电路设计值相比较，有些参数进行了较大的修改。

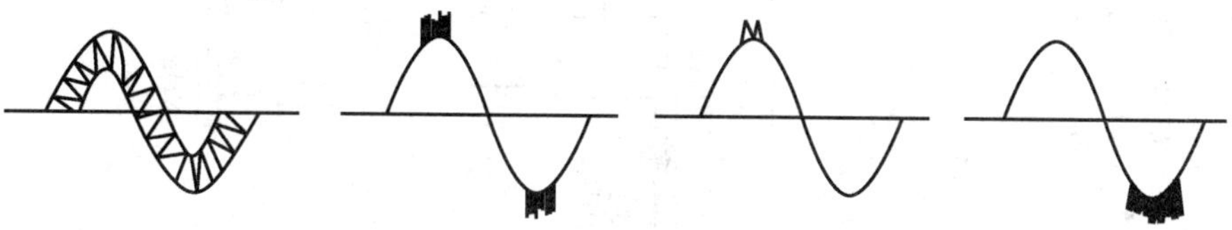

图 5.2.17 常见高频自激现象

3. 整机功能试听

用 8Ω/4W 的扬声器代替负载电阻 R_L，可进行以下功能试听。

(1) 话音扩音：将低阻话筒接话音放大器的输入端。应注意，扬声器插出的方向与话筒输入的方向相反，否则扬声器的输出声音经话筒输入后，会产生自激啸叫。讲话时，扬声器传出的声音应清晰，改变音量电位器，可控制声音大小。

(2) 电子混响效果：用手轻拍话筒一次，扬声器发出多次重复的声音，微调时钟频率，可以改变涡响延时时间，以改善混响效果。

(3) 音乐欣赏：将录音机插出的音乐信号接入混合前置放大器，改变音调控制级的高低音调控制电位器，扬声器的插出音调发生明显变化。

(4) 卡拉 OK 伴唱：录音机输出卡拉 OK 磁带歌曲，手径话筒伴随歌曲唱歌，适当控制话音放大器与录音机输出的音量电位器，可以控制唱歌音量与音乐音量之间的比例，调节混响延时时间可修饰、改善唱歌的声音。

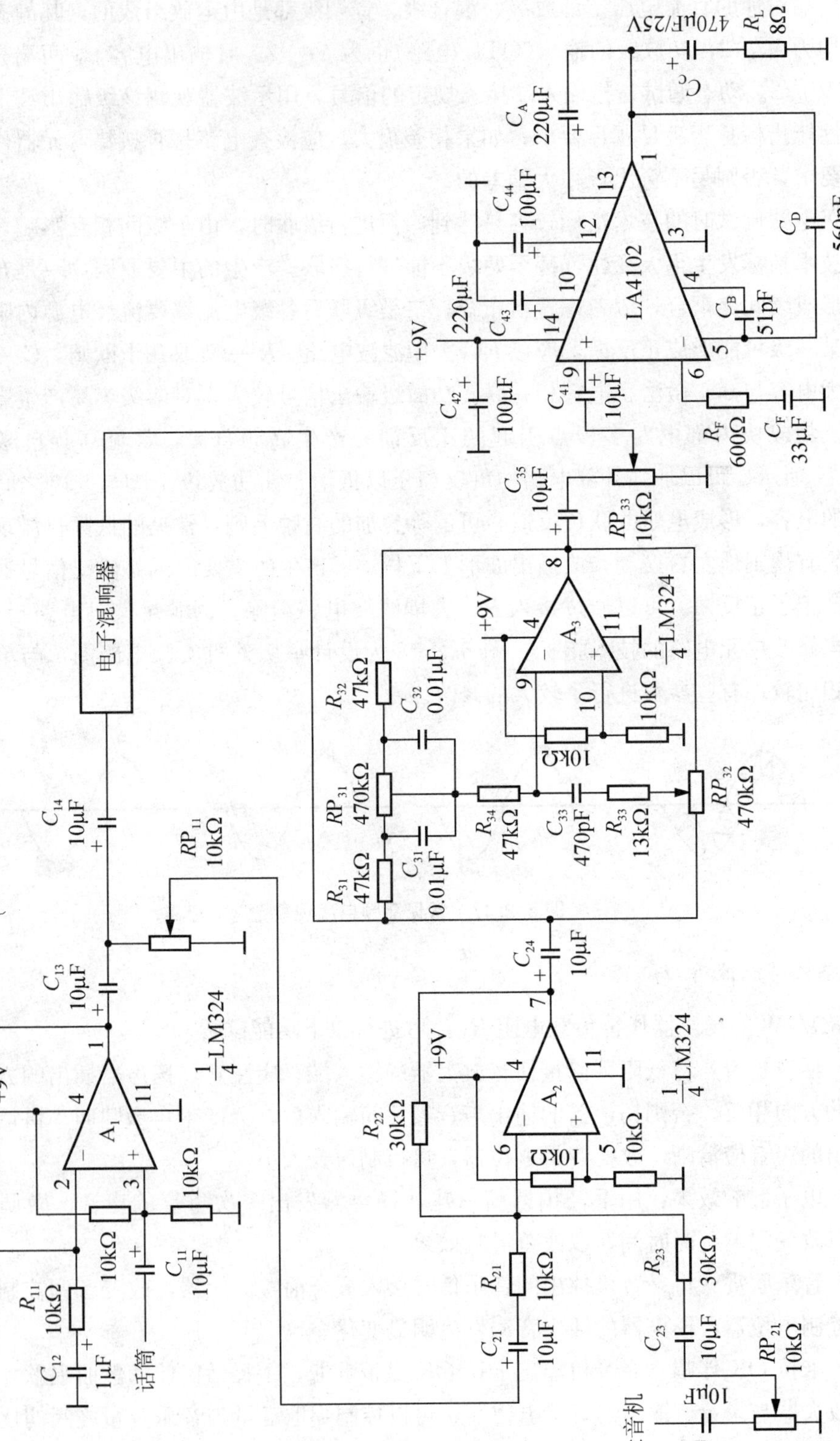

图 5.2.18　音响放大器整机电路

附件 1　音频信号放大器设计材料清单

序　　号	名　　称	规格型号封装	每人数量	单　　位
1	功放集成电路	LA4102	1	只
2	集成运放	LM324	1	只
3	电阻	10kΩ，1/4W	10	只
4	电阻	30kΩ，1/4W	1	只
5	电阻	75kΩ，1/4W	1	只
6	电阻	47kΩ，1/4W	3	只
7	电阻	600Ω，1/4W	1	只
8	电阻	51Ω，1/4W	2	只
9	电阻	13kΩ，1/4W	1	只
10	水泥电阻	8Ω，4W	1	只
11	电位器	500kΩ，	2	只
12	电位器	10kΩ，1W	1	只
13	电解电容	1μF/25V	1	只
14	电解电容	10μF/25V	4	只
15	电解电容	100μF/25V	2	只
16	电解电容	33μF/25V	1	只
17	电解电容	470μF/25V	1	只
18	电解电容	220μF/25V	2	只
19	瓷片电容	0.1μF	2	只
20	瓷片电容	0.01μF	2	只
21	瓷片电容	470pF	1	只
22	瓷片电容	51pF	1	只
23	瓷片电容	560pF	1	只

附件 2　音频信号放大器设计参考电路图

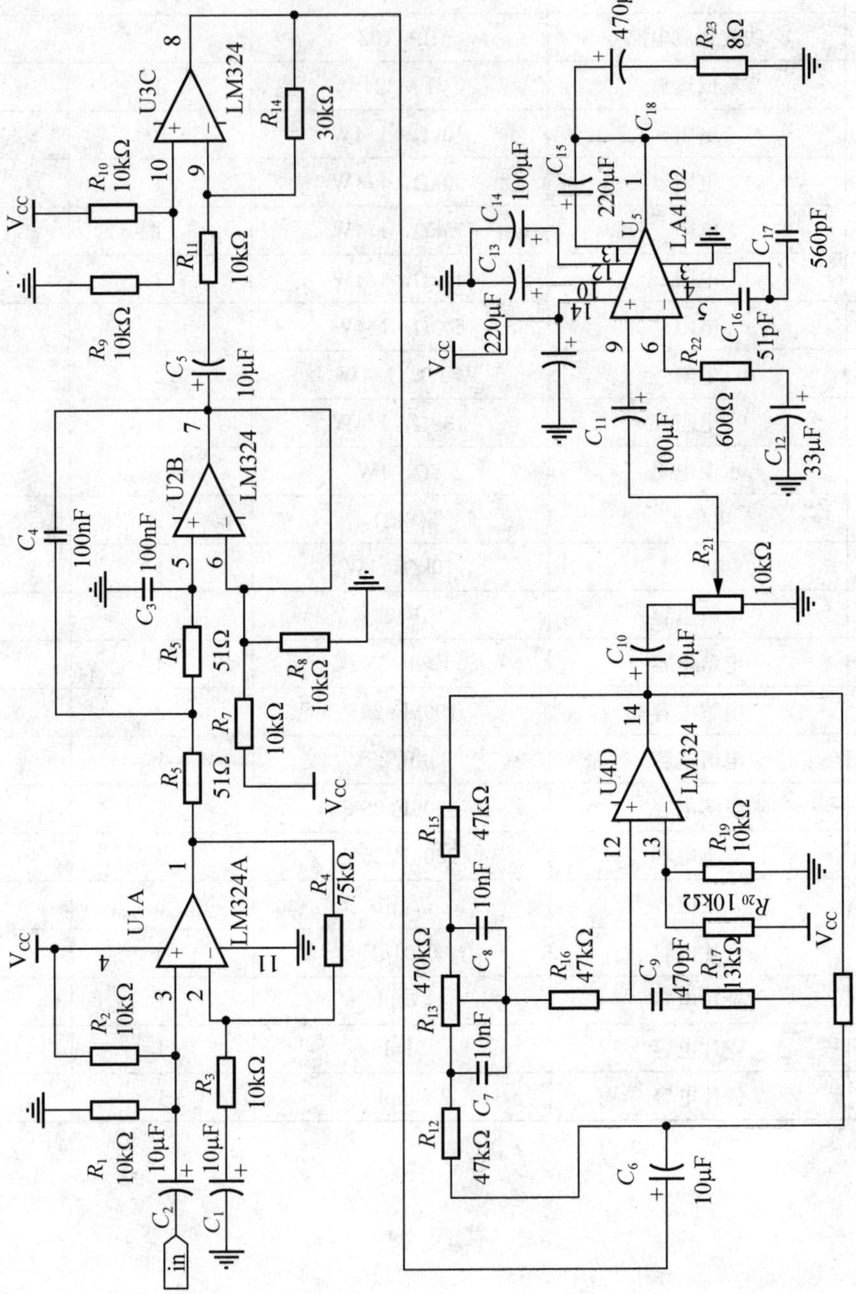

附件3　音频信号放大器设计实物作品

5.3 高效率音频功率放大器设计

5.3.1 实验目的

(1) 熟悉一些基本器件的应用。

(2) 熟悉多功能板的焊接工艺技术和电子线路系统的装调技术。

(3) 熟悉D类功率放大器的工作原理。

(4) 熟悉用示波器测试两个不完全同步信号的方法。

(5) 完成高效率音频功率放大器的设计。

5.3.2 预习内容

(1) 预习各类音频功率放大器的基本工作原理。

(2) 分析D类功率放大器的性能特点。

(3) 思考高效率音频功率放大器的设计方法和装调技术。

(4) 采用Multisim仿真软件对部分电路进行初步仿真。

5.3.3 实验内容

设计并制作一个高效率音频功率放大器。功率放大器的电源电压为+5V,负载为8Ω电阻。原理框图如图5.3.1所示。

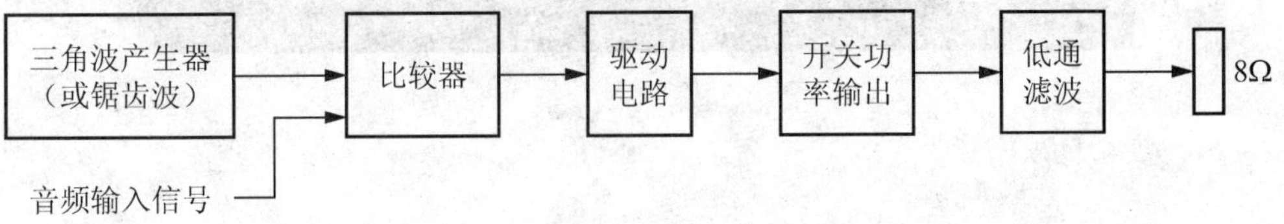

图5.3.1 高效率音频功率放大器原理框图

5.3.4 实验原理

传统的模拟音频功放保真度高,但效率低、能耗大,且要求有良好的散热设备,适用于专业音响领域。D类功率放大器虽然保真度不及传统功放,但具有效率高、体积小、输出功率大、低EMI、具备多种工作模式等优点,逐渐成为了便携式设备(如PDA)中不可替代的产品。

经典D类功率放大器主要由脉冲宽度调制器、开关放大器和低通滤波器三部分组成,结构如图5.3.2所示。其中,三角波发生器、比较器和音频输入信号构成脉宽调制器。

图 5.3.2　脉宽调制 D 类功放原理框图

D类功率放大器工作波形示意图如图 5.3.3 所示。其中(a)为输入信号；(b)为锯齿波与输入信号进行比较的波形；(c)为调制输出的脉冲(调宽脉冲)；(d)为功率放大器放大后的调宽脉冲；(e)为低通滤波后的放大信号。

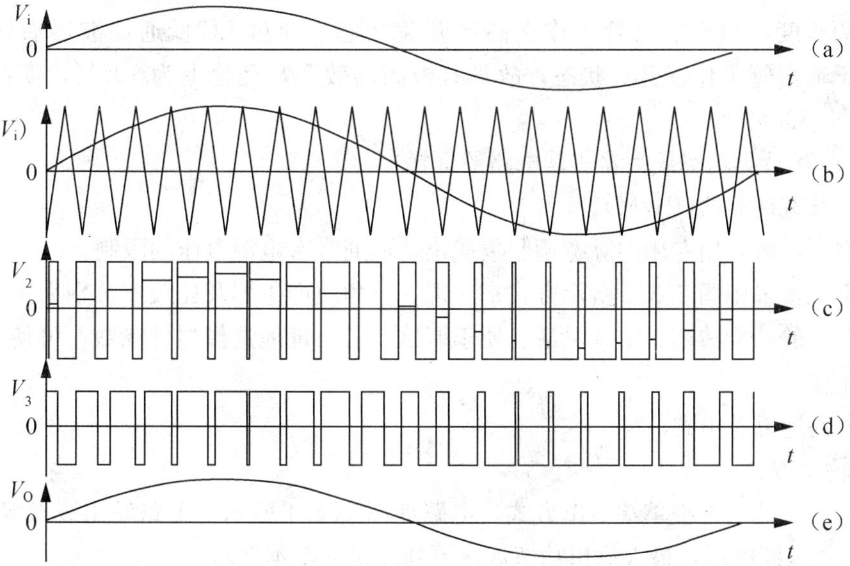

图 5.3.3　脉宽调制 D 类功放的工作波形示意

常用的脉宽调制器将三角波信号和输入音频信号一起送入比较器进行比较，比较产生的输出信号就是调制过的脉冲信号，进一步画图阐述。

数字功率放大器一般采用 MOS 场效应管构成 H 桥功率放大器，画图并阐述基本工作原理。

低通滤波器一般采用 LC 无源滤波器，进一步阐述滤波特性。

5.3.5　设计要求

(1) 3dB 通频带为 300～3400Hz，输出正弦信号无明显失真。

(2) 最大不失真输出功率≥1W。

(3) 输入阻抗＞10kΩ。

(4) 低频噪声电压(20kHz 以下)≤10mV，在电压放大倍数为 10、输入端对地交流短路时测量。

(5) 在输出功率 500mW 时测量的功率放大器效率(输出功率/放大器总功耗)≥50%。

5.3.6 设计实例

1. 方案选择与论证

1）高效率功放类型的选择

方案一：采用A类、B类、AB类功率放大器。这三类功放的效率均达不到题目的要求。

方案二：采用D类功率放大器。D类功率放大器是用音频信号的幅度去线性调制高频脉冲的宽度，功率输出管工作在高频开关状态，通过LC低通滤波器后输出音频信号。由于输出管工作在开关状态，故具有极高的效率，理论上为100％，实际电路也可达到80％～95％。

2）高效D类功率放大器实现电路的选择

（1）脉宽调制器(PWM)。

方案一：可选用专用的脉宽调制集成块，但通常有电源电压的限制。

方案二：采用图5.3.1所示方式来实现。三角波产生器及比较器分别采用通用集成电路，各部分的功能清晰、实现灵活、便于调试。若合理地选择器件参数，可使其在较低的电压下工作。

（2）高速开关电路。

① 输出方式。

方案一：选用推挽单端输出方式，电路如图5.3.4所示。电路输出载波峰-峰值不可能超过5V电源电压，最大输出功率远达不到题目的基本要求。

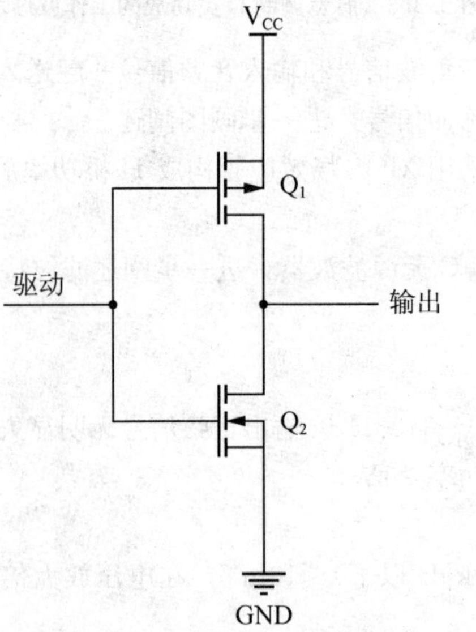

图5.3.4　单端推挽输出电路

方案二：选用H桥型输出方式，电路如图5.3.5所示。此方式可充分利用电源电压，浮动输出载波的峰-峰值可达 10V，有效地提高了输出功率，且能达到题目所有指标要求，故选用此输出电路形式。

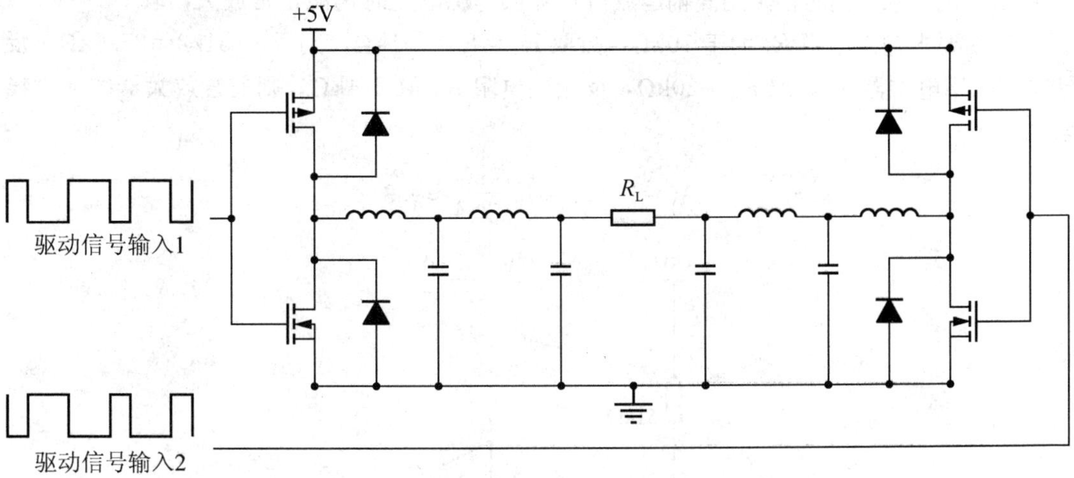

图 5.3.5　H 桥型输出电路

② 开关管的选择。

为提高功率放大器的效率和输出功率，开关管的选择非常重要，对它的要求是高速、低导通电阻、低损耗。

方案一：选用晶体三极管、IGBT 管。晶体三极管需要较大的驱动电流，并存在存储时间，开关特性不够好，使整个功放的静态损耗及开关过程中的损耗较大；IGBT 管的最大缺点是导通压降太大。

方案二：选用 VMOSFET 管。VMOSFET 管具有较小的驱动电流、低导通电阻及良好的开关特性，故选用高速 VMOSFET 管。

（3）滤波器的选择。

方案一：采用两个相同的二阶 Butterworth 低通滤波器。缺点是负载上的高频载波电压得不到充分衰减。

方案二：采用两个相同的四阶 Butterworth 低通滤波器，在保证 20kHz 频带的前提下使负载上的高频载波电压进一步得到衰减。四阶低通滤波器如图 5.3.5 所示。

2. 工作原理或系统原理

此部分省略，参见实验原理。

3. 硬件设计

1）音频信号前置放大器设计

如图 5.3.6 所示，设置前置放大器，可使整个功率的增益从 1～20 连续可调，而且也保证了比较器的比较精度。当功放输出的最大不失真功率为 1W 时，其 8Ω 上的电压 V_{P-P}＝8V，此时送给比较器音频信号的 V_{P-P}值应为 2V，则功放的最大增益约为 4(实际上，功放的最大不失真功率要略大于 1W，其电压增益要略大于 4)。因此必须对输入的音频信号进行前置放大，其增益应大于 5。前放仍采用宽频带、低漂移、满幅运放 TL062，组成增益可调的同相宽带放大器。选择同相放大器的目的是容易实现输入电阻 $R_i \geqslant 10\text{k}\Omega$ 的要求。同时，采用满幅运放可在降低电源电压时仍能正常放大，取 $V_+ = V_{cc}/2 = 2.5\text{V}$，要求输入电阻 R_i 大于 10kΩ，故取 $R_1 = R_2 = 51\text{k}\Omega$，则 $R_i = 51/2 = 25.5\text{k}\Omega$，反馈电阻采用电位器 R_4，取 $R_4 = 20\text{k}\Omega$，反相端电阻 R_3 取 2.4kΩ，则前置放大器的最大增益 A_v 为：

$$A_v = 1 + \frac{R_4}{R_3} = 1 + \frac{20}{2.4} \approx 9.3$$

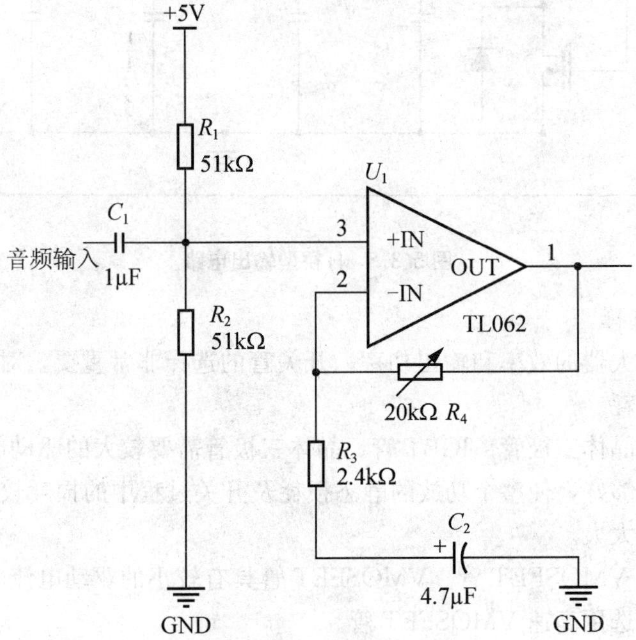

图 5.3.6　音频信号前置放大器

调整 R_4 使其增益约为 8，则整个功放的电压增益从 0～32 可调。

考虑到前置放大器的最大不失真输出电压的幅值 $V_{om} < 2.5\text{V}$，取 $V_{om} = 2.0\text{V}$，则要求输出的音频最大幅度 $V_{im} < (V_{om}/A_v) = 2/8 = 250\text{mV}$，超过此幅度则输出会产生削波失真。

2）三角波发生器设计

该电路采用满幅运放 TL062 及高速精密电压比较器 LM393 来实现，电路如图 5.3.7 所示。TL062 不仅具有较宽的频带，而且可以在较低的电压下满幅输出，既保证能产生线性良好的三角波，而且可以达到发挥部分对功放在低电压下正常工作的要求。

载波频率的选定既要考虑抽样定理，又要考虑电路的实现，选择 150kHz 的载波，使用四阶 Butterworth *LC* 滤波器，输出端对载频的衰减大于 60dB，能满足题目的要求，所以我们选用载波频率为 150kHz。

电路参数的计算：在 5V 单电源供电下，我们将运放 5 脚和比较器 6 脚的电位调整为

2.5V，同时设定输出的对称三角波幅度为 1V(V_{p-p}=2V)。若选定 R_{10} 为 100kΩ，并忽略比较器高电平时 R_{11} 上的压降，则 R_9 的求解过程如下：

$$\frac{5-2.5}{100}=\frac{1}{R_9}, \quad R_9=\frac{100}{2.5}=40\text{k}\Omega$$

取 R_9 为 39kΩ。

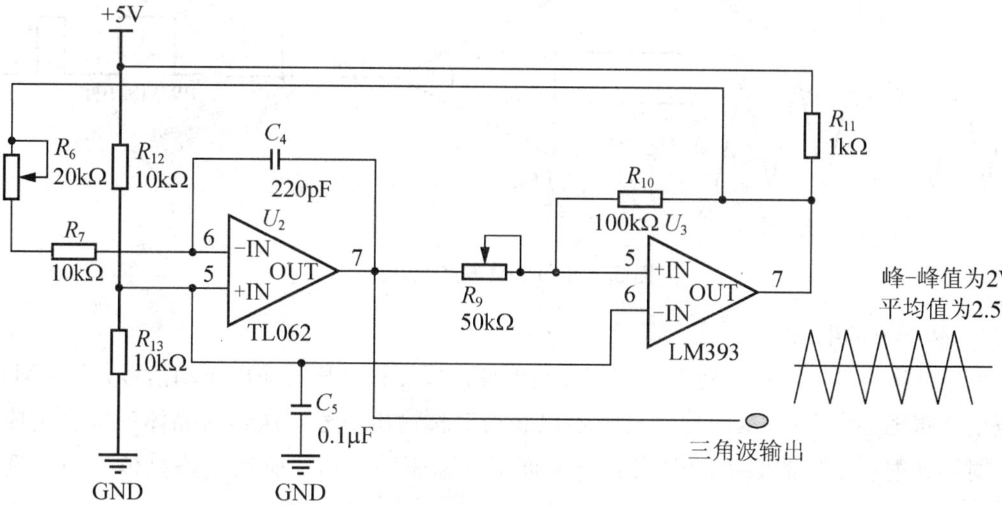

图 5.3.7　三角波发生器

选定工作频率为 f=150kHz，并设定 R_7+R_6=20kΩ，则电容 C_3 的计算过程如下：对电容的恒流充电或放电电流为：

$$I=\frac{5-2.5}{R_7+R_6}=\frac{2.5}{R_7+R_6}$$

则电容两端最大电压值为：

$$V_{C4}=\frac{1}{C_4}\int_0^{T_1} I\,\mathrm{d}t=\frac{2.5}{C_4(R_7+R_6)}T_1$$

其中 T_1 为半周期，$T_1=T/2=1/2f$。V_{C4} 的最大值为 2V，则：

$$2=\frac{2.5}{C_4(R_7+R_6)}\frac{1}{2f}$$

$$C_4=\frac{2.5}{(R_7+R_6)4f}=\frac{2.5}{20\times10^3\times4\times150\times10^3}\approx208.3(\text{pF})$$

取 C_4=220pF，R_7=10kΩ，R_6 采用 20kΩ 可调电位器。使振荡频率 f 在 150kΩ 左右有较大的调整范围。

3）PWM 波产生电路设计

选用 LM393 精密高速比较器，电路如图 5.3.8 所示，由于三角波 V_{p-p}=2V，所以要求音频信号的 V_{p-p}不能大于 2V，否则会使功放产生失真。

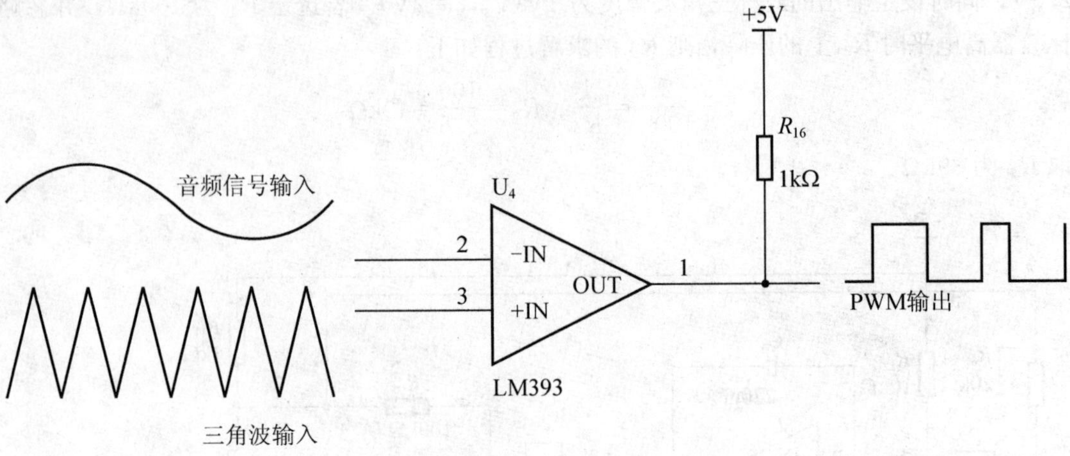

图 5.3.8　PWM 波产生电路

4）功率驱动电路

电路如图 5.3.9 所示。将 PWM 信号整形变换成互补对称的输出驱动信号，用 LM393 组成电压跟随器和 1∶1 反向比例放大器以获得对称输出信号，送给由晶体三极管组成的互补对称式射极跟随器驱动的输出管，保证了快速驱动。功率驱动电路晶体三极管选用 2SC8050 和 2SC8550 对管。

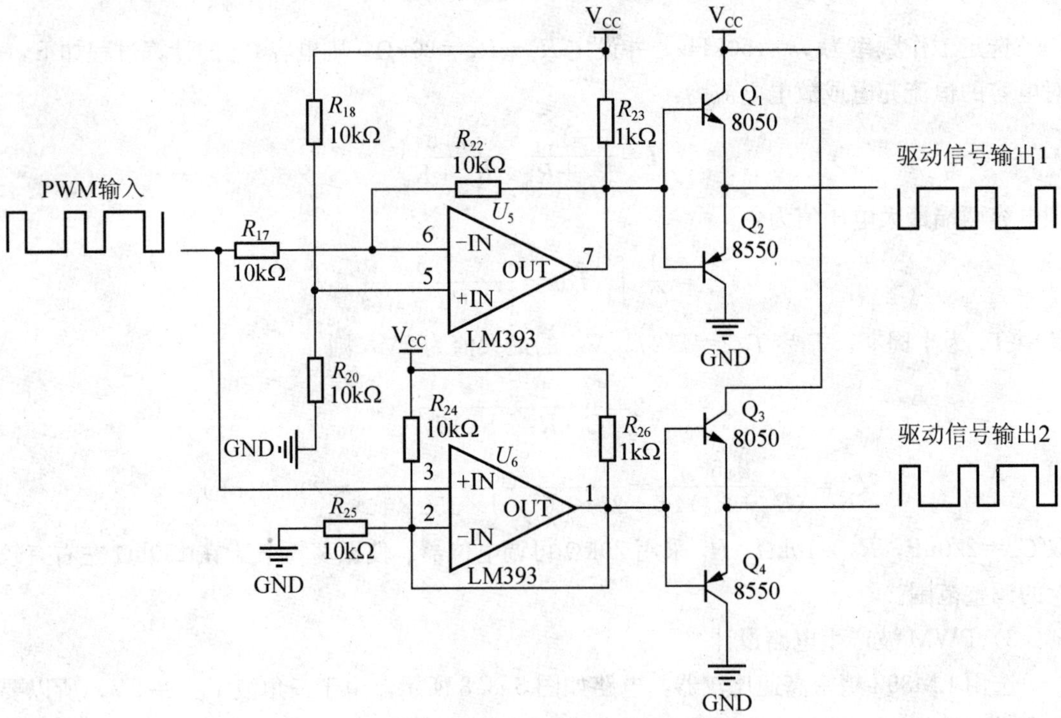

图 5.3.9　功率驱动电路

5）H桥互补对称输出电路

对VMOSFET的要求是导通电阻小，开关速度快，开启电压小。因输出功率稍大于1W，属小功率输出，可选用功率相对较小、输入电容较小、容易快速驱动的对管，IRF9540和IRF540 VMOS对管的参数能够满足上述要求，故采用之。实际电路如图5.3.10所示。互补PWM开关驱动信号交替开启Q_5和Q_8或Q_6和Q_7，分别经两个4阶Buttterworth滤波器滤波后推动喇叭工作。

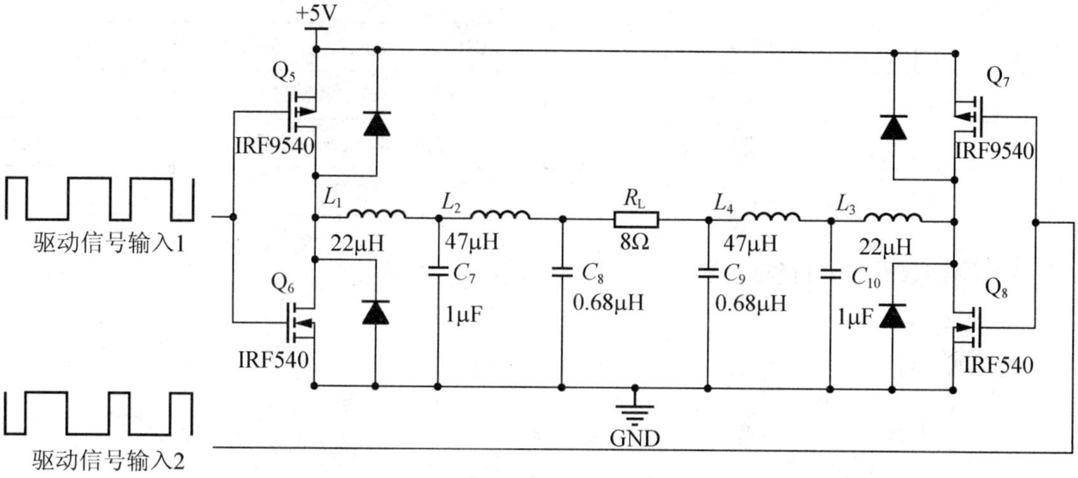

图5.3.10　H桥互补对称输出电路

6）信号变换器设计

电路要求增益为1，将双端变为单端输出，运放选用宽带运放NE5532，电路如图5.3.11所示。由于对这部分电路的电源电压不加限制，可不必采用价格较贵的满幅运放。由于功放的带负载能力很强，故对变换电路的输入阻抗要求不高，选$R_{27}=R_{28}=R_{29}=R_{30}=20\text{k}\Omega$。其增益为$A_v=R_{29}/R_{27}=20/20=1$，其上限频率远超过20kHz的指标要求。

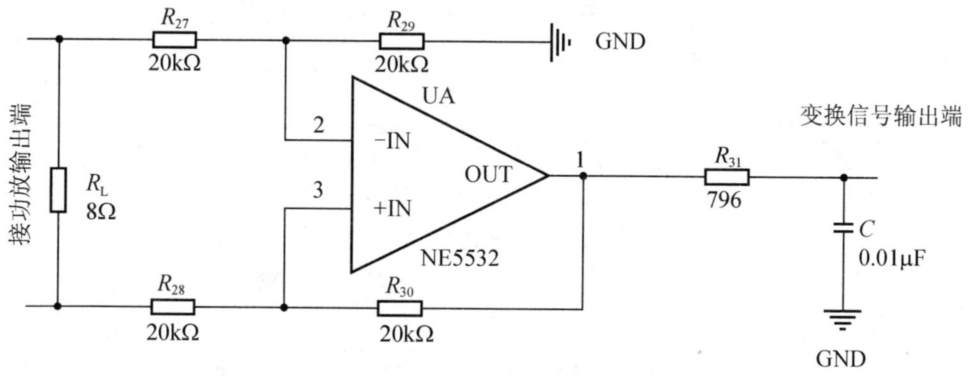

图5.3.11　信号变换器

4. 数据测试与分析

1）测试仪器

本实验所需仪器设备见表5-3-1。

表5-3-1 实验仪器设备

序　　号	名　　称	型号规格	数　　量
1	数字万用表	VC8145	1
2	函数信号发生器	AS101E，0.5Hz～－5MHz	1
3	双踪示波器	GOS6021，20MHz	1
4	交流毫伏表	AS2294D，5Hz～2MHz	1
5	直流稳压电源	YB1713	1

2）测试数据与分析(略)

5. 结束语

(略)

附件1 高效率音频功率放大器设计材料清单

序　号	名　称	规格型号	每份数量	单　位
1	集成运放	TL062	1	只
2	比较器	LM393	2	只
3	三极管	8050	2	只
4	三极管	8550	2	只
5	电阻	1kΩ，1/4W	4	只
6	电阻	2.4kΩ，1/4W	1	只
7	电阻	10kΩ，1/4W	9	只
8	电阻	51kΩ，1/4W	2	只
9	电阻	100kΩ，1/4W	1	只
10	功率电阻	8Ω，2W	1	只
11	电位器	20kΩ	2	只
12	电位器	50kΩ	1	只
13	电解电容	1μF/25V	1	只
14	电解电容	4.7μF/25V	1	只
15	瓷片电容	104	1	只
16	瓷片电容	220pF	1	只
17	独石电容	105	2	只
18	独石电容	684	2	只
19	电感	22μH	2	只
20	电感	47μH	2	只
21	场效应管	IRF540	2	只
22	场效应管	IRF9540	2	只

附件 2　高效率音频功率放大器设计参考电路图

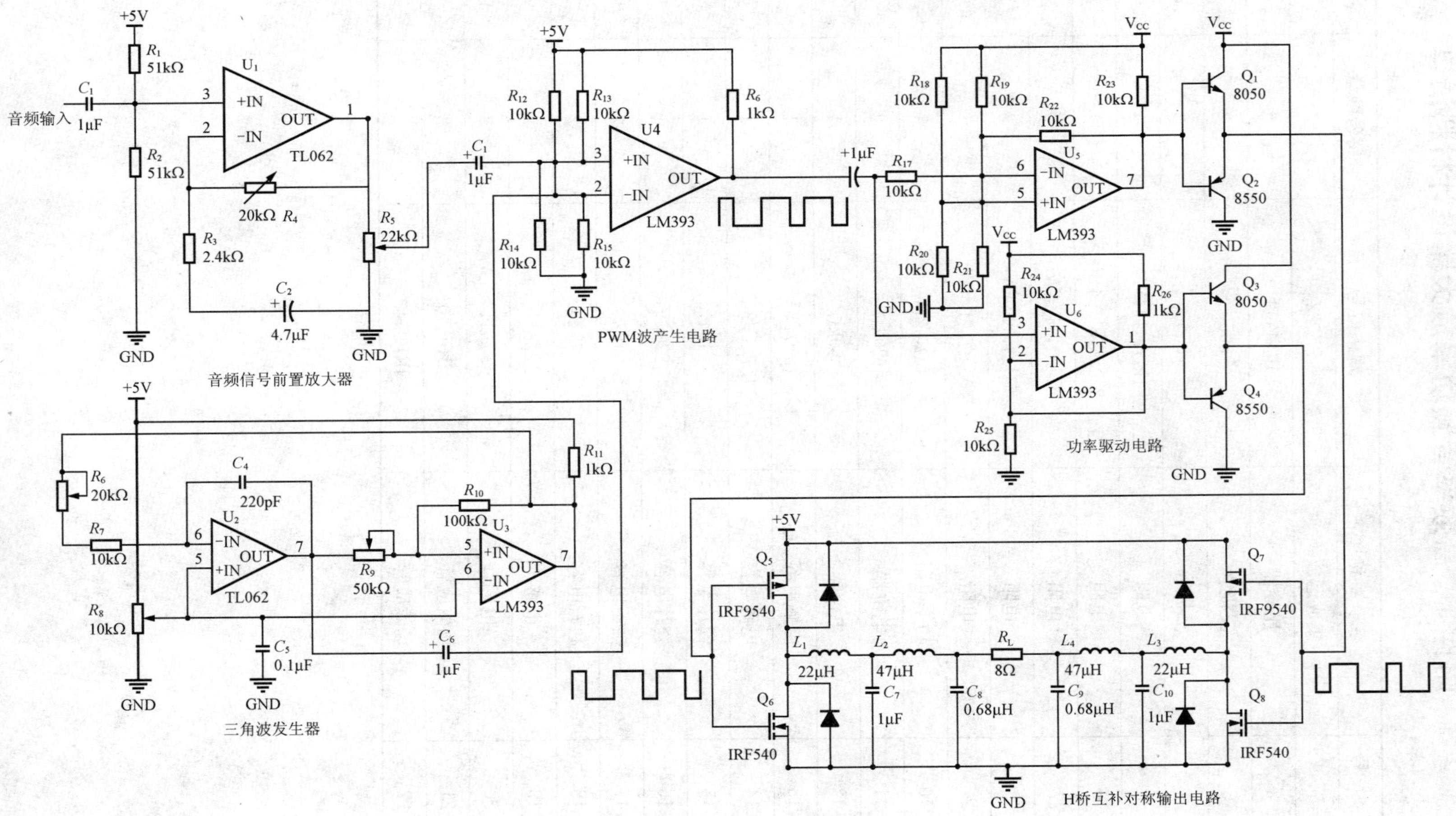

图　带级间耦合电容的功率放大器

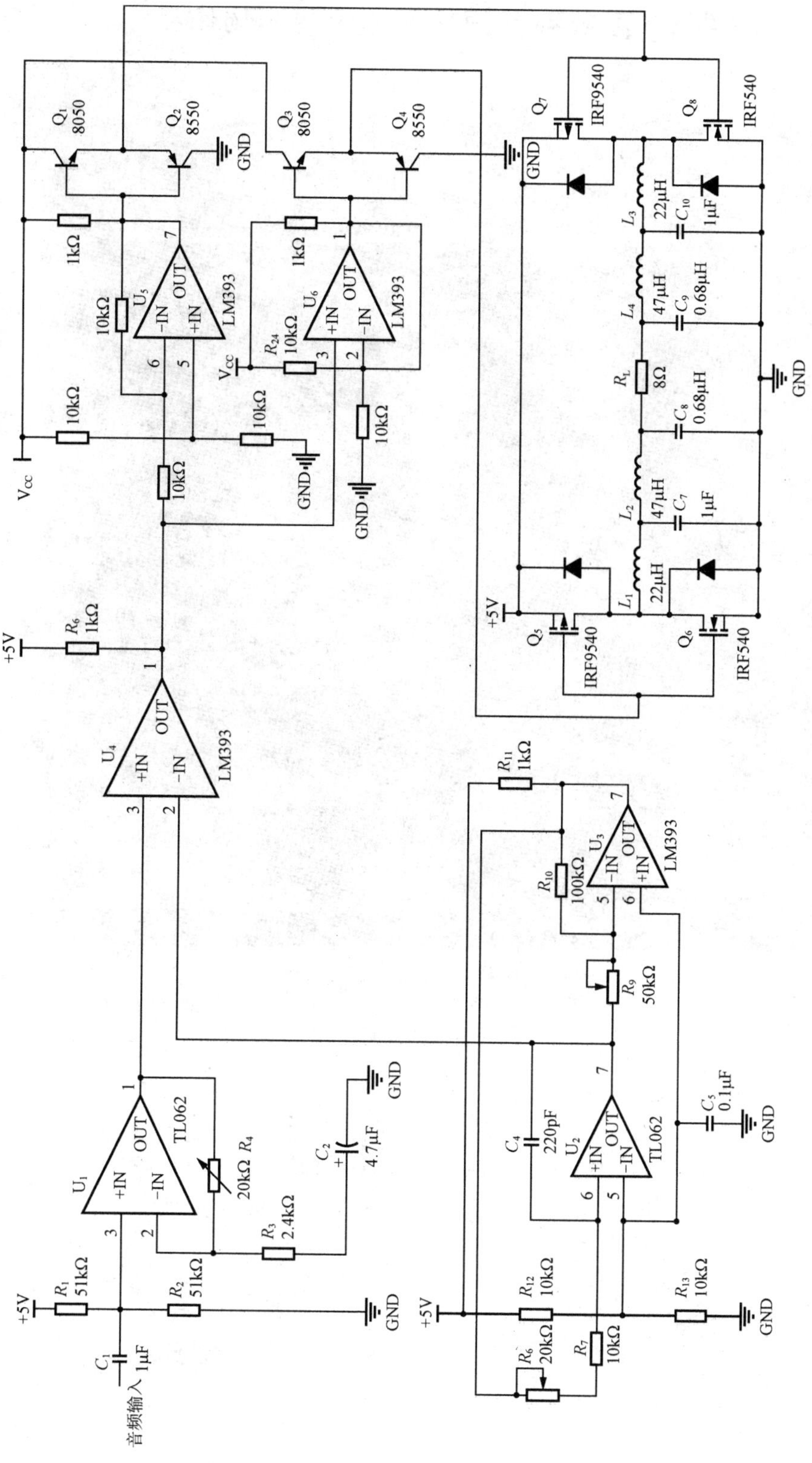
音频输入
C1 1μF
R1 51kΩ
R2 51kΩ
+5V
GND
U1 TL062
R4 20kΩ
R3 2.4kΩ
C2 4.7μF
U4 LM393
R6 1kΩ
U5 LM393
U6 LM393
R24 10kΩ
10kΩ
1kΩ
VCC
Q1 8050
Q2 8550
Q3 8050
Q4 8550
Q5 IRF9540
Q6 IRF540
Q7 IRF9540
Q8 IRF540
L1 22μH
L2 47μH
C7 1μF
C6 0.68μH
RL 8Ω
C8 0.68μH
L4 47μH
C9 0.68μH
L3 22μH
C10 1μF
R11 1kΩ
R10 100kΩ
U3 LM393
R9 50kΩ
C4 220pF
U2 TL062
C5 0.1μF
R12 10kΩ
R13 10kΩ
R6 20kΩ
R7 10kΩ

图　直接耦合功率放大器

附件 3　高效率音频功率放大器实物作品

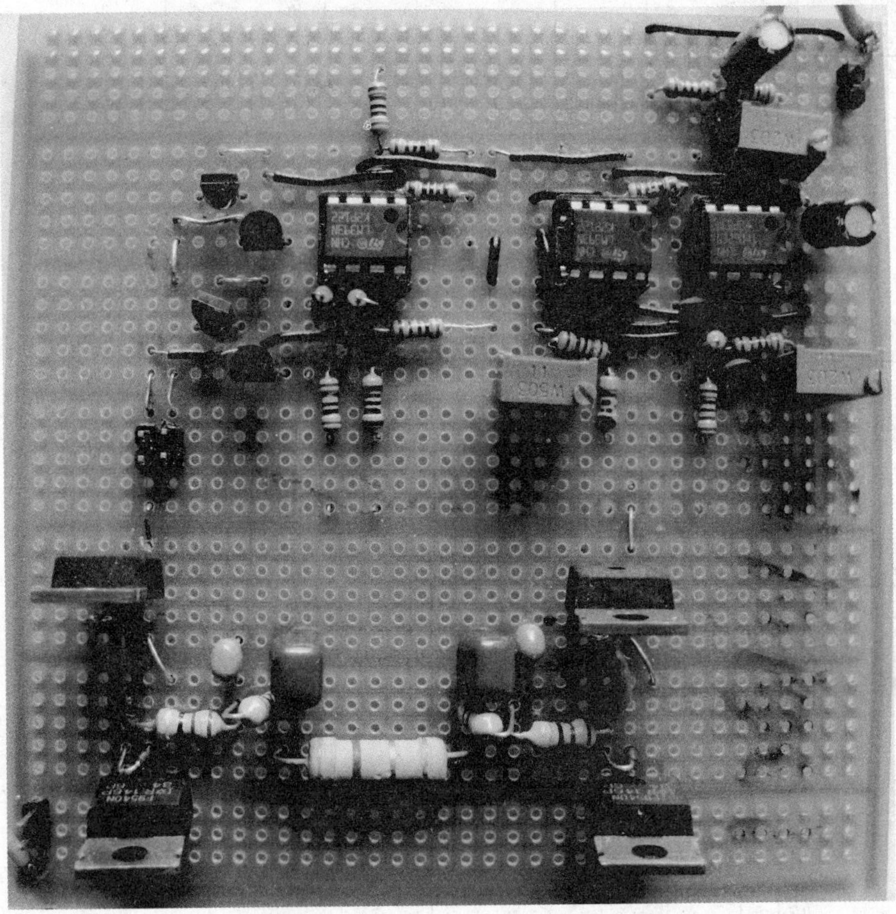

5.4　直流稳压电源设计

5.4.1　实验目的

(1) 掌握一般线性集成直流稳压电源的设计方法和技术。
(2) 熟悉稳压电源性能指标的测试方法。
(3) 掌握对称跟踪可调直流稳压电源的设计、制作和调试方法。
(4) 掌握课程设计报告撰写规程。

5.4.2　预习内容

(1) 预习线性直流稳压电源的基本工作原理。
(2) 思考如何能使对称跟踪可调直流稳压电源输出电压对称跟踪可调。
(3) 思考线性直流稳压电源稳压器输入输出电容有何作用。
(4) 预习开关型集成稳压电源基本工作原理。

5.4.3　实验内容

设计并制作一个直流稳压电源。输入 220V/50Hz 交流电，输出±3V～±15V 对称可调直流电。原理框图如图 5.4.1 所示。

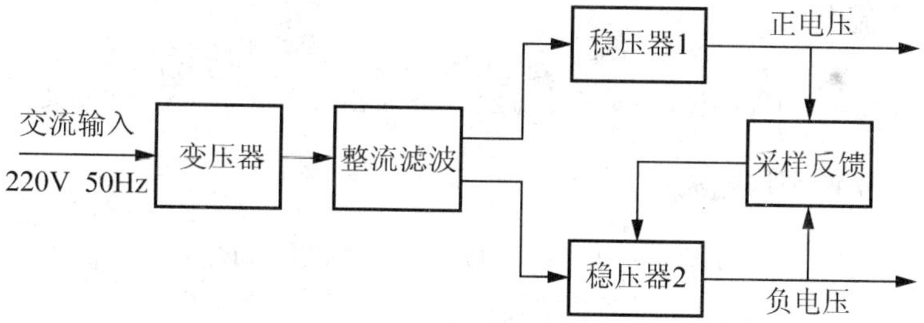

图 5.4.1　对称可调直流稳压电源原理框图

5.4.4　实验原理

直流稳压电源一般由电源变压器、整流滤波电路及稳压电路组成。基本电路和波形如图 5.4.2 所示。

1. 电源变压器

电源变压器的作用是将电网 220V 的交流电压 $\dot{V}_1$ 变换成整流滤波电路所需要的交流电压 $\dot{V}_2$。变压器副边与原边的功率比为：

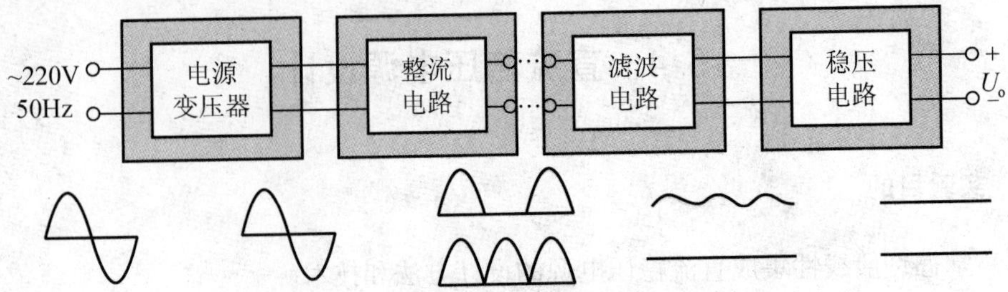

图 5.4.2 直流稳压电源组成及各部分波形

$$\frac{P_2}{P_1}=\eta$$

式中，η 为变压器的效率。一般小型变压器的效率如表 5-4-1 所示。

表 5-4-1 小型变压器的效率

副边功率	P_2	<10	10～30	30～80	80～200
效率	η	0.6	0.7	0.8	0.85

2. 整流电路

整流电路的作用是把交流电压转换成脉动的直流电压。整流二极管 D_1～D_4 组成单相桥式整流电路，如图 5.4.3 所示，将交流电压 $\dot{V}_2$ 变成脉动的直流电压 U_o，如图 5.4.4 所示。

(1) 输出直流电压：

$$U_o=\frac{1}{\pi}\int_0^{\pi}U_o\,\mathrm{d}(\omega t)=\frac{1}{\pi}\int_0^{\pi}\sqrt{2}U_2\sin\omega t\,\mathrm{d}(\omega t)=\frac{2\sqrt{2}U_2}{\pi}=0.9U_2$$

(2) 二极管正向平均电流：

$$I_{D0}=\frac{1}{2}I_o(I_o=U_o/R_L=0.9U_2/R_L)$$

(3) 二极管最大反向峰值电压：

$$U_{DRM}=\sqrt{2}U_2$$

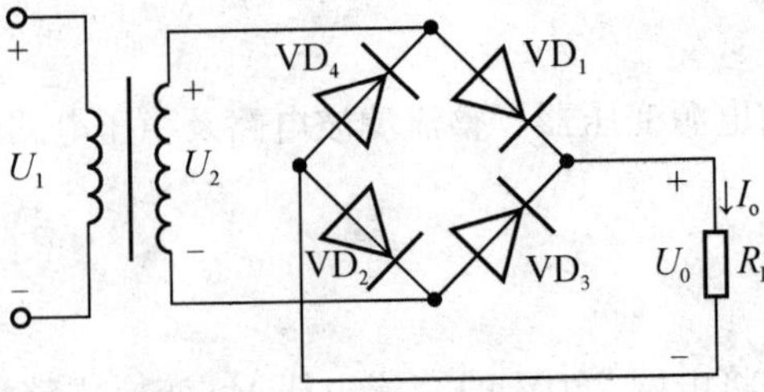

图 5.4.3 桥式整流电路

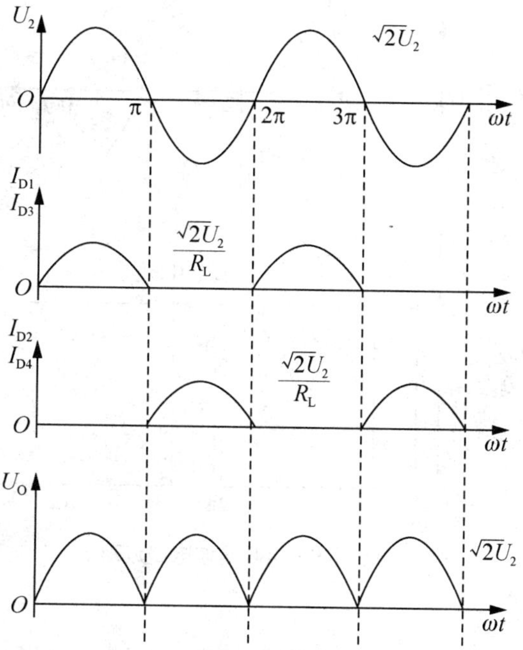

图 5.4.4　桥式整流电路波形

（4）脉动系数 S：

S 定义：整流输出电压的基波峰值 U_{o1M} 与 U_o 平均值之比。S 越小越好。用傅氏级数对全波整流的输出 U_o 分解后可得：

$$U_o=\sqrt{2}U_2\left(\frac{2}{\pi}-\frac{4}{3\pi}\cos 2\omega t-\frac{4}{15\omega}\cos 4\omega t-\frac{4}{35\pi}\cos 6\omega t\cdots\right)$$

所以：

$$S=\frac{U_{o1M}}{U_o}=\frac{\frac{4\sqrt{2}U_2}{3\pi}}{\frac{2\sqrt{2}U_2}{\pi}}=\frac{2}{3}\approx 0.67$$

3. 滤波电路

滤波电路的作用是减小脉动，使输出电压平滑。电容滤波电路如图 5.4.5 所示。滤波电容 C 滤除纹波，输出直流电压 U_o。电容滤波电路波形如图 5.4.6 所示。

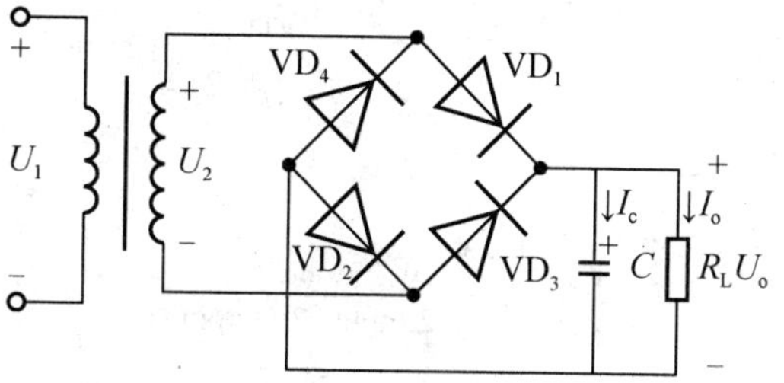

图 5.4.5　电容滤波电路

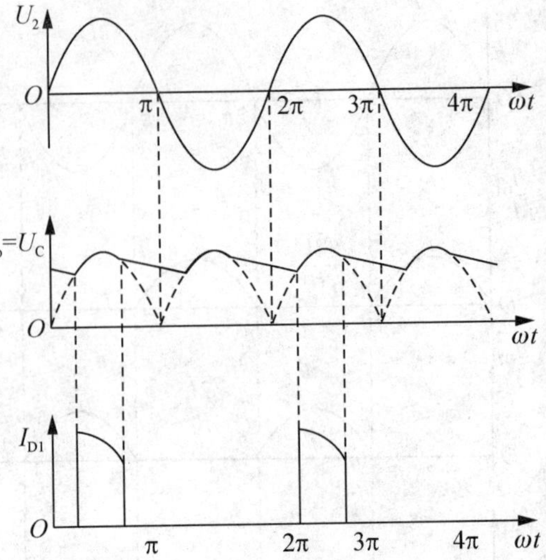

图 5.4.6　电容滤波电路波形

电容滤波电路的特点：

(1) 输出电压。平均值 U_o 与时间常数 R_LC 有关。

R_LC 越大→电容器放电越慢→U_o(平均值)越大。

近似估算：$U_o=1.2U_2$，$I_o=U_o/R_L$。

(2) 流过二极管瞬时电流很大。

R_LC 越大→U_o越高→负载电流的平均值越大。

整流管导电时间越短→I_D的峰值电流越大。

4. 稳压电路

稳压电路的作用是在电网电压波动或负载电流变化时保持输出电压基本不变。常见集成稳压器有固定式三端稳压器与可调式三端稳压器，下面分别介绍其典型应用及选择原则。

1) 三端稳压器 LM7905

固定式三端稳压器的常见产品有 78××系列和 79××系列。78××系列稳压器输出固定的正电压，如 7805 输出为+5V；79××系列稳压器输出固定的负电压，如 7905 输出为−5V。LM7905 管脚图如图 5.4.7 所示。

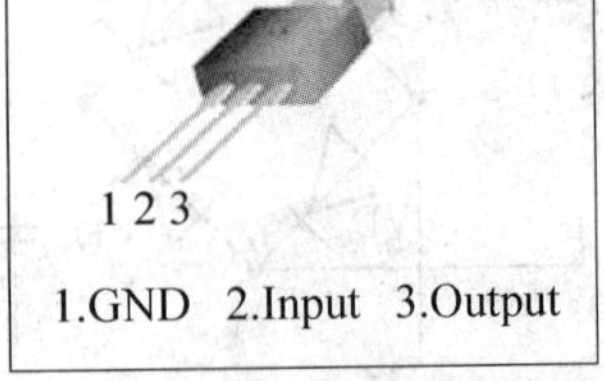

图 5.4.7　LM7905 管脚图

LM7905 基本应用电路如图 5.4.8 所示。其中，电容 C_1、C_3 作用是使输出电压波形更平滑，减少负载对电源的影响，提高动态响应。取值范围：取值太小时，起不到应有的作用；太大时会造成冲击太大，反馈相移大，甚至自激。电容 C_2、C_4 主要目的是滤除高频干扰，电解电容的高频特性较差，小容量的无极性电容高频特性好，起到互补作用，也有利于改善动态特性。取值在 0.01～0.33μF。

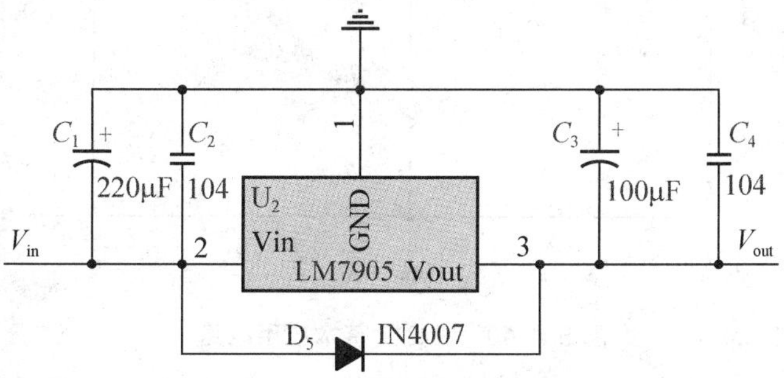

图 5.4.8 LM7905 基本应用电路

2）三端稳压器 LM317

可调试三端稳压管能输出连续可调的直流电压。其中，LM317 系列稳压管输出连续可调的正电压，LM337 系列稳压管输出连续可调的负电压。LM317 管脚图如图 5.4.9 所示，稳压器内部含有过流、过热保护电路。LM317 基本应用电路如图 5.4.10 所示。其中，R_1与 R_2组成电压输出可调电路，输出电压

$$V_o \approx 1.25(1+R_2/R_1)$$

R_1 的值为 120～240Ω，流经 R_1 的泄放电流为 5～10mA。R_2为精密可调电位器。

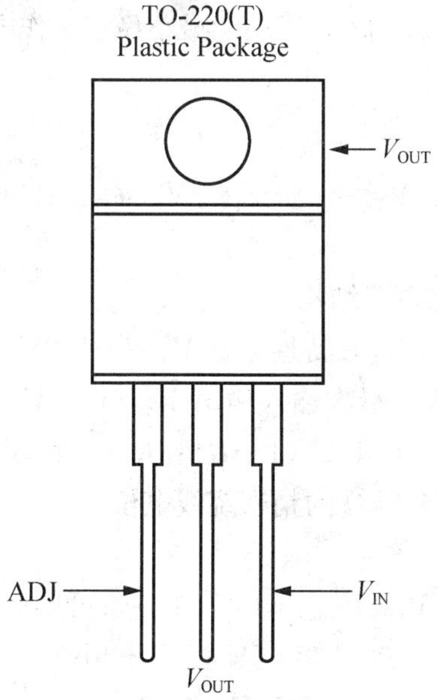

图 5.4.9 LM317 管脚图

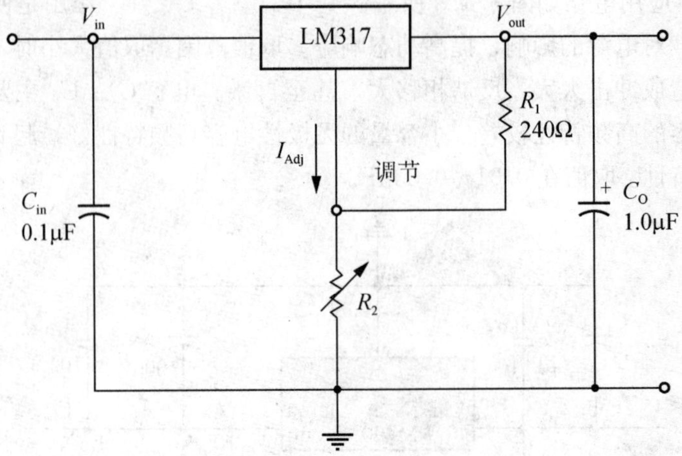

图 5.4.10 LM317 基本应用电路

集成稳压器的输出电压 V_o 与稳压电源的输出电压相同。稳压器的最大允许电流 $I_{CM} < I_{omax}$，输入电压 V_i 的范围为

$$V_{omax}+(V_i-V_o)_{min}\leqslant V_i\leqslant V_{omin}+(V_i-V_o)_{max}$$

式中，V_{omax} 为最大输出电压；V_{omin} 为最小输出电压；$(V_i-V_o)_{min}$ 为稳压器的最小输入、输出压差；$(V_i-V_o)_{max}$ 为稳压器的最大输入、输出压差。

注意：

(1) LM317 稳压块的输出电压变化范围是 $V_o=1.25\sim37V$，所以 R_2/R_1 的比值范围只能是 0～28.6。

(2) 只要保证 $V_o/(R_1+R_2)\geqslant1.5mA$，就可以保证 LM317 稳压块在空载时能够稳定地工作。上式中的 1.5mA 为 LM317 稳压块的最小稳定工作电流。

5.4.5 设计实例

设计要求：性能指标为：$V_o=+3\sim+9V$，$I_{omax}=800mA$，$\Delta V_{op-p}\leqslant5mV$，$S_V\leqslant3\times10^{-3}$。

1）集成稳压器选用，确定电路结构

选可调式三端稳压器 LM317，其特性参数 $V_o=+1.2V\sim+37V$，$I_{omax}=1.5A$，最小输入输出压差 $(V_i-V_o)_{min}=3\ V$，最大输入输出压差 $(V_i-V_o)_{max}=40\ V$。组成的稳压电源电路如图 5.4.11 所示。可得 $V_o\approx1.25(1+RP_1/R_i)$，取 $R_1=240\Omega$，则 $RP_{1min}=336\Omega$，$RP_{1\,max}=1.49k\Omega$，故取 $RP_1=4.7k\Omega$ 的精密绕线电位。

2）电源变压器

由式 $V_{omax}+(V_i-V_o)_{min}\leqslant V_i\leqslant V_{o\,min}+(V_i-V_o)_{max}$ 可得输入电压 V_i 的范围为

$$9V+3V\leqslant V_i\leqslant3V+40V$$

$$12V\leqslant V_i\leqslant43V$$

副边电压 $V_2\geqslant V_{imin}/1.1=12/1.1V$，取 $V_2=11V$，副边电流 $I_2>I_{omax}=0.8A$，取 $I_2=$

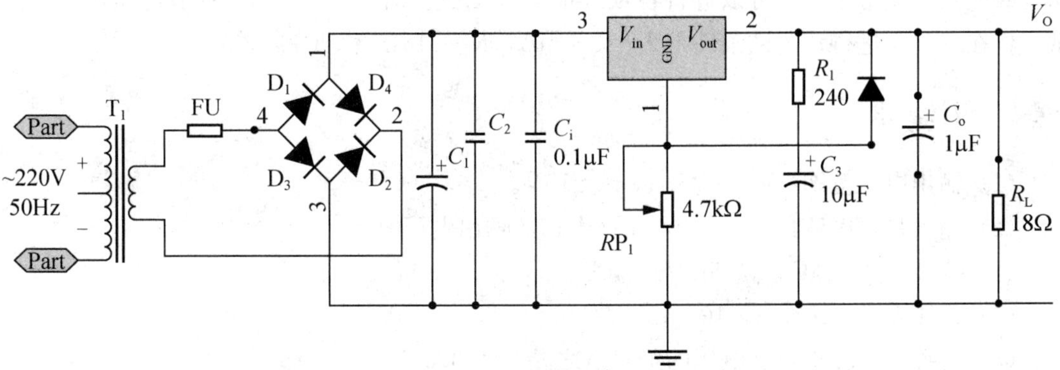

图 5.4.11　直流稳压电源实验电路

1A，则变压器副边输出功率 $P_2 \geqslant I_2 V_2 = 11\text{W}$。

由表 5-4-1 可得变压器的效率 $\eta = 0.7$，则原边输入功率 $P_1 \geqslant P_2/\eta = 15.7\text{W}$。为留有余地，选功率为 20W 的电源变压器。

3）整流二极管及滤波电容

整流二极管 D 选 1N4001，其极限参数为 $V_{RM} \geqslant 50\text{V}$，$I_F = 1\text{A}$。满足 $V_{RM} > \sqrt{2} V_2$，$I_F = I_{omax}$的条件。

滤波电容 C 可由纹波电压 ΔV_{op-p}和稳压系数 S_V 来确定。已知，$V_o = 9V$，$V_I = 12V$，$\Delta V_{op-p} = 5\text{mV}$，$S_V = 3\times 10^{-3}$，则由稳压系数 $S_V = \Delta V_o / \Delta V_I$（$\Delta V_o$—输出电压的变化量(V)，$\Delta V_I$—输入电压的变化量(V)）得稳压器的输入电压的变化量

$$\Delta V_I = \frac{\Delta V_{op-p} V_I}{V_o S_V} = 2.2\text{V}$$

由滤波电容 $C = \dfrac{I_c * t}{\Delta V_{Ip-p}}$（$\Delta V_{Ip-p}$：稳压输入端纹波电压峰峰值，$t$：电容 C 放电时间，I_c：电容 C 的放电电流，可取 $I_c = I_{omax}$）得滤波电容

$$C = \frac{I_c * t}{\Delta V_I} = \frac{I_{omax}}{\Delta V_I} = 3636\mu\text{F}$$

电容 C 的耐压应大于$\sqrt{2} V_2 = 15.4\text{V}$。故取 2 只 2200μF/25V 的电容相并联，如图 5.4.11 中 C_1、C_2 所示。

4）电路的安装与测试

首先应在变压器的副边接入保险丝 FU，以防电路短路损坏变压器或其他器件，其额定电流要略大于 I_{omax}，选 FU 的熔断电流为 1A，LM317 要加适当大小的散热片。先装集成稳压电路，再装整流滤波电路，最后安装变压器。安装一级测试一级。对于稳压电路则主要测试集成稳压器是否能正常工作。其输入端加直流电压 $V_I \leqslant 12\text{V}$，调节 RP_1，输出电压 V_o 随之变化，说明稳压电路正常工作。整流滤波电路主要是检查整流二极管是否接反，安装前用万用表测量其正、反向电阻。介入电源变压器，整流输出电压 V_I 应为正。断开交流电源，将整流滤波电路与稳压电路向连接，在接通电源，输出电压 V_O 为规定值，说

明各级电路均正常工作，可以进行各项性能指标测试。对于图 5.4.11 所示稳压电路，测试工作在室温下进行，测试条件是 I_o=500mA，R_L=18Ω(滑动变阻器)。

5.4.6 设计要求

(1) 输出电压范围：V_o=±3.3V～±15V。
(2) 输出最大电流：I_{omax}=100mA(±15V 输出电压时)。
(3) 纹波电压：$\Delta V_{op-p} \leqslant 5mV$。
(4) 稳压系数：$S_V \leqslant 3\times10^{-3}$。
(5) 对称性：输出正负电压的绝对值之差小于 0.05V。
(6) 制作电源外壳，方便日常使用，且布局合理、美观，整体工艺良好。

5.4.7 设计报告要求

1. 方案选择与论证

2. 工作原理

3. 硬件设计

4. 数据测试与结果分析

5. 结论(或结束语)

6. 参考文献

附件 1　直流稳压电源设计材料清单

序　　号	名　　称	规格型号	每份数量	单　　位
1	三端稳压器	LM317	1	片
2	三端稳压器	LM7905	1	片
3	精密运算放大芯片	OP07	1	片
4	二极管	IN4007	7	只
5	电阻	82Ω，1/4W	4	只
6	电阻	33Ω，1/4W	1	只
7	电阻	22kΩ，1/4W	2	只
8	电阻	2kΩ，1/4W	2	只
9	电位器	1kΩ，大号	1	只
10	电位器	10kΩ，3296	1	只
11	电解电容	10μF/25V	1	只
12	电解电容	1000μF/35V	2	只
13	电解电容	100uF/25V	2	只
14	瓷片电容	104F	5	只
15	变压器	220V/16.5V×2，30W	1	个
16	发光二极管	Φ3 红	2	个
17	输出端子	3 端接口	3	个
18	保险丝	0.5A	1	只
19	保险丝座	0.5A 号	1	只
20	集成块插座	8 脚	1	只
21	电源开关	小号钮子开关	1	只
22	电源线	2 芯	1	根

附件 2　直流稳压电源设计参考电路图

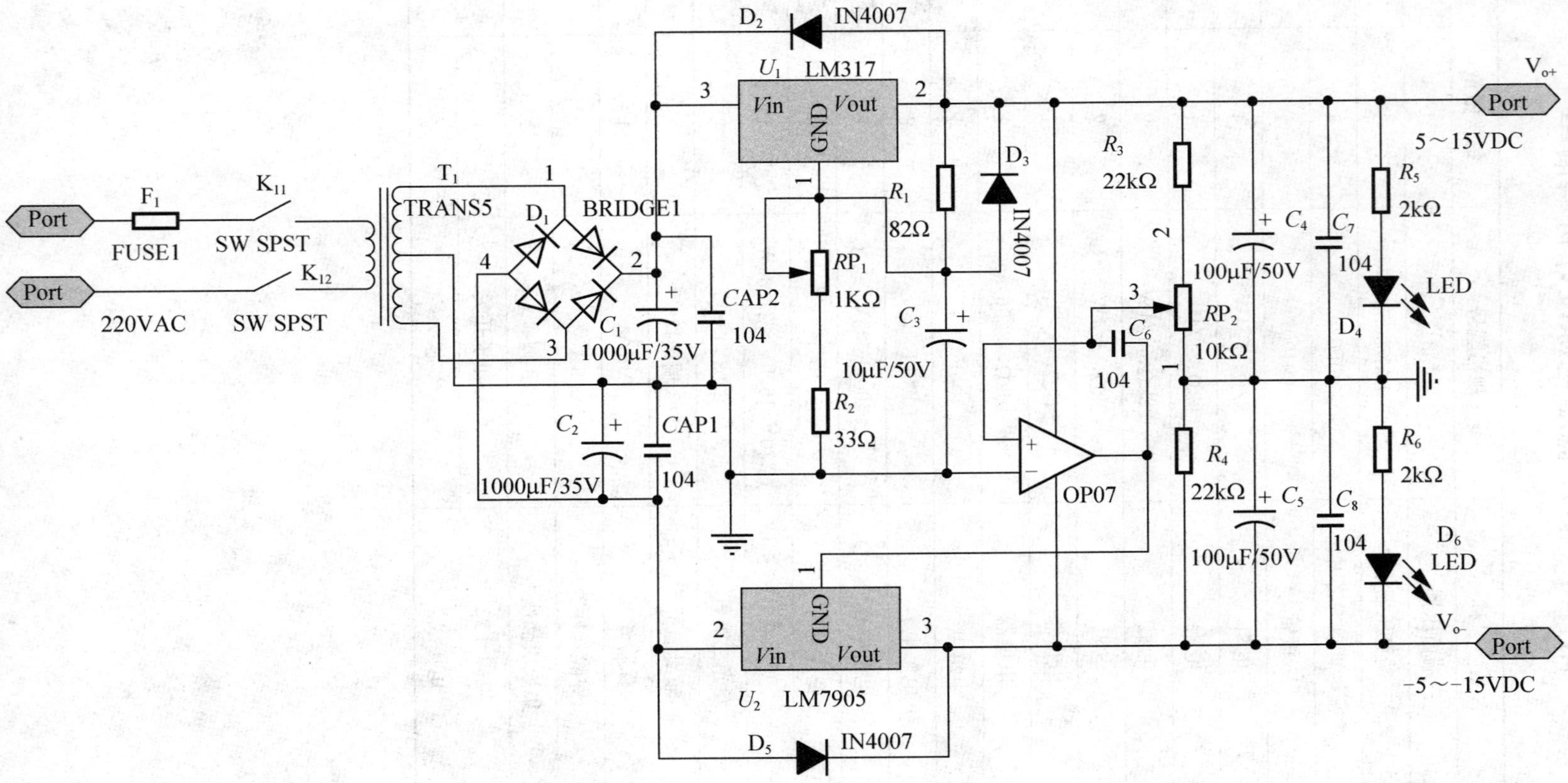

第6章

高频电路实验

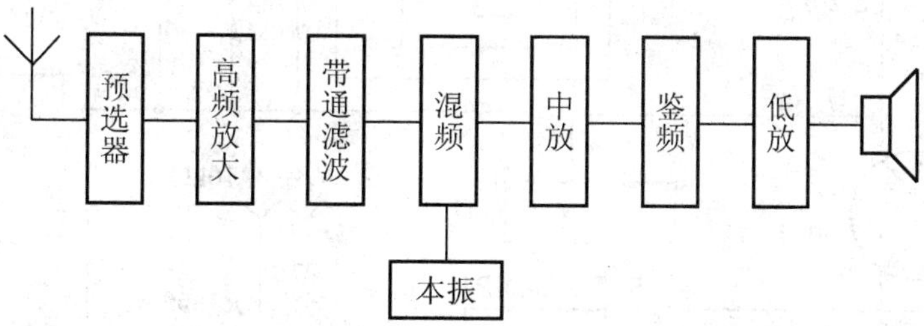

6.1 高频小信号调谐放大器

6.1.1 实验目的

（1）掌握谐振放大器电压增益、通频带、选择性的定义、测试及计算。

（2）掌握信号源内阻及负载对谐振回路 Q 值的影响。

（3）掌握高频小信号放大器动态范围的测试方法。

6.1.2 预习内容

（1）掌握 LC 电路选频特性。

（2）预习晶体管调谐放大器基本工作原理。

（3）思考实验内容中如何测量电路的静态工作点。

（4）思考为什么要如何调整静态工作点。

（5）思考如何测量高频信号。

（6）思考测量电路幅频特性。

（7）思考 Q 值对调谐放大电路有什么影响。

6.1.3 实验原理

小信号谐振放大器是通信机接收端的前端电路，主要用于高频小信号或微弱信号的线性放大。其实验单元电路如图 6.1.1 所示。该电路由晶体管 VT_7、选频回路 CP_2 两部分组成。它不仅对高频小信号放大，而且还有一定的选频作用。本实验中输入信号的频率

f_s=10MHz。R_{67}、R_{68}和射极电阻决定晶体管的静态工作点。拨码开关 S_7 改变回路并联电阻，即改变回路 Q 值，从而改变放大器的增益和通频带。拨码开关 S_8 改变射极电阻，从而改变放大器的增益。

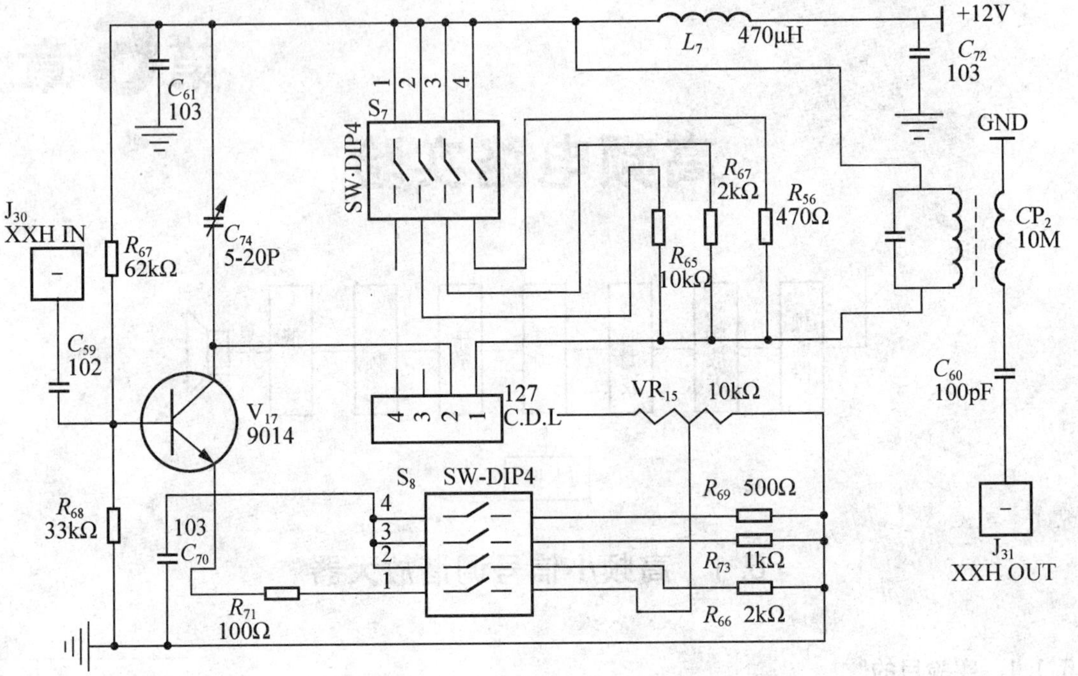

图 6.1.1　高频小信号放大器

6.1.4　实验内容

1. 静态测量

将开关 S_8 的 2、3、4 分别置于“ON”，测量对应的静态工作点。计算对应 I_c值，计算并填入表 6-1-1。将“1”置于“ON”，调节电位器 R_{10}，可以观察工作电流变化。

表 6-1-1　静态工作点

开关位置	R_e	V_b	V_e	I_c	V_{ce}	是否工作在放大区
2	2kΩ					
3	1kΩ					
4	500Ω					

注：V_b 和 V_e 是三极管的基极和发射极对地的电压。

2. 动态测量

(1) 将 10.7MHz 高频小信号(<50mV)接入电路的输入端，调节 C_3 使输出幅度最大，电路谐振。

(2) 用示波器测量输出信号幅度并记录到表 6-1-2，改变静态工作电流并记录输出电压幅度。

(3) 改变输入信号幅度，重新第(2)步的工作。

表 6-1-2 放大器动态测试

V_i(V)		0.05	0.07	0.09	0.1	0.2	0.3	0.4	0.5	0.6	0.7	0.8
V_o(V)	R_e=1kΩ											
	R_e=500Ω											
	R_e=2kΩ											

3. 用扫频仪观测回路谐振曲线

将扫频仪射频输出端送入电路输入端，电路输出接至扫频仪检波器输入端。观察回路谐振曲线(扫频仪输出衰减档位应根据实际情况来选择适当的位置)。调回路电容 CT_4 可以观察回路谐振曲线变化情况。

4. 放大器的频率特性

使电路的静态工作电流为 3.5mA，输入信号幅度为 0.1V，电路谐振在 10.7MHz。改变谐振回路并联电阻阻值，测量不同频率信号(6~16MHz 之间)的输出幅度并记录到表 6-1-3。

表 6-1-3 放大器频率特性

f(MHz)		6	8	9	10	10.7	11	12	13	14	16
V_o(V)	R=2kΩ										
	R=10kΩ										
	R=470Ω										
	开路										

6.1.5 实验仪器设备

本实验所需仪器设备见表 6-1-4。

表 6-1-4 实验仪器设备

序 号	名 称	型号规格	数 量
1	数字万用表	UT—56	1
2	高频信号发生器	QF1055A	1
3	双踪示波器	TDS1012	1
4	扫频仪	BT3D	1
5	通信电子线路实验箱	GP4A	1

6.1.6　实验注意事项

（1）实验箱电源在侧面。

（2）实验时需要将 J_{27} 用跳线帽连接起来。

（3）万用表测量电流时要更换表笔接入位置，否则容易烧毁保险丝。

（4）高频信号测量用高频毫伏表或者示波器。

6.1.7　实验报告要求

（1）画出实验电路的交流等效电路。

（2）计算直流工作点，与实验实测结果比较。

（3）整理实验数据，分析说明回路并联电阻对 Q 值的影响。

（4）假定 C_T 和回路电容 C 总和为 30pF，根据工作频率计算回路电感 L 值。

（5）画出 R 为不同值时的幅频特性。

6.2　高频功率放大器

6.2.1　实验目的

（1）了解丙类功率放大器的基本工作原理，掌握丙类放大器的调谐特性以及负载变化时的动态特性。

（2）了解高频功率放大器丙类工作的物理过程，以及当激励信号变化和电源电压 V_{CC} 变化时对功率放大器工作状态的影响。

（3）比较甲类功率放大器与丙类功率放大器的特点、功率、效率。

6.2.2　预习内容

（1）预习高频功率放大器基本工作原理。

（2）思考实验内容中如何测量电路的调谐特性。

（3）思考如何进行高频电路的级联。

（4）思考高频电路级联过程中，两级电路放大的频率中心点偏差大会对电路有什么影响。

（5）思考如何测量电路的负载特性。

（6）思考电源电压变化对工作状态的影响，Q 值对调谐放大电路有什么影响。

6.2.3　实验原理

丙类功率放大器通常作为发射机末级功放以获得较大的输出功率和较高的效率。本实验单元模块电路如图 6.2.1 所示。该实验电路由两级功率放大器组成。其中 VT_1(3DG12)、XQ_1 与 C_{15} 组成甲类功率放大器，工作在线性放大状态，其中 R_2、R_{12}、R_{13}、VR_4 组成静态偏置电阻，调节 VR_4 可改变放大器的增益。XQ_2 与 CT_2、C_6 组成的负载回路与 VT_3(3DG12)组成丙类功率放大器。甲类功放的输出信号作为丙放的输入信号(由短路块 J_5 连通)。VR_6 为射极反馈电阻，调节 VR_6 可改变丙放增益。与拨码开关相连的电阻为负载回路外接电阻，改变 S_5 拨码开关的位置可改变并联电阻值，即改变回路 Q 值。当短路块 J_5 置于开路位置时则丙放无输入信号，此时丙放功率管 VT_3 截止，只有当甲放输出信号大于丙放管 VT_3 be 间的负偏压值时，VT_3 才导通工作。

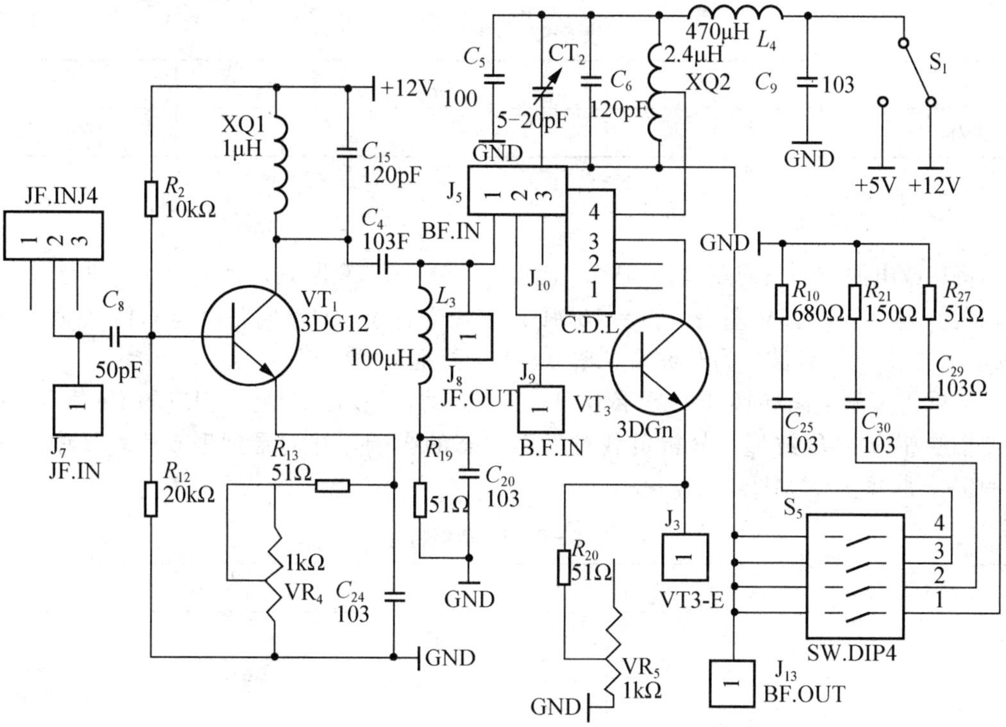

图 6.2.1　高频功率放大器

6.2.4　实验内容

1. 了解丙类工作状态的特点

(1) 对照电路图 6.2.1，了解实验板上各元件的位置与作用。

(2) 将功放电源开关 S_1 拨向右端(+12V)，负载电阻转换开关 S_5 全部拨向开路，示波器电缆接于 J_{13} 与地之间，将振荡器中 S_4 开关“4”拨向“ON”，即工作在晶体振荡状态，将振幅调制部分短路块 J_{11} 连通在下横线处，将前置放大部分短路块 J_{15} 连通在“ZD”下横线处，将短路块 J_4、J_5、J_{10} 均连在下横线处，调整 VR_5、VR_{11}、VR_{10}，使 J_7 处为 0.8V，调整 VR_4、VR_6，在示波器上可看到放大后的高频信号(或从 J_7 处输入 0.8V,

10MHz 高频信号，调节甲放 VR_4 使 JF. OUT(J_8)为 6V 左右)。从示波器上可看到放大输出信号振幅随输入电压振幅变化，当输入电压振幅减小到一定值时，可看到输出电压为 0，记下此时输入电压幅值。也可将短路环 J_5 断开，使激励信号 $U_b=0$，则 U_o 为 0，此时负偏压也为 0，由此可看出丙类工作状态的特点。

2. 测试调谐特性

使电路正常工作，从前置放大模块中 J_{24} 处输入 0.2V 左右的高频信号，使功放管输入信号为 6V 左右，S_5 仍全部开路，改变输入信号频率从 4～16MHz，记录输出电压值到表 6-2-1。

表 6-2-1　$V_b=6V$

f(MHz)					10				
V_c(V)									

3. 测试负载特性

将功放电源开关拨向左端(+5V)，使 $V_{CC}=5V$，S_5 全断开，将 J_5 短路环断开，用信号源在 J_9 输入 $V_b=6V$ 左右，$f_0=10MHz$ 的高频信号，调整回路电容 CT_2 使回路调谐(以示波器显示 J_{13} 处波形为对称的双峰为调谐的标准)。

然后将负载电阻转换开关 S_5 依次从 1～4 拨动，用示波器测量相应的 Vc 值和 Ve 波形，描绘相应的 I_e 波形，分析负载对工作状态的影响，并记录到表 6-2-2 中。其中 $V_b=6V$，频率为 10MHz，$V_{CC}=5V$。

表 6-2-2　负载特性

R_L(Ω)	680	150	51	开路
$V_{c(v)p-p}$				
$V_{c(v)p-p}$				
I_e 的波形				

4. 观察激励电压变化对工作状态的影响

将示波器接入 VT_3 管发射极 J_3 处，开关 S_1 拨向+5V，调整 VR_6 和 VR_4，使 J_3 处 I_e 波形为凹顶脉冲(此时 S_5 全部开路)。然后改变 U_b 由大到小变化(即减小输入信号)，用示波器观察 I_e 波形的变化。

5. 观察电源电压 V_{CC} 变化对工作状态的影响

将 I_e 波形调到凹顶脉冲波形，用示波器在 J_3 处可观察 I_e 电流波形，此时可比较 S_1 拨向+5V 或+12V 两种不同的情况下 I_e 波形的变化。

6. 实测功率、效率计算

将 V_{CC} 调为 12V，测量丙放各参量，填入表 6-2-3，并进行功率、效率计算。

表 6-2-3　实测功率、效率

$f=10\text{MHz}$			实测					实测计算				
			V_b	V_e	V_{ce}	V_o	I_o	P_i	P_o	P_a	I_c	η
$V\text{c}=12\text{V}$	甲放											
	丙放	$R_L=\infty$										
		$R_L=50\Omega$										

其中：V_i：输入电压峰-峰值。

V_o：输出电压峰-峰值。

I_o：发射极直流电压/发射极电阻值。

$P_=$：电源给出直流功率($P_= = V_{CC}\times I_o$)。

P_c：管子损耗功率($P_c=I_c\times V_{ce}$)。

P_o：输出功率($P_o=1/2\times(V_o/2)^2/R_L$)。

6.2.5　实验仪器设备

本实验所需仪器设备见表 6-2-4。

表 6-2-4　实验仪器设备

序　号	名　称	型号规格	数　量
1	数字万用表	UT—56	1
2	高频信号发生器	QF1055A	1
3	双踪示波器	TDS1012	1
4	扫频仪	BT3D	1
5	通信电子线路实验箱	GP4A	1

6.2.6　实验注意事项

(1) 实验箱电源在侧面。

(2) 实验时需要将 J_8 用跳线帽连接起来。

(3) 实验的两级电路中心频率须一致，否则信号不会放大。

(4) 万用表测量电流时要更换表笔接入位置，否则容易烧毁保险丝。

(5) 高频信号测量用高频毫伏表或者示波器。

(6) 自偏置电压为负。

6.2.7 实验报告要求

(1) 根据实验测量结果，计算各种情况下 I_o、P_o、P、η。

(2) 说明电源电压、输入激励电压、负载电阻对工作状态的影响，并用实验参数和波形进行分析说明。

(3) 用实测参数分析丙类功率放大器的特点。

6.3 正弦波振荡器

6.3.1 实验目的

(1) 掌握三端式振荡电路的基本原理、起振条件、振荡电路设计及电路参数计算。

(2) 通过实验掌握晶体管静态工作点、反馈系数大小、负载变化对起振和振荡幅度的影响。

(3) 研究外界条件(电源电压、负载变化)对振荡器频率稳定度的影响。

(4) 比较 LC 振荡器和晶体振荡器的频率稳定度。

6.3.2 预习内容

(1) 预习振荡器的基本工作原理。

(2) 思考实验内容中如何测量信号的频率。

(3) 思考影响频率稳定的因素：反馈系数、温度、电源电压、负载大小。

(4) 思考如何提高振荡器频率稳定性。

(5) 思考如何测量频率稳定性。

6.3.3 实验原理

本实验中正弦波振荡器包含工作频率为10MHz左右的电容反馈 LC 三端振荡器和一个10MHz的晶体振荡器，其电路图如图6.3.1所示。由拨码开关 S_2 决定是 LC 振荡器还是晶体振荡器(1拨向ON为 LC 振荡器，4拨向ON为晶体振荡器)

LC 振荡器交流等效电路如图6.3.2所示。

由交流等效电路图可知该电路为电容反馈 LC 三端式振荡器，其反馈系数 $F=(C_{11}+CT_3)/\text{CAP}$，CAP可变为 C_7、C_{14}、C_{23}、C_{19} 其中一个。其中 C_j 为变容二极管2CC1B，根据所加静态电压对应其静态电容。

若将 S_2 拨向“1”通，则以晶体 J_T 代替电感 L，此即为晶体振荡器。

图6.3.1中电位器 VR_2 调节静态工作点。拨码开关 S_4 改变反馈电容的大小。S_3 改变负载电阻的大小。VR_1 调节变容二极管的静态偏置。

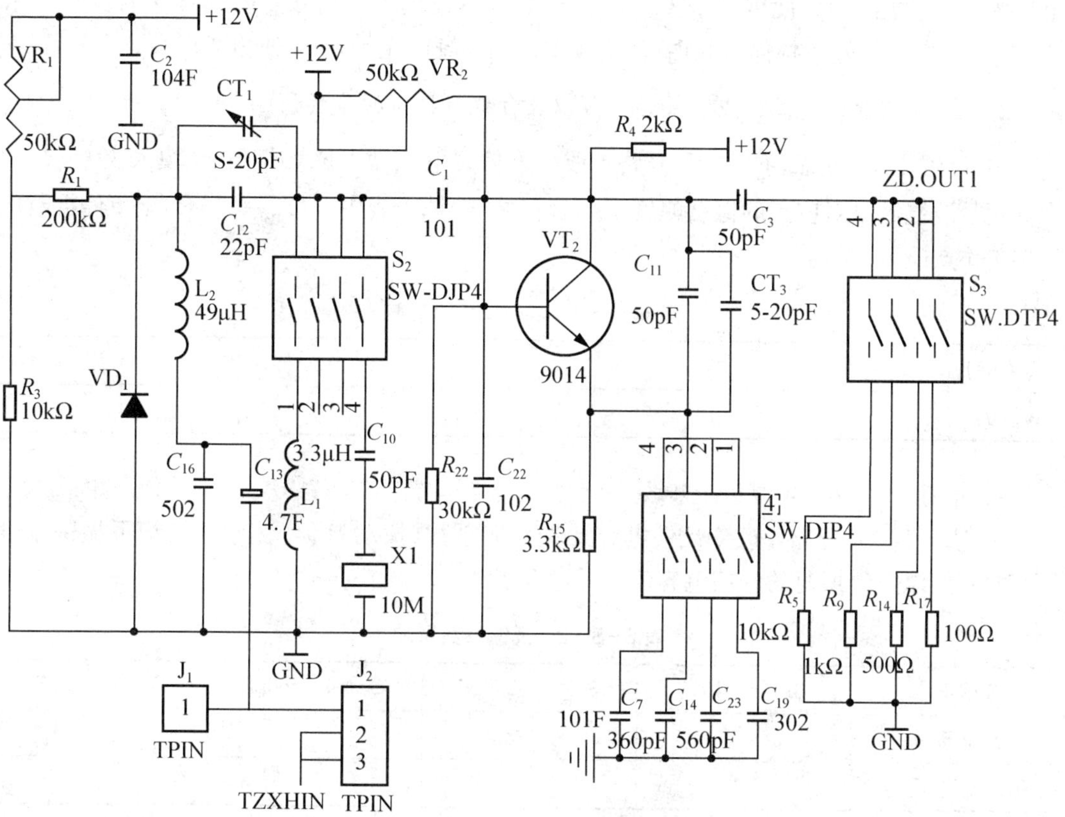

图 6.3.1 正弦波振荡电路

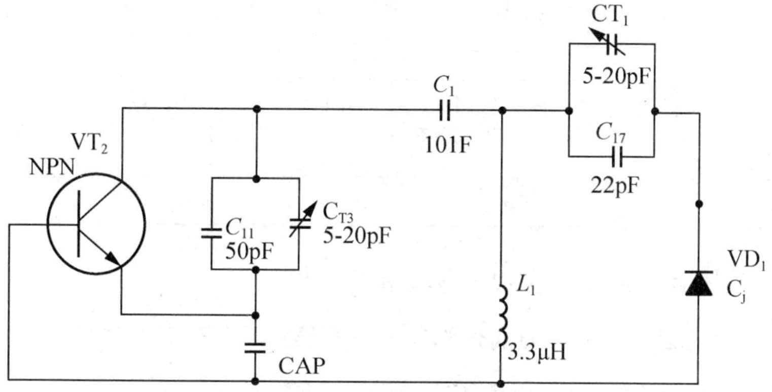

图 6.3.2 正弦波振荡电路的交流等效电路

6.3.4 实验内容

1. *LC* 振荡器波段研究

将 S_2 置于“1”ON，S_4 置于“3”ON，S_3 全断开。调节 VR_1 使变容二极管负端到地电压为 2V，调节 VR_5 使 J_6(ZD. OUT)输出最大不失真正弦信号，改变可变电容 CT_1 和 CT_3，测其幅频特性，描绘幅频曲线(用频率计和高频电压表在 J_6 处测试)。

2. *LC* 振荡器静态工作点、反馈系数以及负载对振荡幅度的影响

将 S_2 置于 1，S_4 置于 3，S_3 开路，改变上偏置电位器 VR_2，记下 I_{eo} 填入表 6-3-1 中，用示波器测量对应点的振荡幅度 V_{p-p}(峰-峰值)填于表中。($I_{eo}=V_e/R$)记下停振时的静态工作点电流。

表 6-3-1　静态工作点影响

L_{eo}(mA)							
V_o(V)							

将 S_4 置于 2、4，重复以上步骤。

S_2 置于 1，S_3 开路，改变反馈电容计算反馈系数(拨动 S_4)，用示波器记下振荡幅度与开始起振以及停振时的反馈电容值，并记入表 6-3-2。

表 6-3-2　反馈系数影响

反馈电容	$S_4=4$　101F	$S_4=4$　360pF	$S_4=4$　560pF	$S_4=4$　502F
反馈系数				
振荡幅度 V_{p-p}				

S_2 置于 1，S_4 置于 2，改变负载电阻(拨动 S_3)，记下振荡幅度及停振时的负载电阻并记入表 6-3-3。

表 6-3-3　负载电阻影响

负载电阻	空载	$S_3=4$　10kΩ	$S_3=3$　1kΩ	$S_3=2$　500Ω	$S_3=1$　100Ω
振荡幅度(*LC*)					
振荡幅度(晶体)					

S_2 置于 4(晶体振荡器)，重复以上各项填于表中。

3. *LC* 振荡器的频率稳定度与晶体振荡器频率稳定度的研究与比较

将 S_2 分别置于 1 或 4，进行以下实验并进行比较。

1）电源电压变化引起的频率漂移

S_2 置于 1 或 4，S_4 置于 3，以室温下电源电压 12V 时的频率为标准，测量电源电压变化±2V 时 *LC* 振荡器及晶体振荡器的频率漂移，记录并比较所得结果。

2）负载变化引起的频率漂移

S_2 置于 1 或 4，S_3 波段开关顺次由 1～4 拨动，测量 S_2 开关在 *LC* 振荡器及晶体振荡器的频率，记录并比较所得结果。

表 6-3-4　电源电压影响

电源电压		10V	11V	12V	13V	14V
频率	*LC* 振荡器					
	晶体振荡器					

表 6-3-5　负载影响

负载电阻		100Ω	500Ω	1kΩ	10kΩ	空载
频率	*LC* 振荡器					
	晶体振荡器					

6.3.5　实验仪器设备

本实验所需仪器设备见表 6-3-6。

表 6-3-6　实验仪器设备

序　号	名　称	型号规格	数　量
1	数字万用表	UT—56	1
2	高频信号发生器	QF1055A	1
3	双踪示波器	TDS1012	1
4	扫频仪	BT3D	1
5	通信电子线路实验箱	GP4A	1

6.3.6　实验注意事项

(1) 实验箱电源在侧面。

(2) 实验时需要将 J_8 用跳线帽连接起来。

(3) 电路停振时示波器上看到的信号是一条直线或者无规律信号。

(4) 万用表测量电流时要更换表笔接入位置，否则容易烧毁保险丝。

(5) 实验室信号频率的高精度测量只能用频率计。

6.3.7　实验报告要求

(1) 用表格形式列出实验所测数据，绘出实验曲线，并用所学理论加以分析解释。

(2) 比较所测得的结果，分析晶体振荡器的优点。

(3) 分析静态工作点，反馈系数 F 和负载对振荡器起振条件和输出波形振幅的影响。

(4) 根据实测写出 *LC* 振荡器和晶体振荡器的工作频率范围，并分析两种不同振荡器的频率稳定度。

6.4 混 频 器

6.4.1 实验目的

(1) 掌握晶体三极管混频器频率变换的物理过程和本振电压 V_o 和工作电流 I_e 对中频输出电压大小的影响。

(2) 掌握由集成模拟乘法器实现的平衡混频器频率变换的物理过程。

(3) 比较晶体管混频器和平衡混频器对输入信号幅度及本振电压幅度要求的不同点。

6.4.2 预习内容

(1) 预习晶体管混频器的基本工作原理。

(2) 思考中频电压 V_i 与混频管静态工作点的关系。

(3) 思考晶体管混频器输出中频电压 V_i 与输入本振电压的关系。

(4) 思考平衡混频器的频率变换过程。

6.4.3 实验原理

混频器常用在超外差接收机中，它的任务是将已调制(调幅或调频)的高频信号变成已调制的中频信号而保持其调制规律不变。本实验中包含两种常用的混频电路：晶体三极管混频器和平衡混频器。

图 6.4.1 为晶体管混频器，该电路主要由 VT_8(3DG6 或 9014)和 6.5MHz 选频回路(CP_3)组成。10kΩ 电位器(VR_13)改变混频器静态工作点，从而改变混频增益。输入信号频率 $f_s=10$MHz，本振频率 $f_o=16.455$MHz，其选频回路 CP_3 选出差拍的中频信号频率 $f_i=6.5$MHz，由 J_{36} 输出。

图 6.4.2 为平衡混频器，该电路由集成模拟乘法器 MC1496 完成。MC1496 可以采用单电源供电，也可采用双电源供电。本实验电路中采用＋12V、－9V 供电。VR_{19}(电位器)与 R_{95}(10kΩ)、R_{96}(10kΩ)组成平衡调节电路，调节 VR_{19} 可以使乘法器输出波形得到改善。CP_5 为 6.5MHz 选频回路。本实验中输入信号频率为 $f_s=10$MHz，本振频率 $f_o=16.455$MHz。

图 6.4.3 为 16.455MHz 本振振荡电路，平衡混频器和晶体管混频器的本振信号可由 J_{43} 输出。

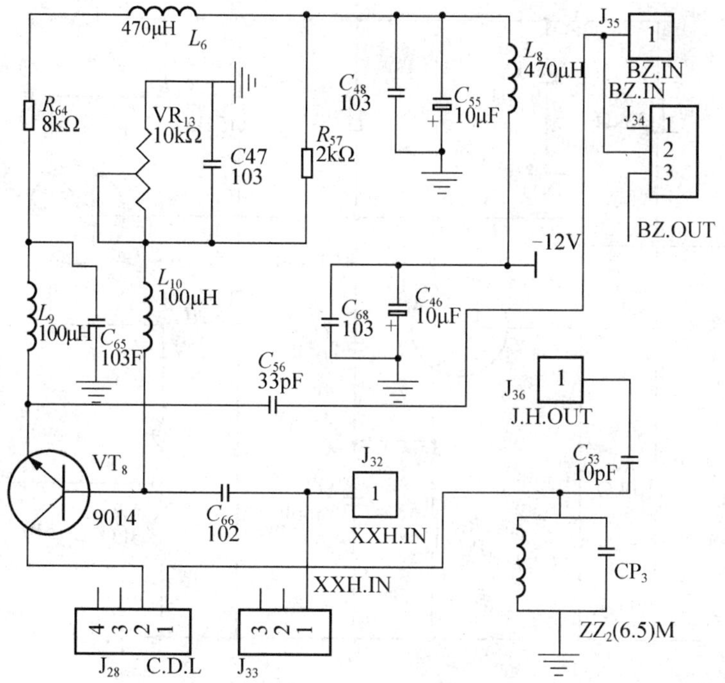

图 6.4.1　晶体管混频电路

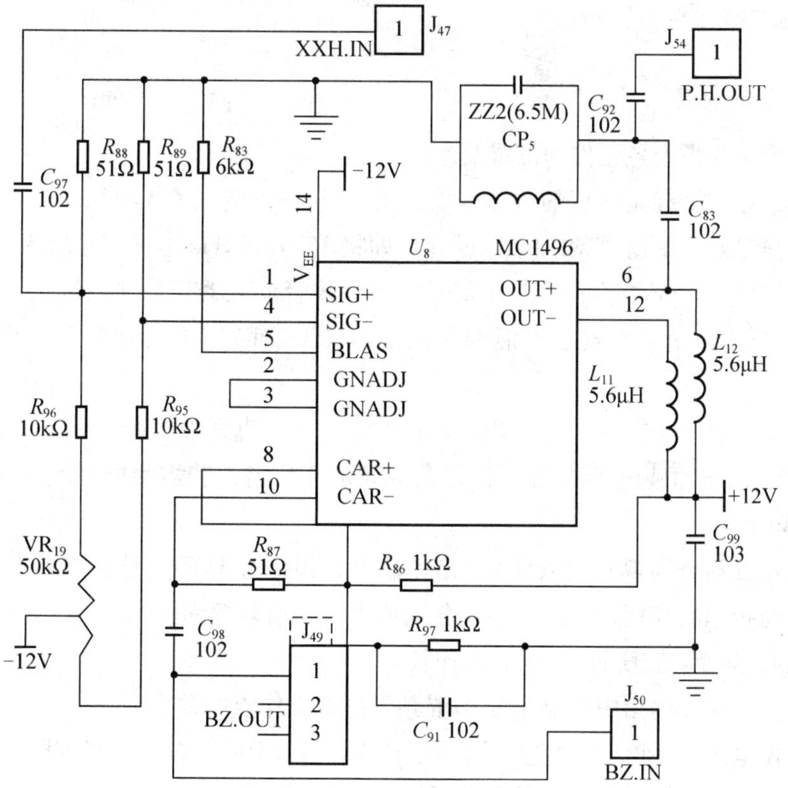

图 6.4.2　平衡混频电路

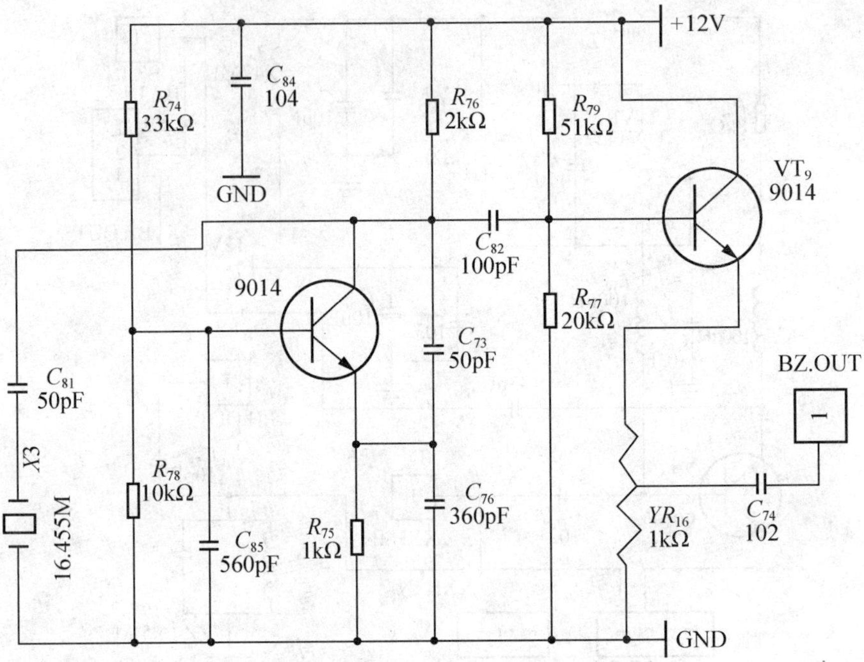

图 6.4.3　本振电路

6.4.4　实验内容

1. 晶体管混频器

(1) 熟悉实验板上各元件的位置及作用。

(2) 观察晶体管混频前后的波形变换：将 J_{28} 短路块连通在 C. D. L，J_{34}(BZ. IN)短路块连接在下横线处，平衡混频中的 J_{49} 断开，即将 16.455MHz 本振信号加入晶体管混频器上，将 10MHz/100mV 左右的高频小信号加到晶体管混频器信号输入端 J_{32} 处，此时短路块 J_{33} 应置于开路。用示波器在晶混的输出端(JH. OUT) J_{36} 处可观察混频后的中频电压波形。

(3) 用无感小起子轻旋 CP_3 中周，观察波形变化，直到中频输出达到最大，记下输入信号 f_s 幅度和输出中频电压幅度，计算其混频电压增益。若需测电流，可将电流表串接在 J_{28} 下横线两端。

(4) 用示波器分别观察输入信号 V_s 和输出中频信号 V_i 的载波频率，在观察波形中，注意它们之间频率的变化，并用频率计分别测出输入信号频率(在 J_{32} 处)、本振频率(在 J_{35} 处)、混频输出频率(在 J_{36} 处)，并分析比较。

(5) 研究混频器输出中频电压 V_i 与混频管静态工作点的关系。

保持本振电压 V_o＝0.5V 左右，信号电压 V_s＝100mV 左右，调节 VR_{13}，记录对应的 V_e 电压和中频电压 V_i。(V_e 为晶体管发射极电阻 R_{64} 两端电压)。

表 6-4-1　静态工作点和中频输出电压关系

V_e	4V	5.5V	7.4V	9V	9.5V	10V
V_i						

（6）研究混频器输入本振电压和输出中频电压 V_i 的关系，改变输入本振信号电压幅度，观察输出电压 V_i 波形及幅度并记录。

2. 平衡混频器

（1）将平衡混频器的短路环 J_{49}(BZ)接通，晶体管混频中的短路环 J_{34} 断开，将高频信号发生器频率调到 10MHz 左右，输出信号幅度 V_S=100mV 左右，接入 J_{47} 处(XXH. IN)，用示波器从平衡混频器输出端 J_{54} 处(P. H. OUT)观察混频后的输出中频电压波形。

（2）将振荡器 J_6 输出的 10 MHz 信号调到 100mV 左右接到平衡混频器输入端 J_{47}，此时短路环 J_{49} 连通，从平衡混频器输出端 J_{54}（P. H. OUT）处观察混频输出波形，并轻旋中周 CP_5，观察其变化。

（3）调节电位器 VR_{19}(50kΩ)，观察波形变化。

（4）改变输入信号电压幅度，记录输出中频 V_i 电压加以分析(V_o=500mV)。

表 6-4-2　中频信号幅度和输入电压关系

V_S(mV)	50	100	150	200	300
V_i(mV)					

（5）改变输入电压幅度，记录输出中频 V_i 电压(V_s=100mV)。

（6）用频率计测量混频前后波形的频率。

表 6-4-3　中频信号幅度和输出电压关系

V_o(mV)	50	100	150	200	300
V_i(mV)					

6.4.5　实验仪器设备

本实验所需仪器设备见表 6-4-4。

表 6-4-4　实验仪器设备

序　　号	名　　称	型号规格	数　　量
1	数字万用表	UT—56	1
2	高频信号发生器	QF1055A	1
3	双踪示波器	TDS1012	1
4	扫频仪	BT3D	1
5	通信电子线路实验箱	GP4A	1

6.4.6 实验注意事项

（1）实验箱电源在侧面。

（2）信号输入前要观察波形情况，晶体管混频易失真。

（3）晶体管混频信号输入不宜过大。

（4）高频信号测量用高频毫伏表或者示波器。

6.4.7 实验报告要求

（1）写出混频器的原理和各个节点的频率。

（2）将晶体管混频器和平衡混频器实验数据列表分析。

（3）绘制晶体管混频器中 V_i—I_e 和 V_i—V_o 的关系曲线，并用所学理论进行分析说明。

（4）计算晶体管混频器的电压增益和平衡混频的混频增益并进行比较。

6.5 本振频率合成

6.5.1 实验目的

（1）理解数字锁相环路法本振频率合成的原理。

（2）了解锁相环的捕捉带与同步带及其工作过程。

（3）掌握锁相环路法频率合成的方法。

6.5.2 预习内容

（1）预习锁相环放大器基本工作原理。

（2）思考锁相环捕捉的工作过程。

（3）思考分频比对输出频率的影响。

6.5.3 实验原理

本实验的本振频率合成是间接合成制除法降频，是在移动电台中广泛采用的一种频率合成方式。它的原理是：应用数字逻辑电路把 VCO 频率一次或多次降低至鉴相器频率上，再与参考频率在鉴相电路中进行比较，所产生的误差信号用来控制 VCO 的频率，使之定在参考频率的稳定度上。本实验中送进鉴相器里的频率是 5kHz，它是由 MC145151－2 对外部 10.240 MHz 晶振进行 2048 分频得到的，这样要合成 16.455MHz 本振的频率则 N 应取 3291。其原理框图如图 6.5.1 所示。

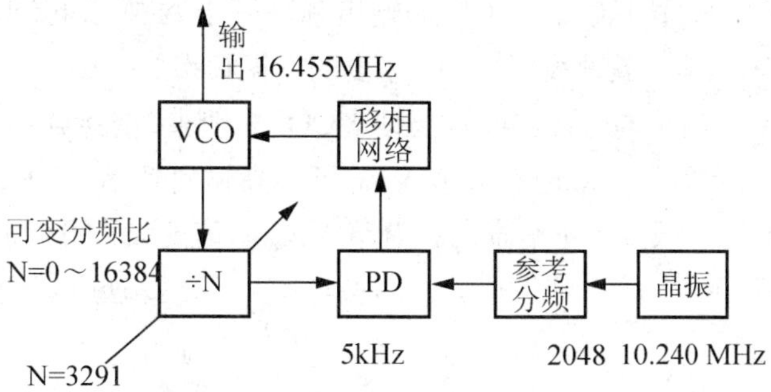

图 6.5.1　本振频率合成的原理框图

该实验电路图如图 6.5.2 所示，可变分频、鉴相、参考分频都集成在 MC145151－2 里面，VCO 在 74HC4046 上。拨动 S_{10}、S_{11} 拨码开关的各位可以改变分频比，分频比 N 是由 14 位二进制数表示的；S_{11} 的“1”是最低位，S_{10} 的“6”是最高位，N＝3291 对应的

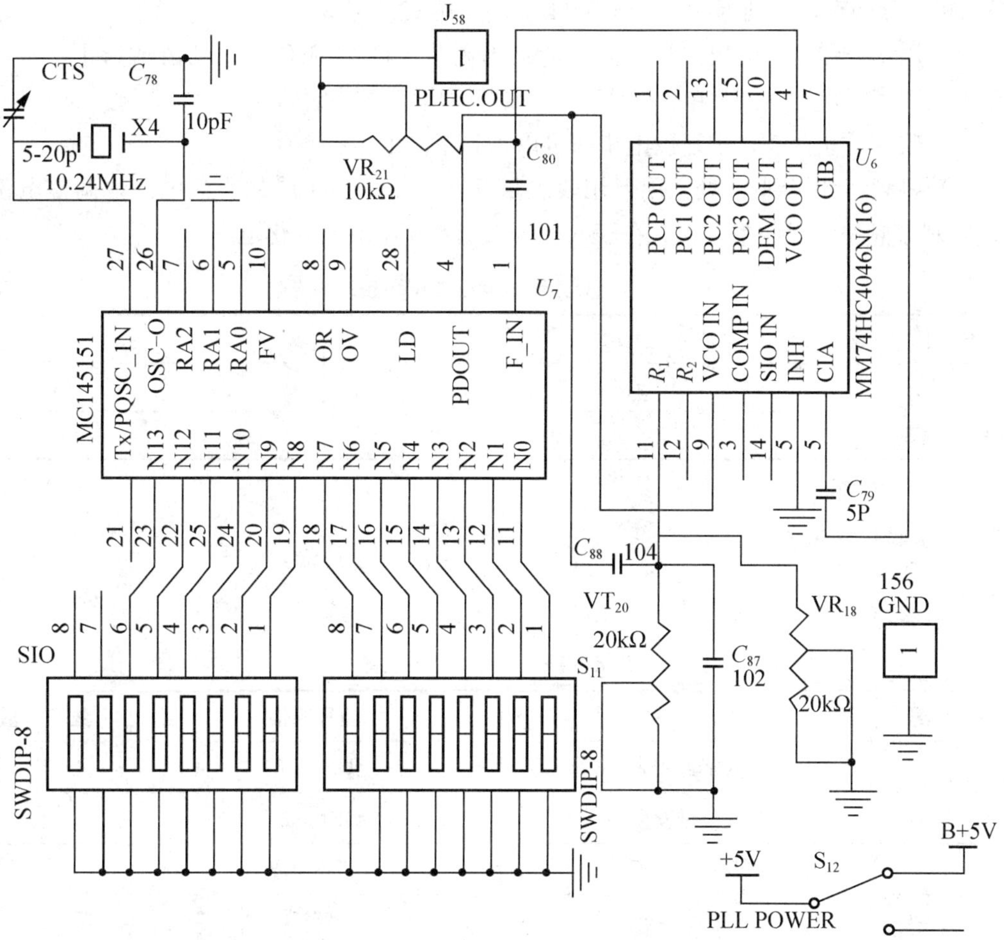

图 6.5.2　本振频率合成电路图

14位二进制数是00110011011011。VCO的输出频率等于N乘以5kHz，拨动拨码开关的各位就改变了分频比N，也就改变了VCO输出的本振频率。

VR_{18}决定了VCO的最高输出频率，要使VCO输出频率能达到16.455MHz，VR_{18}应足够小，也就是说N定好后，顺时针调节VR_{18}可调高输出频率。VR_{20}是移相网络的关键电阻，当VCO输出的本振波形不清晰时，调节VR_{20}阻值的大小可使波形清晰而没有重叠和抖动。VR_{21}是控制VCO输出到下一级的本振电压大小的，逆时针调节VR_{21}可以减小输出本振电压。

6.5.4 实验内容

（1）将该模块中开关S_{12}拨向左端“ON”，即接通该模块中的+5V电源。

（2）拨动拨码开关S_{10}和S_{11}，将N置为3291(00110011011011)。

（3）将频率计接到JS58(PLHC. OUT)处，测试其频率，如频率比16.455MHz小则将V_{18}顺时针调整，直到等于16.455MHz为止，反之亦然。

（4）用示波器观察输出波形，如不清晰则调节VR_{20}的阻值，直到清晰为止。若此时测量不到频率，可适当调整电位器VR_{21}，改变输出信号幅度大小。

（5）改变分频比N，重复以上步骤可以得到不同的本振频率。

（6）将频率计接到J_{58}处，用万用表测量74H4046上11脚的直流电压，调整电位器VR_{18}，观察频率计上频率变化，在表6-5-1记录直流电压变化范围。

表6-5-1 分频比对输出电压和频率的影响

分频比					
输出电压					
输出频率					

6.5.5 实验仪器设备

本实验所需仪器设备见表6-5-2。

表6-5-2 实验仪器设备

序号	名称	型号规格	数量
1	数字万用表	UT—56	1
2	高频信号发生器	QF1055A	1
3	双踪示波器	TDS1012	1
4	扫频仪	BT3D	1
5	通信电子线路实验箱	GP4A	1

6.5.6　实验注意事项

（1）实验箱电源在侧面。
（2）如果输出无信号，要检测本振晶体振荡情况。
（3）高频信号测量用高频毫伏表或者示波器。

6.5.7　实验报告要求

（1）写出频率合成器实验的基本原理。
（2）整理实验数据填于表中。
（3）分析实测波形和频率锁定的电压范围。

6.6　AM调制与解调

6.6.1　实验目的

（1）掌握调幅与检波的工作原理。
（2）掌握用集成模拟乘法器构成调幅与检波系统的电路连接方法。
（3）掌握集成模拟乘法器的使用方法。
（4）掌握二极管峰值包络检波的原理。
（5）掌握调幅系数测量与计算方法。

6.6.2　预习内容

（1）预习 AM 调制和解调基本工作原理。
（2）思考模拟乘法器直流偏置电压对输出信号的影响。
（3）思考要如何测量调制度。
（4）思考如何实现抑制载波的双边带信号。
（5）思考如何观测双边带信号。
（6）思考二极管包络解调参数设置不正确会有什么影响。

6.6.3　实验原理

幅度调制就是载波的振幅(包络)受调制信号的控制作周期性的变化。变化的周期与调制信号周期相同，即振幅变化与调制信号的振幅成正比。通常称高频信号为载波信号。调幅波的解调是调幅的逆过程，即从调幅信号中取出调制信号，通常称之为检波。调幅波解调方法主要有二极管峰值包络检波器、同步检波器。本实验中载波是由晶体振荡产生的10MHz 高频信号。1kHz 的低频信号为调制信号。

在本实验中采用集成模拟乘法器 MC1496 来完成调幅作用，图 6.6.1 为 1496 芯片内部电路图，它是一个四象限模拟乘法器的基本电路，电路采用了两组差动对由 V_1—V_4 组成，以反极性方式相连接；而且两组差分对的恒流源又组成一对差分电路，即 V_5 与 V_6，因此恒流源的控制电压可正可负，以此实现了四象限工作。D、V_7、V_8 为差动放大器 V_5 与 V_6 的恒流源。进行调幅时，载波信号加在 V_1—V_4 的输入端，即引脚的 8、10 之间；调制信号加在差动放大器 V_5、V_6 的输入端，即引脚的 1、4 之间，2、3 脚外接 1kΩ 电位器，以扩大调制信号动态范围，已调制信号取自双差动放大器的两集电极(即引出脚 6、12 之间)输出。

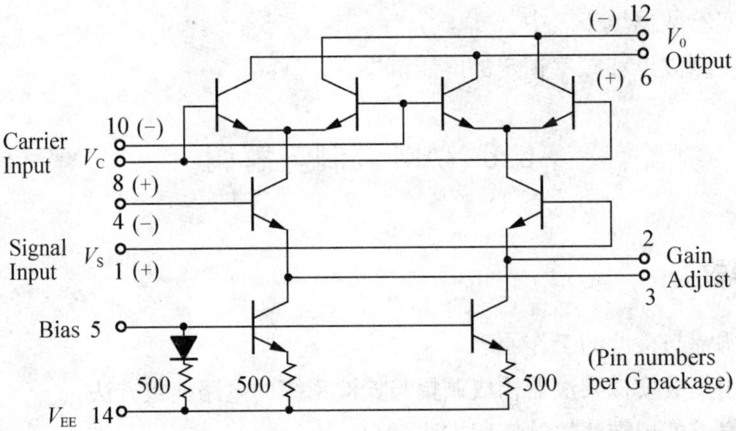

图 6.6.1　MC1496 内部电路图

用 1496 集成电路构成的调幅器电路图如图 6.6.2 所示，图中 VR_8 用来调节引出脚 1、4 之间的平衡，VR_7 用来调节 5 脚的偏置。器件采用双电源供电方式(+12V、−9V)，电阻 R_{29}、R_{30}、R_{31}、R_{32}、R_{52} 为器件提供静态偏置电压，保证器件内部的各个晶体管工作在放大状态。

本实验中用二极管包络检波器完成检波。二极管包络检波器主要用于解调含有较大载波分量的大信号，它具有电路简单、易于实现的优点。实验电路如图 6.6.3 所示，主要由二极管 D_7 及 RC 低通滤波器组成，利用二极管的单向导电特性和检波负载 RC 的充放电过程实现检波，所以 RC 时间常数的选择很重要，RC 时间常数过大，则会产生对角切割失真又称惰性失真，RC 常数太小，高频分量会滤不干净。综合考虑要求满足下式：

$$RC\Omega_{max} \ll \frac{\sqrt{1-m_a^2}}{m_a}$$

其中：m_a 为调幅系数，Ω_{max} 为调制信号最高角频率。

当检波器的直流负载电阻 R 与交流音频负载电阻 R_Ω 不相等，而且调幅度 m_a 又相当大时会产生负峰切割失真(又称底边切割失真)，为了保证不产生负峰切割，失真应满足 $m_a < \frac{R_\Omega}{R}$。

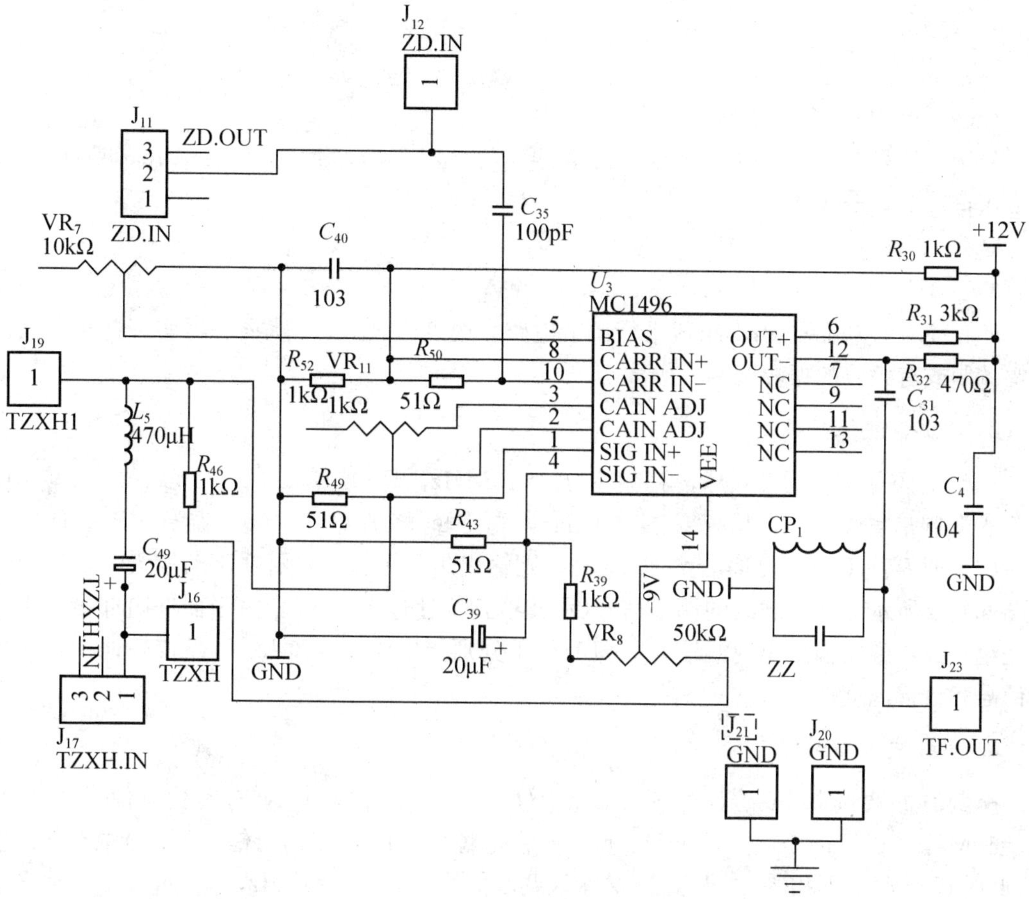

图 6.6.2 MC1496 构成的振幅调制电路

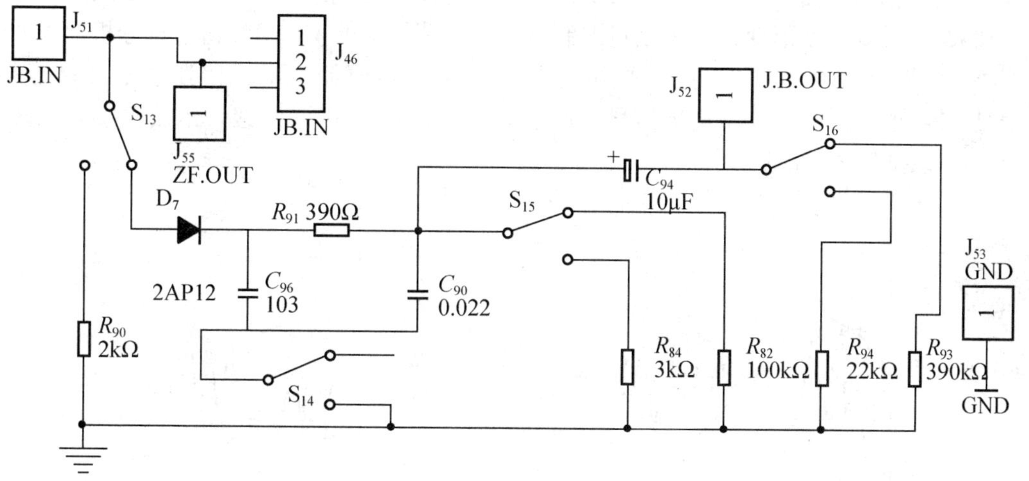

图 6.6.3 包络检波电路

6.6.4 实验内容

1. 静态工作点调测

使调制信号 $V_\Omega=0$，载波 $V_c=0$(短路块 J_{11}、J_{17}开路)，调节 VR_7、VR_8 使各引脚偏置电压接近下列参考值。

V_8	V_{10}	V_1	V_4	V_6	V_{12}	V_2	V_3	V_5
6V	6V	0V	0V	8.6V	8.6V	−0.7V	−0.7V	−6.8V

R_{39}、R_{46}与电位器 VR_8 组成平衡调节电路，改变 VR_8 可以使乘法器实现抑止载波的振幅调制或有载波的振幅调制。

2. 抑止载波振幅调制

J_{12}端输入载波信号 $V_c(t)$，其频率 $f_c=10MHz$，峰-峰值 $U_{cp-p}=100\sim300mV$。J_{16}端输入调制信号 $V_\Omega(t)$，其频率 $f_\Omega=1kHz$，先使峰-峰值 $U_{\Omega p-p}=0$，调节 VR_8，使输出 $V_o=0$(此时 $U_4=U_1$)，再逐渐增加 $U_{\Omega p-p}$，则输出信号 $V_o(t)$的幅度逐渐增大，最后出现如图 6.6.4 所示的抑止载波的调幅信号(示波器扫描速度 500μs)。由于器件内部参数不可能完全对称，致使输出出现漏信号。脚 1 和 4 分别接电阻 R_{43} 和 R_{49} 可以较好地抑止载波漏信号和改善温度性能。

3. 全载波振幅调制

全载波振幅调制 $m=(U_{m\,max}-U_{m\,min})/(U_{m\,max}+U_{m\,min})$，$J_{12}$ 端输入载波信号 $V_c(t)$，$f_c=10MHz$，$U_{cp-p}=100\sim300mV$，调节平衡电位器 VR_8，使输出信号 $V_o(t)$中有载波输出(此时 U_1 与 U_4 不相等)。再从 J_{16}端输入调制信号，其 $f_\Omega=1kHz$，当 $U_{\Omega p-p}$由零逐渐增大时，则输出信号 $V_o(t)$的幅度发生变化，最后出现如图 6.6.5 所示的有载波调幅信号的波形(示波器扫描速度 500μs)，记下 AM 波对应 $U_{m\,max}$和 $U_{m\,min}$，并计算调幅度 m。

加大 V_Ω，观察波形变化，画出过调制波形并记下对应的 V_Ω、Vc 值进行分析。

将示波器接入 J_{22}处，(此时 J_{17}短路块应断开)调节电位器 VR_3，使其输出 1kHz 不失真信号，改变 VR_9 可以改变输出信号幅度的大小。将短路块 J_{17}短接，示波器接入 J_{19}处，调节 VR_9 改变输入 V_Ω的大小。

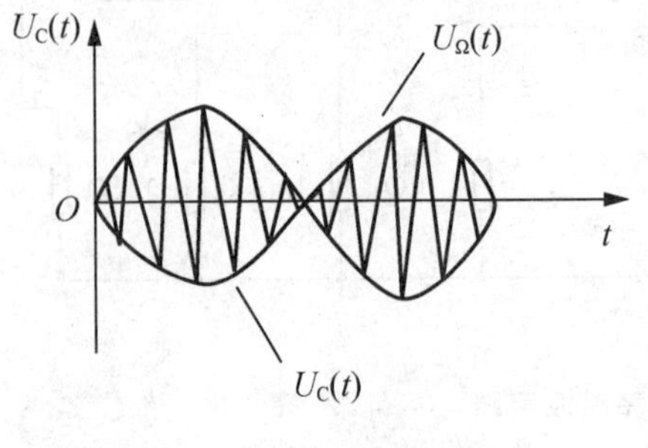

图 6.6.4 抑止载波的调幅波形

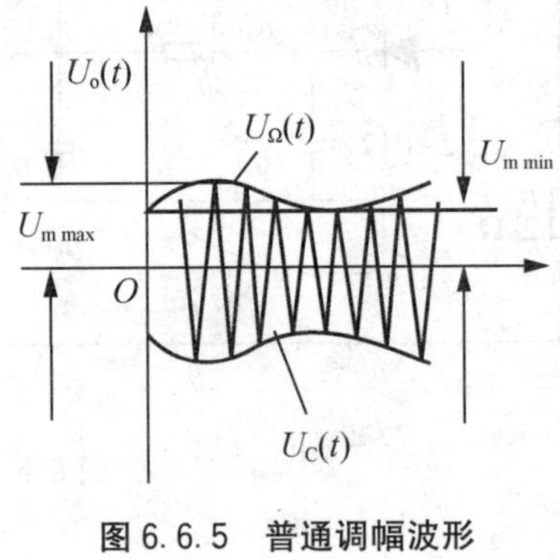

图 6.6.5 普通调幅波形

4. 解调全载波调幅信号

1）m<30%的调幅波检波

从 J_{45}(ZF. IN)处输入 455kHz，0.1V、m<30%的已调波，短路环 J_{46}连通，调整 CP_6中周，使 J_{51}(JB. IN)处输出 0.5～1V 已调幅信号。将开关 S_{13}拨向左端，S_{14}、S_{15}、S_{16}均拨向右端，将示波器接入 J_{52}(JB. OUT)，观察输出波形。

2）加大调制信号幅度，使 m=100%，观察记录检波输出波形

3）观察对角切割失真

保持以上输出，将开关 S_{15}拨向左端，检波负载电阻由 3.3kΩ 变为 100kΩ，在 J_{52}处用示波器观察波形，并记录与上述波形进行比较。

4）观察底部切割失真

将开关 S_{16}拨向左端，S_{15}也拨向左端，在 J_{52}处观察波形并记录与正常解调波形进行比较。

5）将开关 S_{15}、S_{16}还原到右端，将开关 S_{14}拨向左端，在 J_{52}处可观察到检波器不加高频滤波的现象。

6.6.5　实验仪器设备

本实验所需仪器设备见表 6-6-1。

表 6-6-1　实验仪器设备

序　　号	名　　称	型号规格	数　　量
1	数字万用表	UT—56	1
2	高频信号发生器	QF1055A	1
3	双踪示波器	TDS1012	1
4	扫频仪	BT3D	1
5	通信电子线路实验箱	GP4A	1

6.6.6　实验注意事项

(1) 实验箱电源在侧面。

(2) 实验时需要将 J_8 用跳线帽连接起来。

(3) 实验的两级电路中心频率须一致，否则信号会不放大。

(4) 万用表测量电流时要更换表笔接入位置，否则容易烧毁保险丝。

(5) 高频信号测量用高频毫伏表或者示波器。

6.6.7 实验报告要求

(1) 整理实验数据，写出实测 MC 1496 各引脚的实测数据。

(2) 画出调幅实验中 m=30%、m=100%、m>100%的调幅波形，分析过调幅的原因。

(3) 画出当改变 VR_8 时能得到的几种调幅波形，分析其原因。

(4) 画出 100%调幅波形及抑止载波双边带调幅波形，比较两者区别。

(5) 画出观察到的对角切割失真和负峰切割失真波形以及检波器不加高频滤波的现象，并进行分析说明。

6.7 FM 调制与解调

6.7.1 实验目的

(1) 掌握变容二极管调频器电路的原理。

(2) 掌握集成电路频率解调器的基本原理。

(3) 了解调频器调制特性及测量方法。

(4) 掌握 MC3361 用于频率解调的调试方法。

(5) 掌握调频与解调系统的联测方法。

6.7.2 预习内容

(1) 预习频率调制与解调的基本工作原理。

(2) 思考如何测量二极管的静态调制特性。

(3) 思考要如何观察调频波形。

(4) 思考调制信号振幅对频偏的影响。

(5) 思考如何进行调频信号解调。

6.7.3 实验原理

如图 6.7.1 所示，调频即为载波的瞬时频率受调制信号的控制。其频率的变化量与调制信号呈线性关系，常采用变容二极管实现调频。

该调频电路即为实验三的振荡器电路，将 S_2 置于“1”为 LC 振荡电路，从 J_1 处加入调制信号，改变变容二极管反向电压即改变变容二极管的结电容，从而改变振荡器频率。R_1、R_3 和 VR_1 为变容二极管提供静态时的反向直流偏置电压。

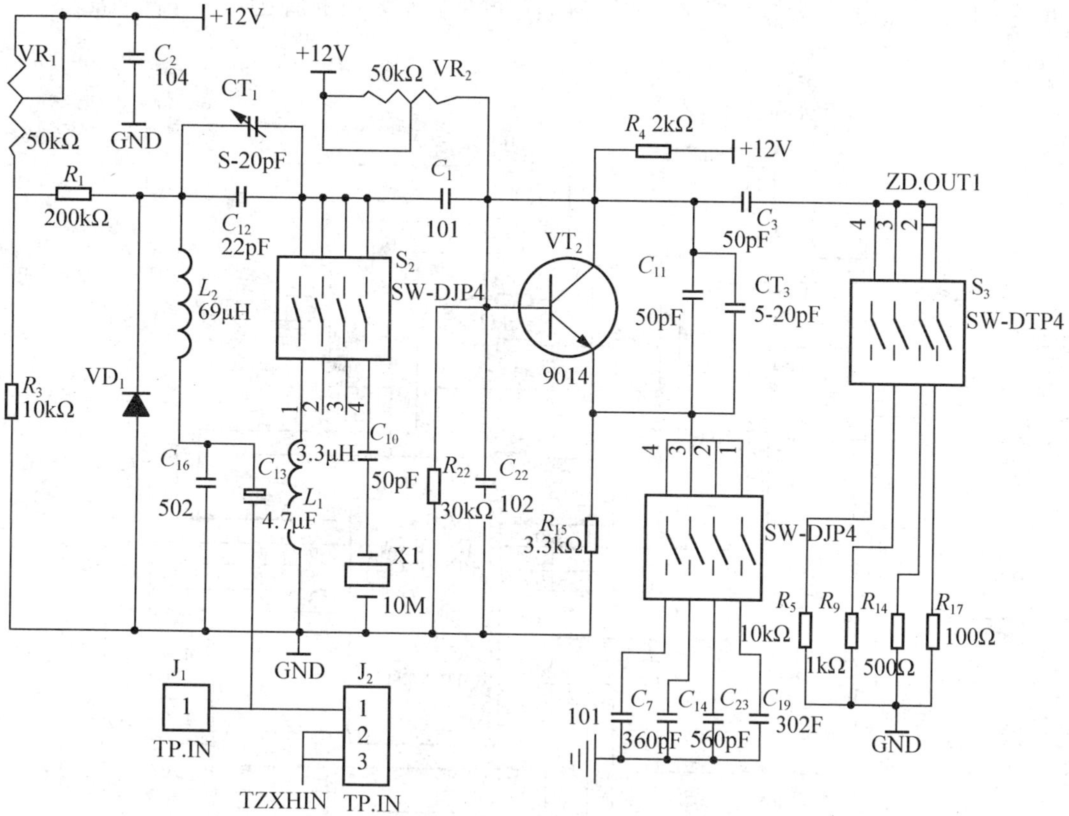

图 6.7.1 变容二极管调频电路

解调电路如图 6.7.2 所示，它主要完成二次混频和鉴频。MC3361 广泛用于通信机中完成接收功能，用于解调窄带调频信号，功耗低。它的内部包含振荡、混频、相移、鉴频、有源滤波、噪声抑制、静噪等功能电路。该电路工作电压为＋5V。通常输入信号频率为 10.7MHz，内部振荡信号为 10.245MHz。本实验电路中根据前端电路信号频率，将输入信号频率定为 6.455MHz，内部振荡频率为 6MHz，二次混频信号仍为 455kHz。集成块 16 脚为高频 6.455MHz 信号输入端。通过内部混频电路与 6MHz 本振信号差拍出 455kHz 中频信号由 3 脚输出，该信号经过 FLI 陶瓷滤波器(455kHz)输出 455kHz 中频信号并经 5 脚送到集成电路内部限幅、鉴频、滤波。MC3361 的鉴频采用如图 6.7.3 所示的乘积型相位鉴频器，其中的相移网络部分由 MC3361 的 8 脚引出在组件外部(由 CP_4 移相器)完成。

C_{54}、R_{62}、C_{58}、R_{63}、R_{58} 与集成电路内的运算放大器组成有源滤波器。二极管 D_2 与相关元件完成噪声检波。当 MC3361 没有输入载波信号时，鉴频器的噪声经过有源滤波器后分离出频率为 10kHz 的噪声电平。经噪声检波器变成直流电平，控制静噪触发器，使输出电压为 0V。当接收机收到一定强度的载波信号时，鉴频器的解调输出只有话音信号。此时，从静噪控制触发器给出的直流电压就由原来的 0V 增加到 1.8V 左右，低频放大器导通工作。本实验中该部分电路未用。11、12 脚之间组成噪声检波，10、11 脚间为有源滤波，14、12 脚之间为静噪控制电路。鉴频后的低频信号由 9 脚送到片外低通滤波后由 J_{39}(JP. OUT)输出。

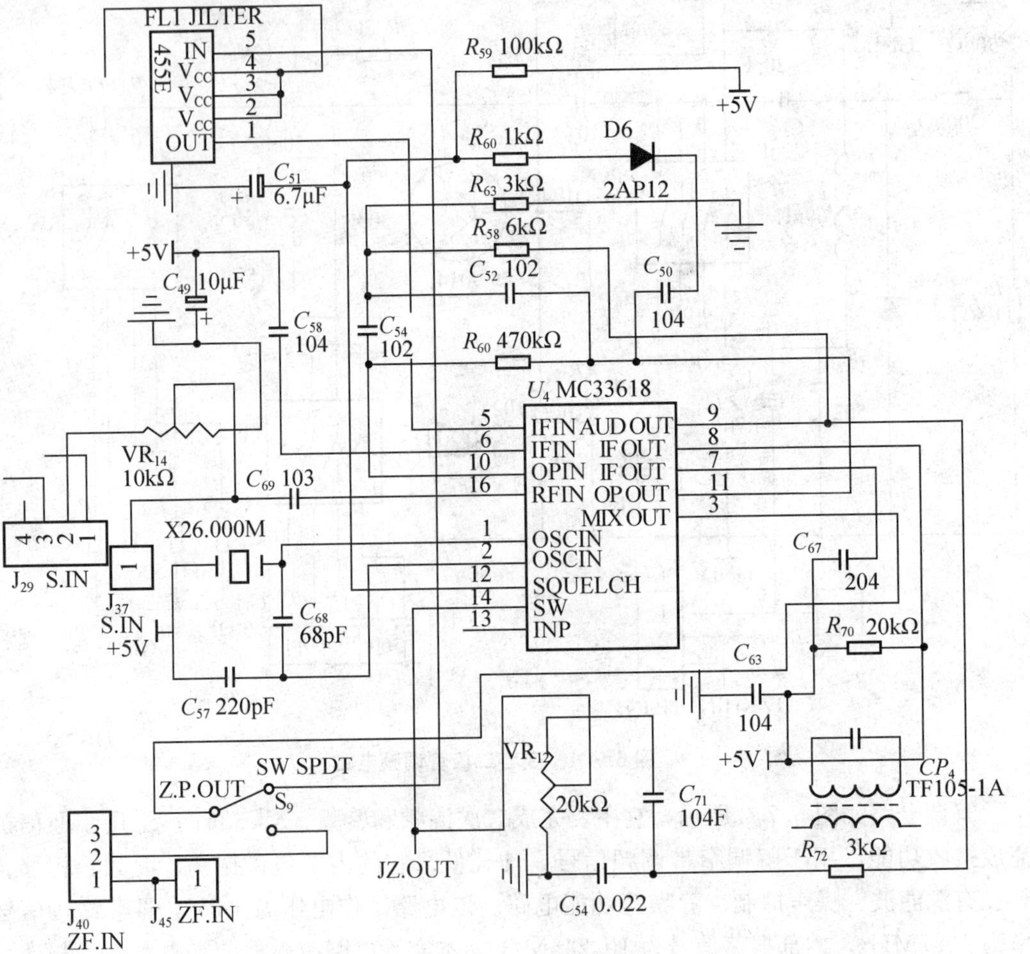

图 6.7.2　MC3361 构成鉴频电路

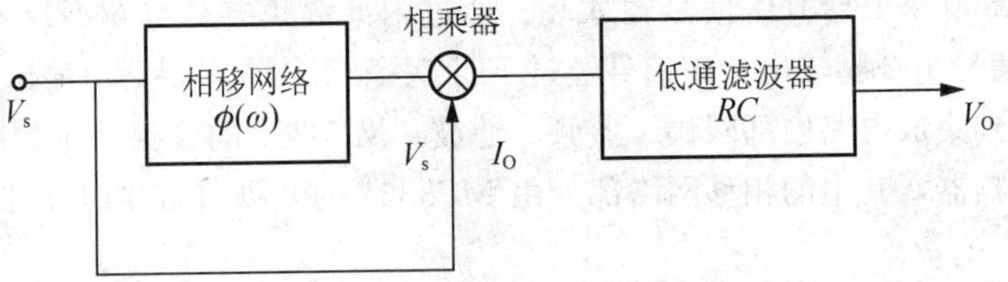

图 6.7.3　乘积型相位鉴频器

6.7.4　实验内容

1. 静态调制特性测量

将开关 S_2 “1” 拨向 ON，输入端不接音频信号，将频率计通过一个 100pF 的电容接

到调频器的输出端 J_6 处，CT_1 调于中间位置，调整电位器 VR_1，记下变容二极管两端电压和对应输出频率，将对应的频率填入表 6-7-1。

表 6-7-1　变容二极管静态特性

V_D(V)	2	3	4	5	6	7	
f(MHz)							

2. 动态测试

(1) 此时 S_4 置于 2 或 3，S_3 开路。将短路块 J_2 连通到下横线处，即将音频调制信号加到变容二极管上，同时将 S_2 拨码开关"1"置于"ON"(即处于 *LC* 振荡)。在 J_6(ZD. OUT)处可以看到高频振荡信号(由于载频是 10MHz 左右，频偏非常小，因此在此处看不到明显的 FM 现象，但若用频偏仪可以测量频偏)。

(2) 为了清楚地观察到 FM 波，可将已调 FM 信号(J_6)用短路线连接到晶体管混频器的信号输入端 J_{32} 处；并且将 J_{34} 的短路块连通在下横线处，然后用示波器在 J_{38}(ZP. OUT)处观察 FM 波形。调整 VR_9 改变调制信号的大小即可观察频偏变化。

(3) 若外加调制信号可将调制信号源接入 J_1(TP. IN)处，短路块 J_2 断开。其他操作同上。

3. MC3361 二次混频实验

(1) 将 6.455MHz 频偏为 15kHz 左右的 FM 信号加到该模块 J_{37}(S. IN)处，信号幅度调到 100mV，短路块 J_{29} 断开，在 J_{38} 处(ZP. OUT)用示波器看输出信号波形，记下波形和频率并与输入波形进行比较。若 J_{38} 处无输出，可轻调 VR_{12}、VR_{14} 电位器，直到有输出。改变输入信号幅度，观察输出变化并记录。

(2) 将 FM 波改为 AM 波，输入信号幅度为 100mV 左右，观察输出波形，若要使输出信号为不失真的中频调幅波，特别注意调整 VR_{14} 以改变实际输入信号幅度，观察输出变化并记录。

4. 调频波解调实验

(1) CT_1 调于中间位置，调整电位器 VR_1，在 J_{38} 处看到 455kHz 中频调频信号，将开关 S_9 置于左端，在 J_{39}(J. P. OUT)观察鉴频输出低频信号，此时可调节移相器 CP_4 和电位器 VR_{12} 以保证输出信号波形最好，其中 VR_{12} 改变输出信号幅度大小。

(2) 加大、减小调制信号振幅，观察输出波形频偏变化并进行分析。

(3) 改变输入信号频率，观察输出波形变化并进行分析。

注：若输出信号幅度较小，可将低放模块中的短路块 J_{42} 短接在 J. P. IN 处，从 J_{44} 处可观察到放大后的低频信号。

6.7.5 实验仪器设备

本实验所需仪器设备见表 6-7-2。

表 6-7-2 实验仪器设备

序　号	名　称	型号规格	数　量
1	数字万用表	UT—56	1
2	高频信号发生器	QF1055A	1
3	双踪示波器	TDS1012	1
4	扫频仪	BT3D	1
5	通信电子线路实验箱	GP4A	1

6.7.6 实验注意事项

（1）实验箱电源在侧面。

（2）变容二极管静态测试时测量的是直流电压，不要用力过猛，以免折断二极管管脚。

（3）变容二极管调频范围比较小，需要用频率计测量。

（4）载波频率高的时候，很难用示波器观测调频信号，载波频率低的时候比较容易观察。

（5）高频信号测量用高频毫伏表或者示波器。

6.7.7 实验报告要求

（1）整理实验数据，在同一坐标纸上画出静态调制特性曲线，并求出其调制灵敏度 S，说明曲线斜率受哪些因素的影响。

（2）画出实际观察到的调频波波形，并说明频偏变化与调制信号振幅的关系。

（3）画出二次混频、鉴频前后的波形。通过波形分析二次混频、鉴频的作用。

（4）通过调试分析 MC3361 使用中应注意的问题及实际调试中解决的方法。

6.8 调幅系统实验

6.8.1 实验目的

（1）掌握调幅发射机、接收机、整机组成原理，建立调幅系统概念。

（2）掌握系统联调的方法，培养解决实际问题的能力。

6.8.2 预习内容

（1）预习调幅调制和解调系统的基本构成和工作原理。

（2）思考如何设计调幅发射系统。

（3）思考如何设计调幅信号接收系统。

（4）思考调幅发射和接收系统的联调问题。

6.8.3 实验原理

调幅实验系统组成原理框图如图 6.8.1、图 6.8.2 所示，图 6.8.1 为调幅发射机组成模块，图 6.8.2 为接收机组成模块。各模块位置参见布局分布图。发射部分由低频信号发生器、载波振荡、幅度调制、前置放大、功率放大器 5 部分电路组成，若将短路块 J_4、J_5、J_{10}、J_{11}、J_{17}连通，J_{15}连通 TF 则组成调幅发射机。

接收机由高频小信号放大器、晶体管混频器、平衡混频器、二次混频、中放、包络检波器、16.455MHz 本振振荡电路、低放 8 部分组成。将短路块 J_{33}、J_{34}连通，J_{29}连通 J. H. IN，J_{42}连通 J. B. IN，开关 S_9 拨向右端，组成晶体管混频调幅接收机，若将短路块 J_{48}、J_{49}连通，J_{33}、J_{34}断开，J_{29}连通 P. H. IN，其他同上，则组成平衡混频调幅接收机。

6.8.4 实验内容

1. AM 发射机实验

（1）将振荡模块中拨码开关 S_2 中“4”置于“ON”即为晶振。将振荡模块中拨码开关 S_4 中“3”置于“ON”，S_3 全部开路。用示波器观察 J_6 输出 10MHz 载波信号，调整电位器 VR_5，使其输出幅度为 0.3V 左右。

（2）低频调制模块中开关 S_6 拨向左端，短路块 J_{11}，J_{17}连通到下横线处，将示波器连接到振幅调制模块中 J_{19}处(TZXH1)，调整低频调制模块中 VR_9，使输出 1kHz 正弦信号 V_{PP}=0.1～0.2V。

（3）将示波器接在 J_{23}处可观察到普通调幅波。

（4）将前置放大模块中 J_{15}连通到 TF 下横线处，用示波器在 J_{26}处可观察到放大后的调幅波。改变 VR_{10}可改变前置放大单元的增益。

（5）调整前置放大模块 VR_{10}使 J_{26}输出 1V_{pp}左右的不失真 AM 波，将功率放大模块中 J_4 连通，调节 VR_4 使 J_8(JF. OUT)输出 6V_{pp}左右不失真的放大信号。

（6）将 J_5、J_{10} 连通到下横线处，开关 S_1 拨向右端（＋12V）处，示波器在 J_{13}(BF. OUT)可观察到放大后的调幅波，改变电位器 VR_6 可改变丙放的放大量。

2. AM 接收机实验

（1）在小信号放大器模块 J_{30}处(XXH. IN)处加入 10MHz 小于 50mV 的调幅信号，调幅度小于 30%。

(2) 将晶体管混频模块中 J_{33}、J_{34} 均连通到下横线处，示波器在输出端 J_{36}(J. H. OUT)端可观察到混频后 6.455MHz 的 AM 波。

(3) 调整中周 CP_3 及 VR_{13} 使 J_{36} 处输出电压最大。

(4) 将 J_{29} 连通到 J. H. IN 下横线处，开关 S_9 拨向右端，调整 VR_{14} 使二次频输出 J_{38}(Z. P. OUT)输出 0.2V、455kHz 不失真的调幅波。

(5) 连通中放模块中 J_{40} 到下横线处，在中放输出端 J_{55} 处观察放大后的 AM 波。

(6) 调谐中周 CP_6 使 J_{55} 输出 $1V_{pp}$ 左右的 AM 信号。

(7) 振幅解调处 J_{46} 连通，开关 S_{13} 拨向左端，S_{14}、S_{15}、S_{16} 拨向右端，在 J_{52} 处可观察到解调后的低频信号。S_{15} 拨向左端可观察到惰性失真，S_{15}、S_{16}，同时拨向左端可观察到底部失真。S_{14} 拨向左端可观察到不加高频滤波的现象。

(8) 若 J_{42} 连通 J. B. IN，则在 J_{44} 处可观察到放大后的低频信号。

3. 调幅系统联调

(1) 按实验 AM 发射机实验将平衡调幅器输出调到 0.1V 左右。

(2) 前置模块中 J_{15} 断开，将 J_{23} 处的 AM 信号用短路线连到晶体管混频处的 J_{32} 处(J_{33} 断开，J_{34} 连通)，J_{36} 处可观察到混频后的 AM 波。

(3) 将二次混频处的开关 S_9 拨向右端，J_{29} 连通到 J. H. IN，J_{38} 处可观察到二次混频后的 AM 波。(注：若此波形失真，则可调电位器 VR_{14}(右旋))。

(4) 将 J_{38} 处波形调到 0.2V 左右，J_{40} 连通在 J_{55} 处可观察到放大的 AM 波。

(5) 振幅解调处 J_{46} 连通，开关 S_{13} 拨向左端，S_{14}、S_{15}、S_{16} 拨向右端，在 J_{52} 处可观察到解调后的低频信号。S_{15} 拨向左端可观到惰性失真，S_{15}、S_{16} 同时拨向右端可观察到底部失真。S_{14} 拨向左端可观察不加高频滤波的现象。

(6) J_{42} 连通 J. B. IN，则在 J_{44} 处可观察到放大后的低频信号。

(7) 用双踪示波器对比解调后的输出波与原调制信号。将示波器一路接入平衡调幅模块中 J_{19}(TZXH1)处，另一路接检波输出 J_{52} 处，观察两波形并进行对比。

6.8.5 实验仪器设备

本实验所需仪器设备见表 6-8-1。

表 6-8-1 实验仪器设备

序号	名称	型号规格	数量
1	数字万用表	UT—56	1
2	高频信号发生器	QF1055A	1
3	双踪示波器	TDS1012	1
4	扫频仪	BT3D	1
5	通信电子线路实验箱	GP4A	1

6.8.6　实验注意事项

（1）实验箱电源在侧面。

（2）实验的电路调试过程需要从信号产生一级一级往下调。

（3）万用表测量电流时要更换表笔接入位置，否则容易烧毁保险丝。

（4）高频信号测量用高频毫伏表或者示波器。

6.8.7　实验报告要求

（1）画出调幅发射机组成框图和对应点的实测波形并标出测量值大小。

（2）写出调试中遇到的问题，并分析说明。

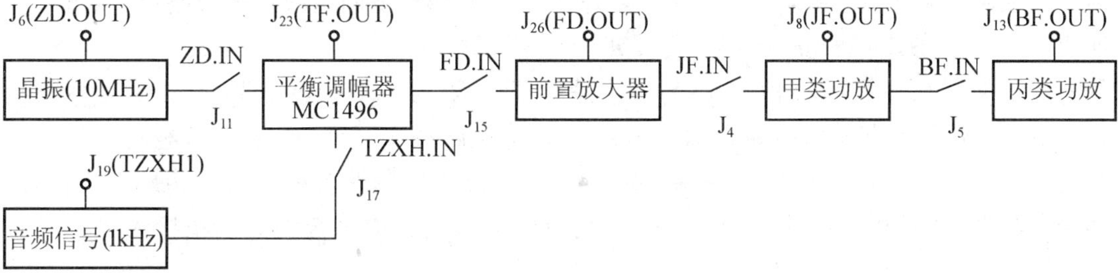

图 6.8.1　AM 调幅发射机

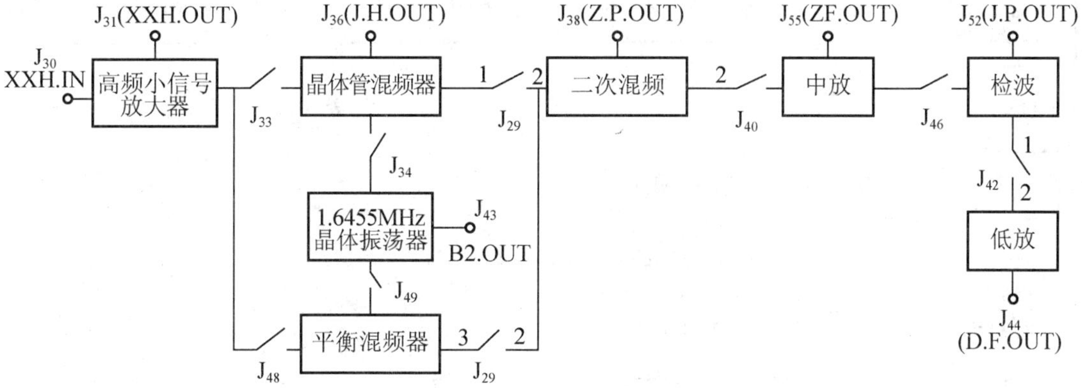

图 6.8.2　AM 调幅接收机

6.9　调频系统实验

6.9.1　实验目的

（1）掌握调频发射机、接收机，整机组成原理，建立调频系统概念。

（2）掌握系统联调的方法，培养解决实际问题的能力。

6.9.2 预习内容

（1）预习调频发射接收的基本工作原理。

（2）思考如何设计调频发射电路。

（3）思考如何设计调频接收电路。

（4）思考调频发射和接收系统的联调问题。

6.9.3 实验原理

该调频实验系统组成原理框图如图 6.9.1、图 6.9.2 所示。图 6.9.1 为调频发射机组成模块，图 6.9.2 为调频接收机组成模块。各模块位置参见布局分布图。发射部分由低频信号发生器、振荡、调频，前置放大、功率放大器 5 部分电路组成。将短路块 J_2、J_4、J_5 连通，J_{15} 连通在 ZD 处则组成调频发射机。

调频接收机由高频小信号放大器、晶体管混频器、平衡混频器、二次混频与鉴频、16.455MHz 本振荡电路、低放等组成。将短路块 J_{33}、J_{34} 连通，J_{29} 连通 J. H. IN，J_{42} 连通 J. B. IN，开关 S_9 拨向左端，则组成晶体混频调频接收机。若将短路块 J_{48}、J_{49} 连通，J_{33}、J_{34} 断开，J_{29} 连通 P. H. IN，其他同上，则组成平衡混频调幅接收机。

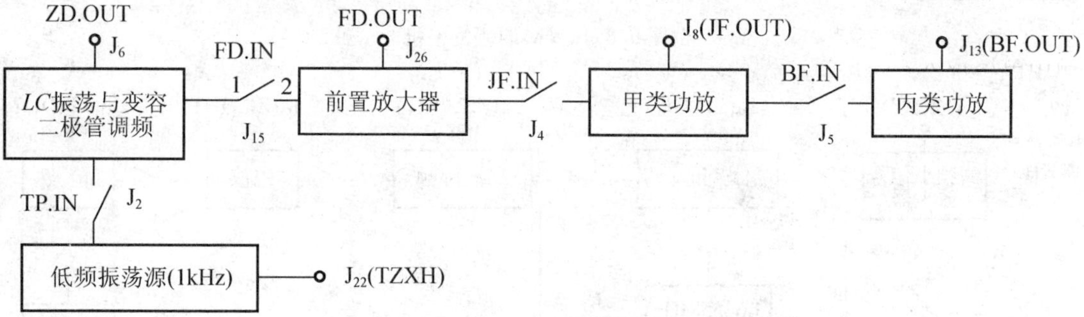

图 6.9.1 调频发射机

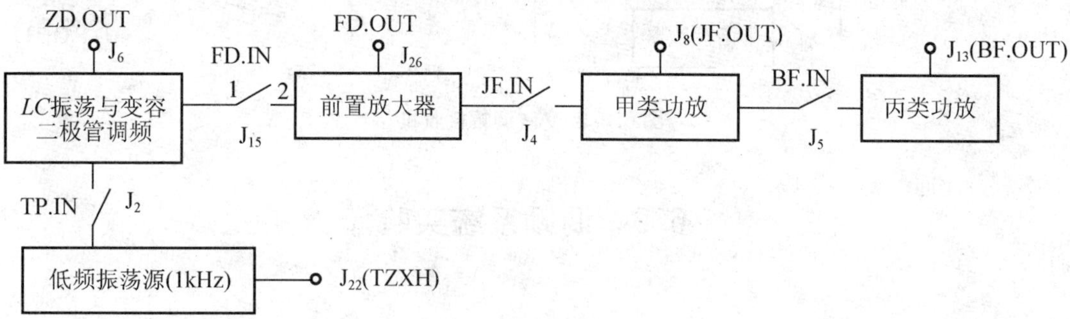

图 6.9.2 调频接收机

6.9.4　实验内容

1. FM发射机实验

(1) 振荡模块中拨码开关 S_2 中“1”拨向“ON”即为 LC 振荡，短路块 J_2(T. P. IN) 连通。将 S_4 的“2”、“3”、“4”中的任一个拨向“ ON”。

(2) 将低频调制模块中开关 S_6 拨向左端，前置放大器中 J_{15} 连通到 ZD 下横线处，用示波器在 J_{26} 处可观察到放大后的调频波，改变 VR_{10} 可改变前置放大单元的增益。

(3) 将功率入大模块中短路块 J_4、J_5、J_{10} 均连通，可在 J_8(甲放输出)、J_9(丙放输出) 观察到放大后的调频信号(由于载波中心频率太高，相对频偏太小，实际观察不到 FM 现象，此时为等幅波)。

(4) 改变电位器 VR_4 可调节甲放的放大量，调整电位器 VR_6 可调节丙放的放大量。

2. FM接收机实验

(1) 在小信号放大器模块 J_{30} 处(XXH. IN)处加入 10MHz 小于 50mV 的调频信号，频偏小于 75kHz。

(2) 将晶体管混频模块中 J_{33}、J_{34} 均连通到下横线处，调整中周 CP_3 及 VR_{13} 使 J_{36} 处输出电压最大。

(3) 将二次混频模块中的输入端短路块连通到 J. H. IN 下横线处，开关 S_9 拨向左端(即为鉴频)，调整 VR_{14} 使 M 次混频输出 J_{38} 处输出不失真的调频波(在 J_{38} 点可以明显看到 455kHz 的 FM 波)。

(4) 将示波器接入鉴频输出端 J_{39} 处，即可观察到解调后的原调制信号，若此波形不太好，可调整该模块中的 CP_4 中周，或微调高频信号发生器载波频率即可得到理想的解调信号。

(5) 将低放模块中的 J_{42} 短路块连通到 J. P. IN 处，在 J_{44} 输出端可看到鉴频放大后的调制信号，改变电位器 VR_{17} 即改变输出信号放大量。

3. 调频系统联调

(1) 将振荡模块中拨码开关 S_2 中的“ 1”拨向“ON”即与 LC 振荡。将短路块 J_2 (TP. IN)连通。可将拨码开关的 S_4“2”，“3”，“4”均拨向“ON”或者其中任一个或两个拨向“ON”。

(2) 将低频调制模块中开关 S_6 拨向左端，调幅模块中短路块 J_{11}、J_{17} 断开，前置放大模块中短路块 J_{15} 断开。

(3) 将振荡模块中 J_6(ZD. OUT)的输出用短路线连到晶体管混频 J_{32} 处，短路块 J_{34} 连通，二次混频与鉴频中的 J_{29} 连通到 J. H. IN 处。

(4) 在 J_{38} 处可观察到二次混频出来的 455kHz 调频波。

(5) 改变低频调制信号振幅 VR_9，观察频偏的变化。

(6) 将 S_9 拨向左端 JP 处，可观察到解调后的低频信号，若此波形不太好，可微调振荡模块中的两个半可变电容 CT_1 或 CT_3，也可以适当调整鉴频模块中的 CP_4 中周。

(7) 若将低放中的 J_{42} 短路块连通 J. P. IN，在 J_{44} 处可看到鉴频放大后的低频信号。

(8) 用双踪示波器对比解调后的输出波与原调制信号，将示波器一路接入低频调制模块中 J_{22}(TZXH)处，另一路接鉴频输出 J_{39} 处，观察并比较两波形。

6.9.5 实验仪器设备

本实验所需仪器设备见表 6-9-1。

表 6-9-1 实验仪器设备

序号	名称	型号规格	数量
1	数字万用表	UT—56	1
2	高频信号发生器	QF1055A	1
3	双踪示波器	TDS1012	1
4	扫频仪	BT3D	1
5	通信电子线路实验箱	GP4A	1

6.9.6 实验注意事项

(1) 实验箱电源在侧面。

(2) 实验的电路调试过程需要从信号产生一级一级往下调。

(3) 万用表测量电流时要更换表笔接入位置，否则容易烧毁保险丝。

(4) 高频信号测量用高频毫伏表或者示波器。

6.9.7 实验报告要求

(1) 写出实验的基本原理。

(2) 画出调频发射机组成框图和对应点的实测波形和大小。

(3) 写出调试中遇到的问题，并分析说明。

GP-4

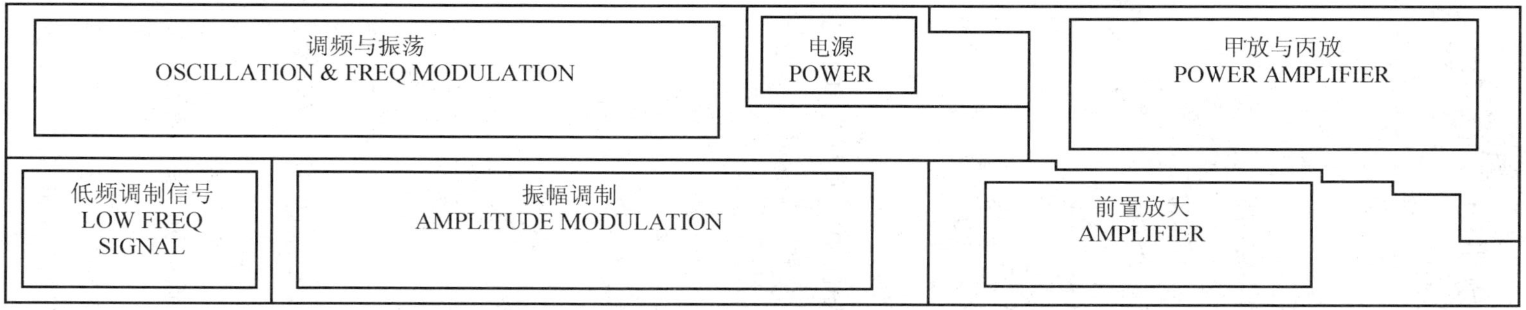

调频与振荡
OSCILLATION & FREQ MODULATION
电源
POWER
甲放与丙放
POWER AMPLIFIER
低频调制信号
LOW FREQ
SIGNAL
振幅调制
AMPLITUDE MODULATION
前置放大
AMPLIFIER

发射板模块分布图

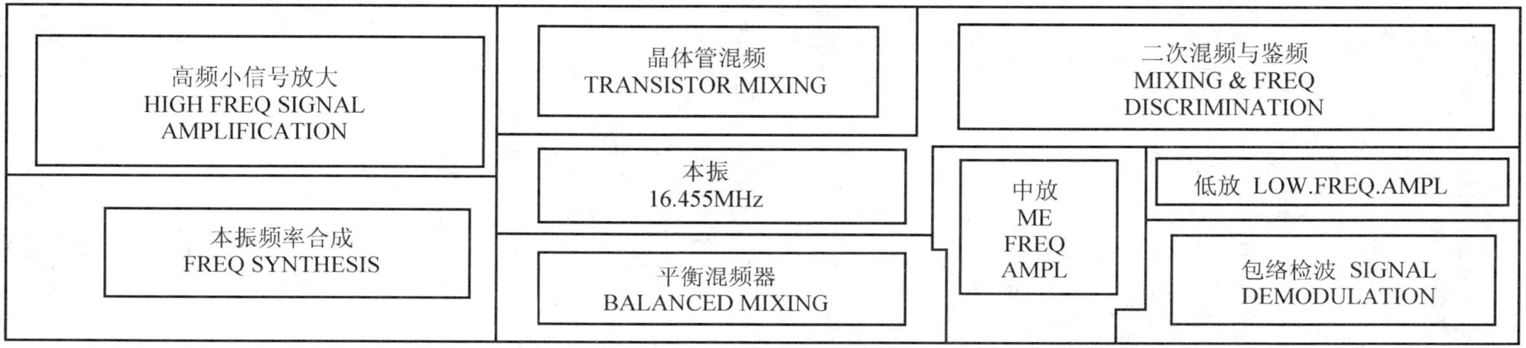

高频小信号放大
HIGH FREQ SIGNAL
AMPLIFICATION
晶体管混频
TRANSISTOR MIXING
二次混频与鉴频
MIXING & FREQ
DISCRIMINATION
本振
16.455MHz
中放
ME
FREQ
AMPL
低放 LOW.FREQ.AMPL
本振频率合成
FREQ SYNTHESIS
平衡混频器
BALANCED MIXING
包络检波 SIGNAL
DEMODULATION

接收板模块分布图

6.10 小型调幅发射机的设计

6.10.1 实验目的

(1) 掌握小型调幅发射机的工作原理。

(2) 熟悉多功能板的焊接工艺技术和电子线路系统的装调技术。

(3) 完成小型调幅发射机的设计制作。

6.10.2 预习内容

(1) 预习小型调幅发射机的工作原理。

(2) 分析小型调幅发射机的性能特点。

(3) 思考小型调幅发射机的设计方法和装调技术。

6.10.3 实验内容和要求

设计并制作一个小型调幅发射机。电源电压为+12V，负载为50Ω电阻。调幅发射机设计参数如下。

(1) 载波频率：$f_0=2.6\text{MHz}$ （方案一），
$f_0=10.7\text{MHz}$ （方案二）。

(2) 峰包功率：$P_{omax}\geqslant 0.25\text{W}$。

(3) 调制系数：$M_a=50\%\pm5\%$。

(4) 包络失真系数：$\gamma\leqslant 1\%$。

(5) 频率稳定度：$\dfrac{\Delta f}{f_0}\leqslant 5\times10^{-4}$。

此外，还要适当考虑发射机的效率，输出波形失真以及波段内输出功率的均匀度等。

6.10.4 设计方案

分析以上设计内容和要求，该小型调幅发射机设计可以有多种实现方案，下面给出两种电路结构供参考。

方案一：

小型调幅波发射机方案如图6.10.1所示。若输出功率要求不高，可去掉其中的激励级。各级电路的作用如下。

主振级：是正弦波自激振荡器，用来产生频率为2.6MHz的高频振荡信号，由于整个发射机的频率稳定度由它决定，因此要求主振级有较高的频率稳定度，同时也有一定的振荡功率(或电压)，其输出波形失真要小。

缓冲级：其作用主要是将主振级与激励级进行隔离，以减轻后面各级工作状态变化(如负载变化)对振荡频率稳定度的影响以及减小振荡波形的失真。

激励级：输出功率要求较高时，插入激励级来放大信号功率。

功放(调幅)级：将从激励级送来的信号进行高效率功率放大以输出足够大的功率供给负载(天线)，若是调幅波发射机，还应在该级实现调幅，应选用合适的调幅方式。

输出网络：由于功放级往往工作于效率高的丙类工作状态，其输出波形不可避免产生了失真，为滤除谐波，输出网络应有滤波性能。另外，输出网络还应在负载(天线)与功放级之间实现阻抗匹配。

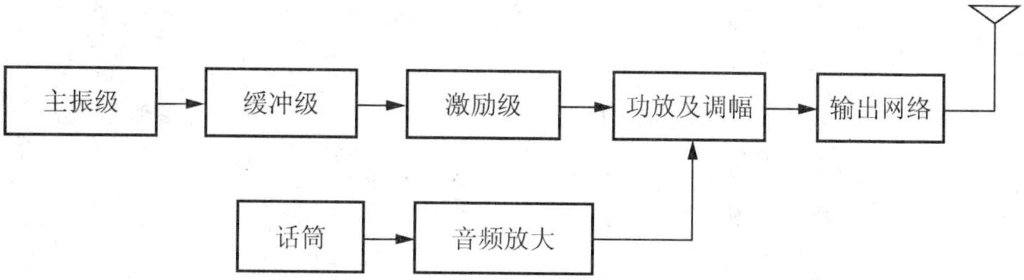

图 6.10.1 调幅发射机方案一

方案二：

如图 6.10.2 所示是小型调幅发射机的另一个方案。采用 MC1496 完成信号的调制，MC1496 可完成普通 AM 波调幅或 DSB 调幅。

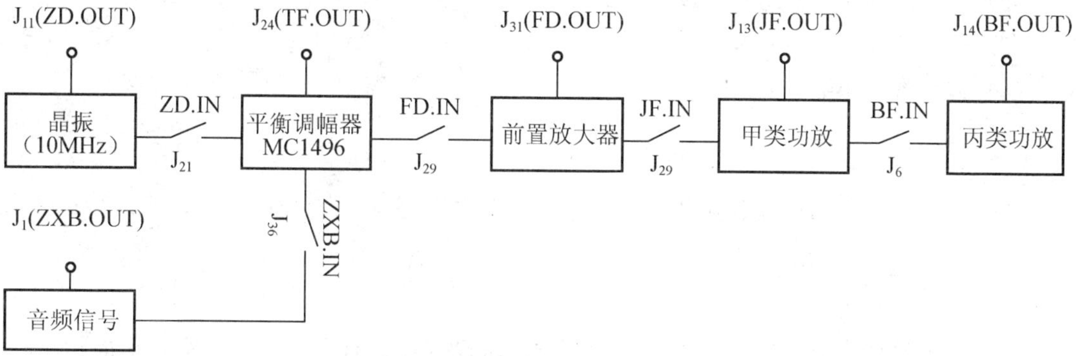

图 6.10.2 调幅发射机方案二

6.10.5 设计报告要求

(1) 选择设计方案，并说明小型调幅发射机的工作原理。

(2) 对电路各部分原理进行分析和参数计算。

(3) 完成调幅发射机关键点波形的测量并与设计值进行比较，分析设计值和实测值误差的来源，并给出解决办法。

6.11 小型调幅接收机的设计

6.11.1 实验目的

(1) 掌握小型调幅接收机的工作原理。
(2) 完成小型调幅接收机的设计制作。
(3) 初步掌握小型调幅波接收机的调整及测试方法。

6.11.2 预习内容

(1) 预习小型调幅接收机的工作原理。
(2) 分析小型调幅接收机的性能特点。
(3) 思考小型调幅接收机的设计方法和装调技术。

6.11.3 实验内容和要求

设计并制作一个小型调幅接收机。电源电压为+12V，负载电阻为 $R_L=8\Omega$。调幅波接收机设计参数如下。

(1) 载波频率：$f_o=10.7$MHz。
(2) 输出功率：$P_{omax}\geqslant 0.25$W。
(3) 检波效率：$\eta_d>80\%\pm5\%$。
(4) 包络失真系数：$\gamma\leqslant1\%$。
(5) 频率稳定度：$\frac{\Delta f}{f_0}\leqslant5\times10^{-4}$。

此外，还要适当考虑接收机的效率、输出波形失真等。

6.11.4 设计方案

分析以上设计内容和要求，该小型调幅发射机设计可以有多种实现方案，下面给出一种电路结构供参考。

如图 6.11.1 所示是小型调幅波接收机的一种设计方案。此设计主要是为了配合 10.7MHz 发射机的设计，若不考虑发射机，此电路可进一步简化。此电路主要包括：高频放大级、主振级、混频级、中放级、检波级、低频放大级。

高频小信号放大级：其作用主要是将 10.7MHz 的 AM 或 DSB 调制信号进行放大，以达到混频级对输入信号的电平要求。

主振级：是正弦波自激振荡器，用来产生频率为 16.455MHz 的高频振荡信号，由于整个接收机的频率稳定度由它决定，因此要求主振级有较高的频率稳定度，同时也有一定的振荡功率(或电压)，其输出波形失真要小。

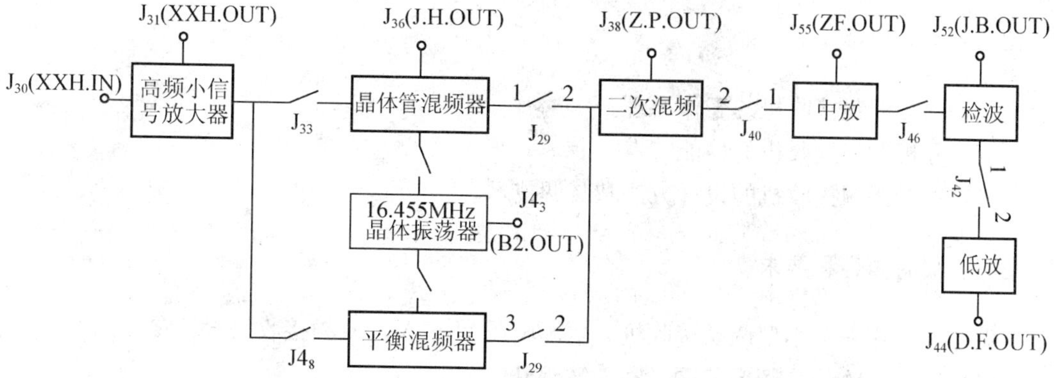

图 6.11.1 调幅接收机方案

混频级：其作用主要是将 10MHz 电台信号与 16.455MHz 本振信号混频，输出 6.455MHz 一次中频信号。

二次混频级：其作用主要是将混频级输出的 6.455MHz 信号进一步降频到 455kHz，此级需要 6MHz 的正弦波信号输入作为二次本振信号。

中放级：对 455kHz 的中频信号进行放大和选频，滤除干扰和得到检波级所需要电压幅度。

检波级：将调制信号从 AM 或 DSB 信号中解调出来，此处采用包络检波；若设计为同步检波，必须设计同步信号提取电路从中频信号中提取载波。

低频放大级：完成音频调制信号的功率放大，满足扬声器对音频信号的功率要求。

6.11.5 设计报告要求

（1）选择设计方案，并说明小型调幅接收机的工作原理。

（2）对电路各部分原理进行分析和参数计算。

（3）完成调幅接收机关键点波形的测量并与设计值进行比较，分析设计值和实测值误差的来源，并给出解决办法。

（4）画出示波器观测到的各级输出波形，并进行分析；若波形有失真，讨论失真产生的原因和消除的方法。

6.12 FM 接收机的设计

6.12.1 实验目的

（1）掌握调频接收机的工作原理。

（2）完成调频接收机的设计制作。

（3）初步掌握调频接收机的调整及测试方法。

6.12.2 预习内容

（1）预习调频接收机的工作原理。

（2）分析调频接收机的性能特点。

（3）思考调频接收机的设计方法和装调技术。

6.12.3 实验内容和要求

设计并制作一个小型调频接收机。电源电压为+3V。调频接收机设计参数如下。

（1）接收 FM 信号频率范围：88～108MHz。

（2）调制信号频率范围：100Hz～15kHz。

（3）最大不失真功率≥100mW。

（4）镜像抑制比优于 20dB。

（5）接收机灵敏度≤1mV。

6.12.4 设计方案

分析以上设计内容和要求，该小型调幅发射机设计可以有多种实现方案，下面给出一种电路结构供参考。

如图 6.12.1 所示是小型调频接收机的一种设计方案。此电路主要包括：输入网络、变频级、中放级、鉴频级及音频放大器。

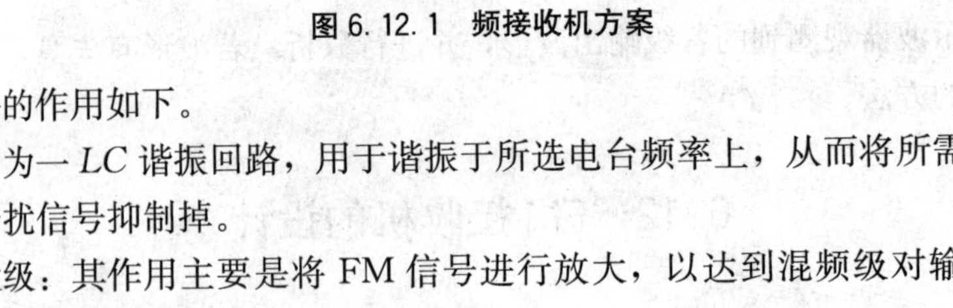

图 6.12.1 频接收机方案

各级电路的作用如下。

预选器：为一 *LC* 谐振回路，用于谐振于所选电台频率上，从而将所需电台选出，将其他电台及干扰信号抑制掉。

高频放大级：其作用主要是将 FM 信号进行放大，以达到混频级对输入信号的电平要求。

带通滤波器：将 88～108MHz 以外的信号和干扰抑制掉，以防止其对混频级产生干扰。

本振：是正弦波自激振荡器，用来产生频率比电台频率高 10.7MHz 的高频振荡信号，由于整个接收机的频率稳定度由它决定，因此要求主振级有较高的频率稳定度，同时也有一定的振荡功率(或电压)，其输出波形失真要小。

混频级：任务是将前级谐振回路接收的电台信号与本机振荡信号混频，产生二者的差频 10.7MHz 的中频调幅信号，供下一级中放电路使用。

中放级：对 10.7MHz 的中频信号进行放大和选频，滤除干扰和得到鉴频级所需要电压幅度。

鉴频级：将调制信号从 FM 信号中解调出来，通常是可采用斜率鉴频器或相位鉴频器来完成，目前基本都采用集成器件完成此项工作。

低频放大级：完成音频调制信号的功率放大，满足扬声器对音频信号的功率要求。

6.12.5　设计报告要求

(1) 选择设计方案，并说明小型调频接收机的工作原理。

(2) 对各部分单元电路原理进行分析和参数计算。

(3) 完成调频接收机关键点波形的测量并与设计值进行比较，分析设计值和实测值误差的来源，并给出解决办法。

(4) 画出示波器观测到的各级输出波形，并进行分析；若波形有失真，讨论失真产生的原因及其消除的方法。

(5) 总结。

附录一

常用仪器介绍及使用

一、常用电子仪器型号和名称

1. VC8145 型数字万用表
2. DG1022U 型函数信号发生器
3. AS2294D 型交流毫伏表
4. GOS6021 型双踪示波器

二、常用电子仪器使用

在电子电路基础实验中，经常使用的电子仪器有数字万用表、函数信号发生器、交流毫伏表和双踪示波器等，可完成对电子电路的静态和动态工作情况的测试。

实验中要对各种电子仪器进行综合使用，可根据信号流向，以连线简捷、调节顺手、观察与读数方便等原则进行合理布局，各仪器与被测实验装置之间的布局与连接如附图 1－1 所示。接线时应注意，为防止外界干扰，各仪器的公共接地端应连接在一起，称共地。信号源和交流毫伏表的引线通常用屏蔽线或专用电缆线，示波器接线使用专用电缆线。

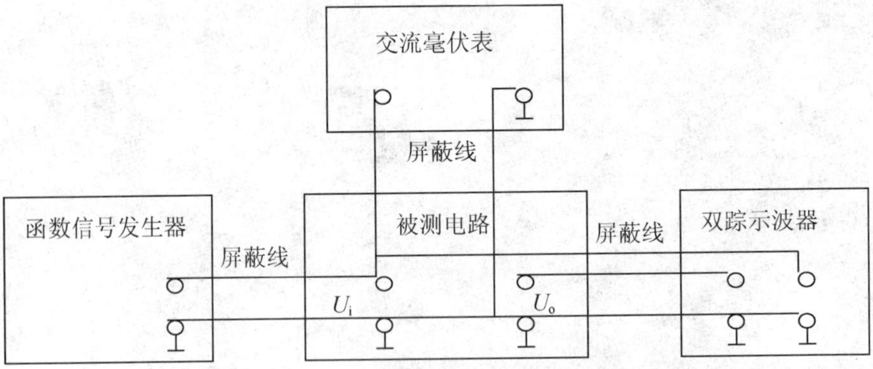

附图 1－1　电子电路测试中常用电子仪器布局图

（一）用数字万用表和交流毫伏表分别测量函数信号发生器的输出电压

交流毫伏表只能在其工作频率范围内，用来测量正弦交流电压的有效值。

为了防止过载而损坏，测量前一般先把量程开关置于量程较大位置处，然后在测量时逐档减少量程。

调节函数信号发生器的输出电压为1V，分别用数字万用表(注意选择万用表的交流档位)和交流毫伏表测量函数信号发生器在6种频率时的输出电压，填入附表1-1。

附表1-1 数字万用表和交流毫伏表在不同频率下测量数据表

频率	10Hz	100Hz	1kHz	10kHz	100kHz	1MHz
数字万用表						
交流毫伏表						

(二) 双踪示波器的使用

双踪示波器是一种利用阴极射线管来显示电学量随时间周期性变化的仪器，它除了能观察电压随时间变化的波形外，还可以定量测量波形的幅值、频率、相位等，是目前科学实验、科研生产常用的电子仪器。

双踪示波器由于用途广，功能多，结构比较复杂，面板上各控制旋钮比较轻巧，机械强度低，所以在转换或调节面板上各旋钮时，不要用力过猛，更不要任意扳动，一定要按正确的方法操作使用。

1. 示波器介绍

打开电源后，所有的主要面板设定都会显示在屏幕上。LED位于前板用于辅助和指示附加资料的操作。所有的按钮、TME/DIV控制钮都是电子式选择，它们的功能和设定都可以被存储。

前面板可以分成四大部分：显示器控制、垂直控制、水平控制、触发控制。前面板结构如附图1-2所示。下面分别介绍各部分的功能。

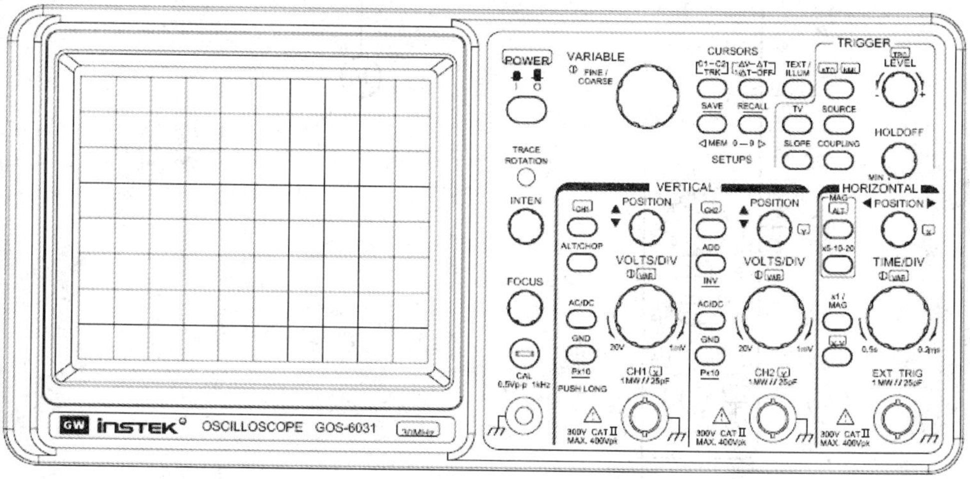

附图1-2 GOS—6021前面板

1）显示器控制（如附图 1－3 所示）

显示器控制钮调整屏幕上的波形，以及提供探棒补偿的信号源。

(1) POWER：当电源接通时，LED 全部会亮，一会儿以后，会显示一般的操作程序，然后执行上次开机前的设定，LED 显示进行中的状态。

(2) TRACE ROTATION：TRACE ROTATION 是使水平轨迹与刻度线成平行的调整钮，这个电位器可用小螺丝刀来调整。

(3) INTEN：这个控制钮用于调节波形轨迹亮度，顺时针方向增加亮度，反时针方向减低亮度。

(4) FOCUS：轨迹和光标读出的聚焦控制钮。

(5) CAL：此端子输出一个 0.5V_{p-p}、1kHz 的校准信号，给探棒使用。校准探棒时，需将档位打至 10 倍档，调节探棒上的电容，可对探棒进行正确的补偿校准。

(6) Ground socket：香蕉接头接到安全的地线，此接头可作为直流的参考电位和低频信号的测量。

(7) TEXT/ILLUM：具有双重功能的控制钮。这个按钮用于选择 TEXT 读值亮度功能和刻度亮度功能，以“TEXT”或“ILLUM”显示在读值装置中。将按以下次序发生（按钮后）：

“TEXT”——“ILLUM”——“TEXT”

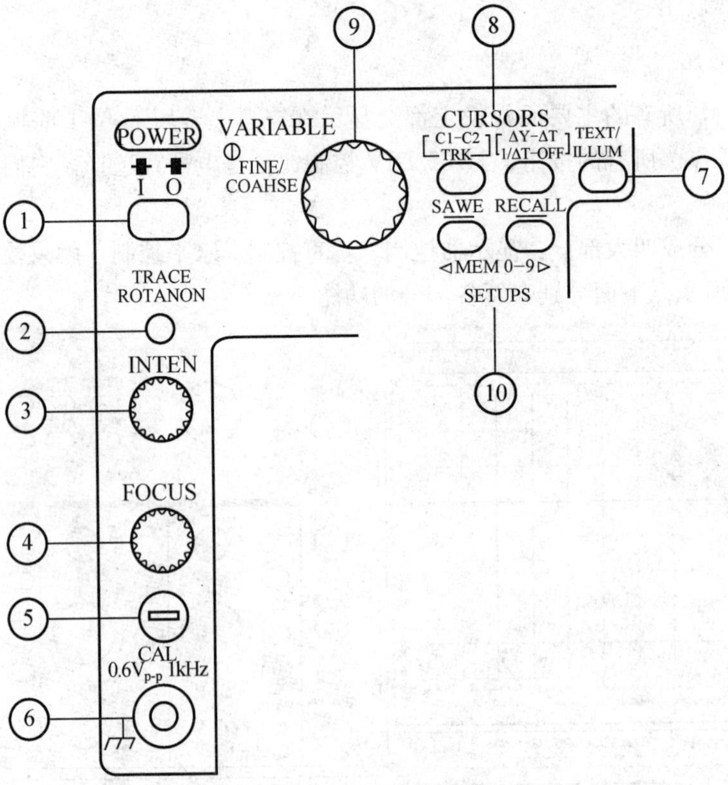

附图 1－3　显示器控制部分

TEXT/ILLUM 功能和 VARIABLE 控制钮相关。顺时针旋转此钮增加 TEXT 亮度或刻度亮度。反时针则减低，按此钮可以打开或关闭 TEXT/ILLUM 功能。

(8) 光标量测功能(CURSORS MEASUREMENT FUNCTION)

有两个按钮和 VARIABLE 控制钮有关。

∇V—∇T—1/∇T—OFF 按钮：当此按钮按下时，3 个量测功能将以下面的次序选择。

∇V：出现两个水平光标，根据 VOLTS/DIV 的设置，可计算两条光标之间的电压。∇V 显示在 CRT 上部。

∇T：出现两个垂直光标，根据 TIME/DIV 设置，可计算出两条垂直光标之间的时间，∇T 显示在 CRT 上部。

1/∇T：出现两个垂直光标，根据 TIME/DIV 设置，可计算出两条垂直光标之间时间的倒数，1/∇T 显示在 CRT 上部。

C1—C2—TRK 按钮：

光标 1、光标 2 的轨迹可由此钮选择，按此钮将以下面次序选择光标。

C1：使光标 1 在 CRT 上移动(▼或◣符号被显示)。

C2：使光标 2 在 CRT 上移动(▼或◣符号被显示)。

TRK：同时移动光标 1 和 2，保持两个光标的间隔不变(两个符号都被显示)。

(9) VARIABLE：通过旋转或按 VARIABLE 按钮，可以设定光标位置、TEXT/ILLUM 功能。

在光标模式中，按 VARIABLE 控制钮可以在 FINE(细调)和 COARSE(粗调)之间选择光标位置，如果旋转 VARIABLE，选择 FINE 调节，光标移动得慢，选择 COARSE 光标移动得快。

在 TEXT/ILLUM 模式中，这个控制钮用于选择 TEXT 亮度和刻度亮度，参考 TEXT/ILLUM(7)部分。

(10) ◀MEM 0 - 9▶——SAVE/RECALL

此仪器包含 10 组稳定的记忆器，可用于存储和呼叫所有电子式的选择钮的设定状态。按◀或▶钮选择记忆位置，此时“M”字母后 0～9 之间数字，显示存储位置。

每按一下▶，存储位置的号码会一直增加，直到数字 9。按◀钮则一直减小到 0 为止。按住 SAVE 约 3 秒钟将状态存储到记忆器，并显示“SAVE”信息。屏幕上显示↲。

呼叫前板的设定状态。如上述方式选择呼叫记忆器，按住 RECALL 钮 3 秒钟，即可呼叫先前设定状态。并显示“RECALL”的信息。屏幕上显示↱。

2) 垂直控制(如附图 1 - 4 所示)

垂直控制按钮选择输出信号及控制幅值。

(1) CH1：通道选择按钮。

(2) CH2：通道选择按钮。

快速按下 CH1(CH2)按钮，通道 1(通道 2)处于导通状态，偏转系数将以读值方式显示。

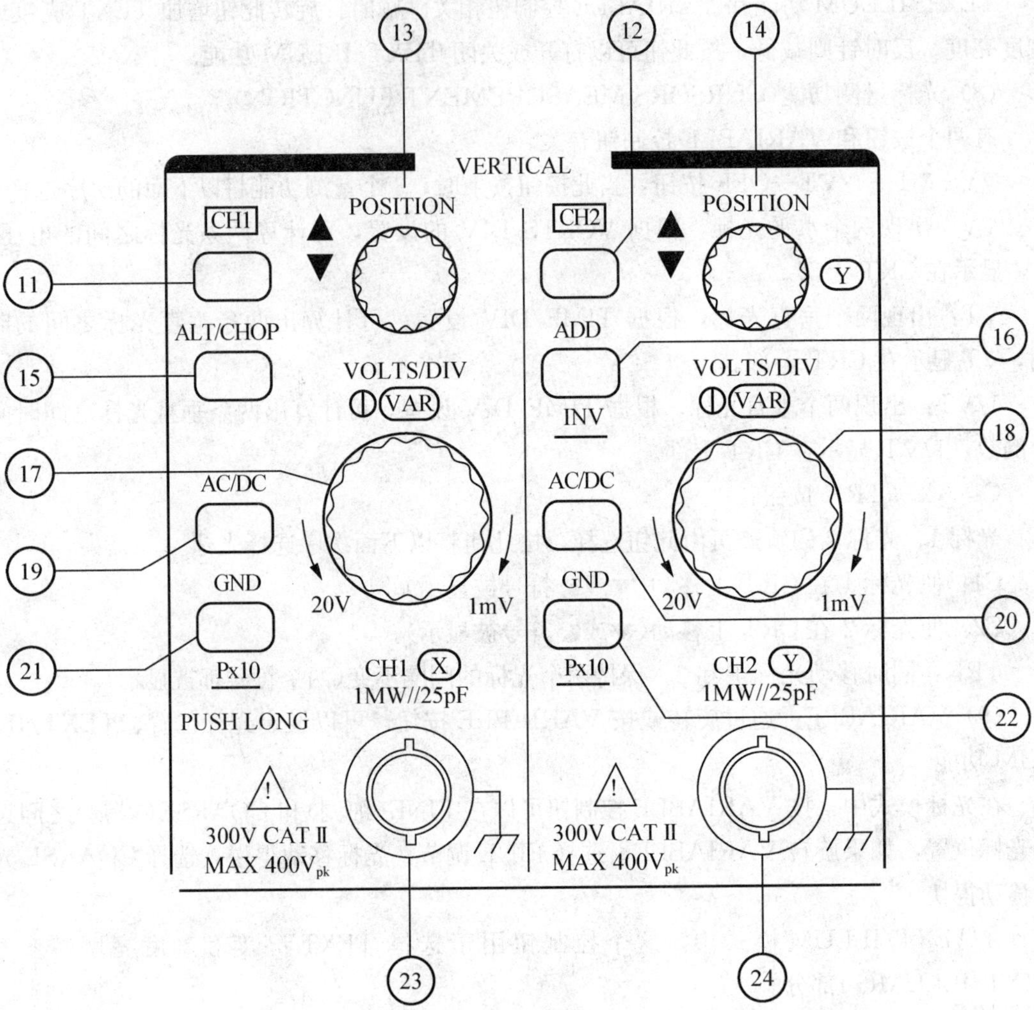

附图 1-4　垂直控制部分

（3）CH1 POSITION—控制钮。

（4）CH2 POSITION—控制钮。

通道 1 和 2 的垂直波形定位可用这两个旋钮来设置。

X-Y 模式中，CH2 POSITION 可用来调节 Y 轴信号偏转灵敏度。

（5）ALT/CHOP：交替显示选择按钮。

这个按钮有多种功能，只有两个通道都开启后，才起作用。

ALT：在读出装置显示交替通道的扫描方式。在仪器内部每一时基扫描后，切换至 CH1 或 CH2，反之亦然。

CHOP：切割模式的显示。

每一扫描期间，不断于 CH1 和 CH2 之间作切割扫描。

注意：此时的触发应为交替触发(SOURCE 按钮选“VERT”)。

（6）ADD-INV：具有双重功能的按钮。

ADD：读出装置显示，“＋”号表示相加模式。输入信号相加或是相减的显示由相位关系和 INV 的设定决定，两个信号将成为一个信号显示。为使测试正确，两个通道的偏向系数必须相等。

INV：长按该此钮，可使 CH2 的波形反相，反相状态将会于读出装置上显示“↓”。

（7）CH1 VOLTS/DIV。

（8）CH2 VOLTS/DIV - CH1/CH2 的控制钮有双重功能。

顺时针方向调整旋钮，以 1－2－5 顺序增加灵敏度，反时针则减小。档位从 1MV/DIV 到 20V/DIV。如果关闭通道，此控制钮自动不动作。使用中通道的偏向系数和附加资料都显示在读出装置上。

VAR：按住此钮一段时间选择 VOLTS/DIV 作为衰减器或作为调整的功能。开启 VAR 后，以＞符号显示，反时针旋转此钮以减低信号的高度，且偏向系数成为非校正条件。

（9）CH1，AC/DC。

（10）CH2，AC/DC。

按一下此钮，切换交流(～的符号)或直流(＝的符号)的输入耦合。此设定及偏向系数显示在读出装置上。

（11）CH1 GND—Px10。

（12）CH2 GND—Px10：双重功能按钮。

GND：按一下此钮，使垂直放大器的输入端接地，接地符号“⏚”显示在读出装置上。

Px10：按一下此钮一段时间，取 1∶1 和 10∶1 之间的读出装置的通道偏向系数，10∶1 的电压的探棒以符号表示在通道前(如：“P10”，CH1)，在进行光标电压测量时，会自动包括探棒的电压因素，如果 10∶1 衰减探棒不使用，符号不起作用。

（13）CH1 - X：输入 BNC 插座。此 BNC 插座是作为 CH1 信号的输入，在 X - Y 模式中，此输入信号为 X 轴偏移，为安全起见，此端子外部接地端直接连到仪器接地点，而此接地端也是连接到电源插座。

（14）CH2 - Y：输入 BNC 插座。此 BNC 插座是作为 CH2 信号的输入。在 X - Y 模式中，此输入信号为 Y 轴的偏移，为安全起见，此端子接地端也连到电源插座。

3）水平控制(如附图 1 - 5 所示)

水平控制可选择对基本操作模式和调节水平刻度、位置和信号的扩展。

（1）POSITION：此控制钮可将信号以水平方向移动，与 MAG 功能合并使用，可移动屏幕上任何信号。

在 X - Y 模式中，控制钮调整 X 轴偏转灵敏度。

（2）TIME/DIV - VAR：控制旋钮。以 1—2—5 的顺序递减时间偏向系数，反方向旋转则递增其时间偏向系数。时间偏向系数会显示在读出装置上。

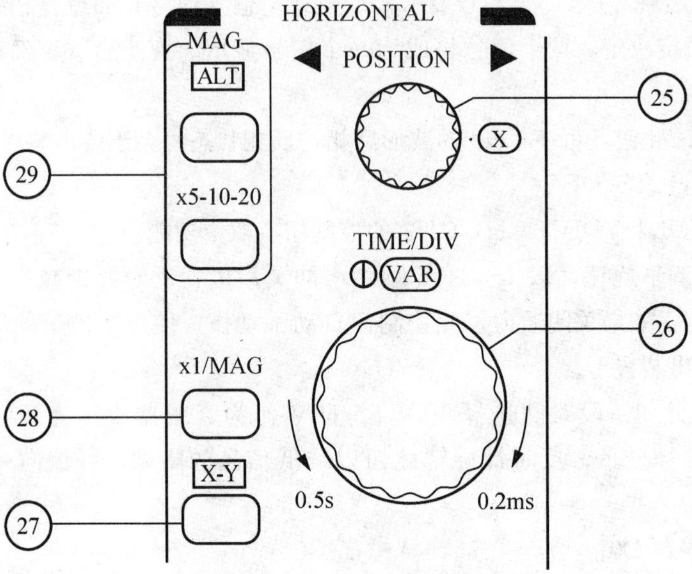

附图 1－5　水平控制部分

在主时基模式时，如果 MAG 不动作，可在 0.5S/DIV 和 0.2μS/DIV 之间选择以 1—2—5 的顺序的时间常数偏向系数。

VAR：按住此钮一段时间，选择 TIME/DIV 控制钮为时基或可调功能，打开 VAR 后，时间的偏向系数是校正的，直到进一步调整，反时针方向旋转 TIME/DIV 以增加时间偏转系数(降低速度)，偏向系数为非校正的，目前的设定以"＞"符号显示在读出装置中。

(3) X－Y：按住此钮一段时间，仪器可作为 X－Y 示波器用。X－Y 符号将取代时间偏向系数显示在读出装置上。

在这个模式中，在 CH1 输入端加入 X(水平)信号，CH2 输入端加入 Y(垂直)信号。Y 轴偏向系数范围为少于 1mV 到 20V/DIV，带宽：500kHz。

(4) ×1/MAG：按下此钮，将在×1(标准)和 MAG(放大)之间选择扫描时间，信号波形将会扩展(如果用 MAG 功能)，因此，只有一部分信号波形将被看见，调整 POSITION 可以看到信号中要看到的部分。

(5) MAG FUNCTION(放大功能)。

×5－×10－×20 MAG：当处于放大模式时，波形向左右方向扩展，显示在屏幕中心。有三个档次的放大率：×5－×10－×20MAG，按 MAG 钮可分别选择。

ALT MAG：按下此钮，可以同时显示原始波形和放大波形。放大扫描波形在原始波形下面 3DIV(格)距离处。

4) 触发控制(如附图 1－6 所示)

触发控制决定两个信号及双轨迹的扫描起点。

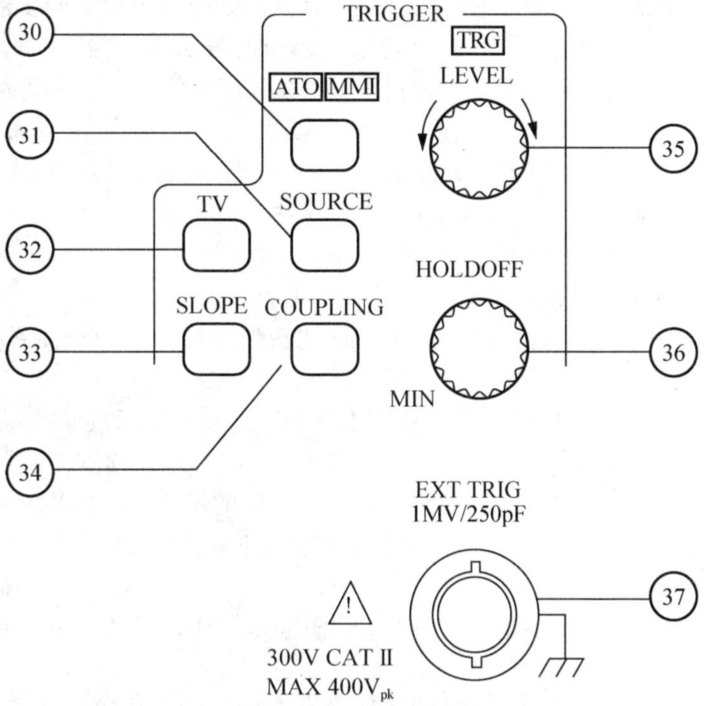

附图 1-6　触发控制部分

(6) ATO/NML 按钮及指示 LED：此按钮选择自动或一般触发模式，LED 会显示实际的设定。

每按一次控制钮，触发模式依下面次序改变：ATO—NML—ATO。

ATO(AUTO，自动)：选择自动模式，如果没有触发信号，时基线会自动扫描轨迹，只有 TRIGGER LEVEL 控制钮被调整到新的电平设定时触发电平才会改变。

NML(NORMAL)：选取一般模式，当 TRIGGER LEVEL 控制钮设定在信号峰之间的范围有足够的触发信号，输入信号会触发扫描，当信号未被触发，就不会显示时基线轨迹。当使同步信号变成低频信号时，使用这一模式(25Hz 或更少)。

(7) SOURCE：此按钮选择触发信号源，实际的设定由直读显示(“SOURCE，Slope，coupling)。当按钮按下时，触发源以下列顺序改变。

VERT—CH1—CH2—LINE—EXT—VERT

VERT(垂直模式)：为了观察两个波形，同步信号将随着 CH1 和 CH2 上的信号轮流改变。

CH1：触发信号源，来自 CH1 的输入端。

CH2：触发信号源，来自 CH2 的输入端。

LINE：触发信号源，从交流电源取样波形获得。对显示与交流电源频率相关的波形极有帮助。

EXT：触发信号源从外部连接器输入，作为外部触发源信号。

(8) TV：选择视频同步信号的按钮。从混合波形中分离出视频同步信号，直接连接到触发电路，由 TV 按钮选择水平或混合信号，当前设定以(SOURSE，VIDEO，POLARITY，TVV 或者 TVH)显示。当按钮按下时视频同步信号以下列次序改变。

TV-T—TV-H—OFF—TV-V

TV-V：主轨迹始于视频图场的开端，Slope 的极性必须配合复合视频信号的极性(⎍为负极性)以便触发 TV 信号场的垂直同步脉冲。

TV-H：主轨迹始于视频图线的开端，Slope 的极性必须配合复合视频信号的极性，以便触发在电视图场的水平同步脉冲。

(9) SLOPE：触发斜率选择按钮。按一下此按钮选择信号的触发斜率以产生时基。每按一下此钮，斜率方向会从下降缘移动到上升缘，反之亦然。

此设定在“SOURCE，SLOPE，COUPLING”状态下显示在读出装置上。如果在 TV 触发模式中，只有同步信号是负极性才可同步。符号显示在读出装置上。

(10) COUPLING：按下此钮选择触发耦合，实际的设定由读出装置显示(SOURCE，SLOPE，COUPLING)，每次按下此钮，触发耦合以下列次序改变。

AC—HFR—LFR—AC

AC 将触发信号衰减到频率在 20Hz 以下，阻断信号中的直流部分。交流耦合对有大的直流偏移的交流波形的触发很有帮助。

HFR(High Frequency Reject)将触发信号中 50kHz 以上的高频部分衰减，HFR 耦合提供低频成分复合波形的稳定显示，并对除去触发信号中的干扰有帮助。

LFR(Low Frequency Reject)：将触发信号中 30kHz 以下的低频部分衰减，并阻断直流成分信号。LFR 耦合提供高频成分复合波形的稳定显示，并对除去低频干扰或电源杂音干扰有帮助。

(11) TRIGGER LEVEL：带有 TRG LED 的控制钮。旋转控制钮可以输入一个不同的触发信号(电压)，设定在适合的触发位置，开始波形触发扫描。触发电平的大约值会显示在读出装置上。顺时针调整控制钮，触发点向触发信号正峰值移动，反时针则向负峰值移动，当设定值超过观测波形的变化部分时，稳定的扫描将停止。

TRG LED：如果触发条件符合时，TRG LED 亮，触发信号的频率决定 LED 是亮还是闪烁。

(12) HOLD OFF：当信号波形复杂，使用 TRIGGER LEVEL(35)不可获得稳定的触发，旋转此钮可以调节 HOLD-OFF 时间(禁止触发周期超过扫描周期)。

当此钮顺时针旋转到头时，HOLD-OFF 周期最小；反时针旋转时，HOLD-OFF 周期增加。

(13) TRIG EXT：外部触发信号的输入端 BNC 插头。按 TRIG SOURCE(31)按钮，一直到出现“EXT，SLOPE，COUPLING”在读出装置中。外部连接端被连接到仪器地端，因而和安全地端线相连。

2. 实验内容

1) 使用练习

开机前的准备工作：了解示波器面板上各功能键的作用，并把各个旋钮调到居中。

2）观察试验信号

试验信号是仪器本身产生的频率为 1kHz，峰-峰值为 0.5V 左右的矩形波信号。

将探极一端接 CH1 输入端，测试端钩住试验信号的输出端。调节垂直位移按钮(13)和水平位移按钮(25)，使屏幕上显示每个周期的波形高度为 5cm，水平宽度为 2cm，如显示波形不是所需的高度和宽度，可调节 CH1 幅度调节旋钮(17)和 X 轴扫描速度微调旋钮(26)。

将触发方式开关(30)由“自动”扳至“触发”（NML），若无波形显示，可调节触发“电平”(35)旋钮，使屏上重现波形，然后再将开关扳至“自动”。

3）信号电压与周期的测量

(1) 将函数信号发生器输出的正弦信号输入到示波器两通道中的任一通道(CH1 或者 CH2)。

(2) 调节“垂直位移(13)(14)”及“水平位移(25)”，找到信号。

(3) 通过调节“扫描时间系数选择开关(26)”和“垂直偏转系数开关(15)(18)”使正弦波信号显示在屏内。

(4) 微调(35)，使波形稳定。

用示波器测量电压时，一般是测量其峰-峰值 U_{PP}，即从波峰到波谷之间的值，如附图 1－7 所示。实验时利用荧光屏前的刻度标尺分别读出与电压峰-峰值对应的垂直方向距离 y 及一个周期波形所对应的水平方向距离 x，则

$$U_{PP}=y(\text{cm})\times \text{Y 偏转因数}(\text{V/cm 或 mV/cm})$$

$$T=x(\text{cm})\times \text{扫描时间系数}(\text{s/cm 或 ms/cm、}\mu\text{s/cm})$$

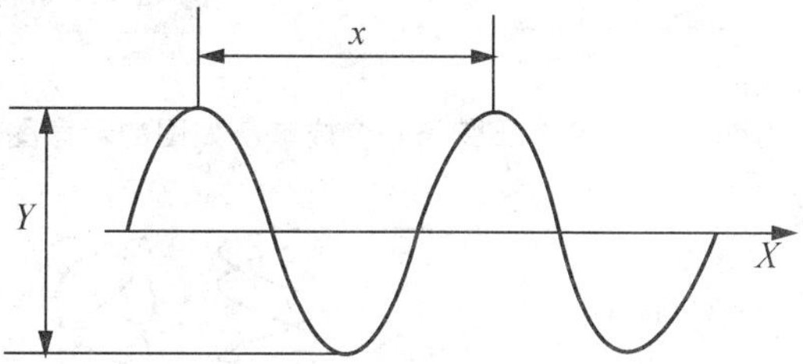

附图 1－7　正弦信号波形图

按附表 1－2 要求测量信号发生器输出的正弦信号的电压峰-峰值 U_{PP} 与周期 T，并用坐标纸描下信号波形。

附表 1－2　正弦信号电压与周期测量数据表(数据的具体测量按实验室的要求)

信号发生器		示 波 器				测量结果	
频率(Hz)	电表电压(V)	Y1 偏转因数(V · cm－1)	y (cm)	时基因数(ms · cm－1)	x (cm)	U_{PP} (V)	T(ms)

注意：

① 该示波器有一个量测系统，可精确地、直接地读出电压、时间频率(LED 显示)，所测值可与之比较。

② 示波器的标尺刻度盘与荧光屏不在同一个平面上，两者之间有一定距离，读数时要尽量减小视差。

③ 电压表指示的电压值是正弦信号的有效值 U_{eff}，它与峰-峰值 U_{PP} 之间的关系为 $U_{PP}=2\sqrt{2}U_{eff}$。

4）观察李萨如图，用李萨如图测量正弦信号频率

把两个正弦信号分别加到垂直于水平偏转板，则荧光屏上光点的运动轨迹是两个互相垂直的谐振动的合成。当两个正弦信号频率之比为整数之比时，其轨迹是一个稳定的闭合曲线。例如，垂直方向信号的频率 f_y 是水平方向信号频率 f_x 的一倍时，合成结果得到如附图 1－8 所示的闭合曲线。附图 1－9 是一组频率比为整数比时两信号合成的封闭曲线，这种曲线称为李萨如图。如果两个信号的频率比不是整数比，图形不稳定。当接近整数比时，可以观察到转动的图形。李萨如图的形状还随两个信号的幅值以及位相不同而变化。

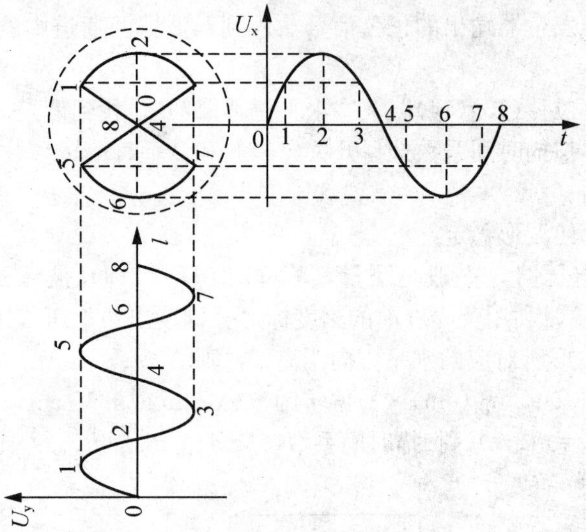

附图 1－8　两个正弦信号合成李萨如图的示意图

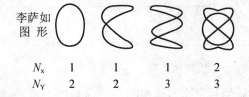

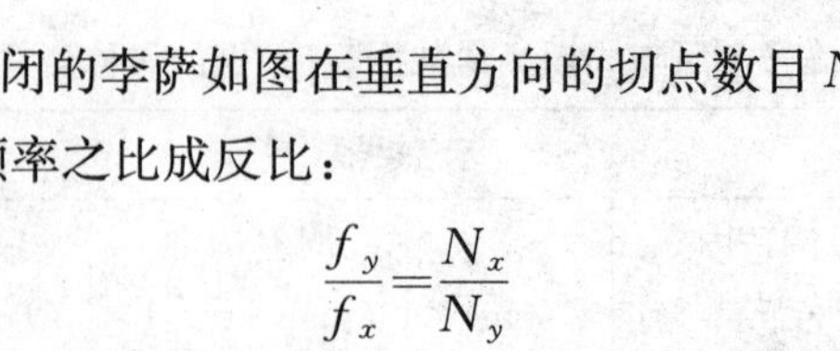

附图 1－9　f_y ∶ f_x 为 1∶1，1∶2，1∶3，2∶3 时的李萨如图

由附图 1－9 可见，封闭的李萨如图在垂直方向的切点数目 N_y 与水平方向的切点数目 N_x 之比与两相应信号的频率之比成反比：

$$\frac{f_y}{f_x}=\frac{N_x}{N_y}$$

利用这一关系可以测量正弦信号频率。如果其中一个信号的频率已知并连续可调，则把两个正弦信号分别输入 Y 轴与 X 轴，调出稳定的李萨如图，从李萨如图上数出切点数 Ny 与 Nx，记下已知信号的频率，即可由上式算出待测正弦信号的频率。

(1) 按下“X－Y 控制键(27)”，此时 CH1 通道转变为水平输入端(X 轴)，CH2 通道转变为垂直输入端(Y 轴)。

(2) 将被测正弦信号和信号发生器输出的正弦信号分别输入到 CH1 和 CH2 通道。

(3) 调节信号发生器输出信号的频率，分别得到 1∶1、1∶2、2∶3 的李萨如图形。在坐标纸上描下李萨如图，记下相应的信号发生器输出的正弦信号的频率 fy 及垂直方向上的切点数 N_y、水平方向的切点数 N_x，计算被测正弦信号的频率，填入附表 1-3。

附表 1-3　用李萨如图测量正弦信号频率数据表

N_x			
N_y			
f_x/Hz			
f_y/Hz			

附录二
GDS－2 高级电工实验教学平台简介

GDS－2 高级电工实验教学平台由模块化结构组成，通过连线的方式来搭建电路，可完成高等院校电路基础课程、电工技术基础等所开设的实验内容。GDS－2 高级电工实验教学平台主要包括以下模块：电源主屏、稳压电源、稳压稳流源、信号源、直流可调稳压电源、常规负载、荧光灯、交直流电表、功率表、受控源等。

1. GDS－2 高级电工实验教学平台各模块功能介绍

1）电源主屏(GDS－01)

(1）提供单、三相可调交流稳压电源，调压范围每相 0～240V，稳压精度 1%，三相相电压监视。额定输出电流 2A。具有过流保护功能(整定电流 2.2A)。过流时切断电源输出同时发出过流告警指示，复位后方可重新启动。

(2）针对实验设备的特殊要求，提供的交流稳压电源具有单相可调和三相联调功能。可使三相电压人为平衡和不平衡输出，方便实验。

(3）实验平台具有漏电保护功能，如有漏电现象发生，主控制屏动作。切断主电源，同时发出漏电告警信号。漏电电压整定值为 50V。

(4）提供照明电源，可同时照明和实验。

(5）提供各部件的工作电源：220V(GDS－02、GDS－03、GDS－04、GDS－05 使用)、36V(仪表、精密电阻使用)。

(6）提供其他工作电源(220V 交流电源，供外部设备使用)。

(7）提供仪表等设备数据通信串口。

2）稳压电源(GDS－02)

(1）输入工作电源 220V。

(2）输出±15V(1A)，＋5V(1A)。1.5A 以上过载限流，故障消除自恢复。

(3）输出可调稳压电源 0～30V，连续可调，不采用分档调节方式。具有过载切断输出，并自锁功能。最大输出电流 1.5A。

(4）可调稳压电源输出具有数显监控输出电压功能。

(5）直流电源由 LED 指示。

(6）调节采用粗调和细调相结合方式进行。

3）稳压、稳流源(GDS－03)

(1）输入工作电源 220V。

(2) 输出可调稳压电源 0～30V，连续可调，不采用分档调节方式。具有过载切断输出，并自锁功能。最大输出电流 1.5A。

(3) 输出可调稳流电源 0～500mA。连续调节，最大输出电压 20V。

(4) 调节采用粗调和细调相结合方式进行。

(5) 具有稳流指示功能。输出电流数显监控。

4) 信号源(GDS－04)

(1) 输入工作电源：220V。

(2) 输出正弦波、三角波、方波 3 种波型。频率范围 10Hz～1MHz 频率、幅度可调，幅度 $20V_{p-p}$。

(3) 数显频率。测频范围(1Hz～1MHz)。

(4) 设置 7 个频率段，用上升、下降键选择频率段，LED 显示。

(5) 波形选择(三种波形)，LED 显示取消琴键开关和功能选择旋扭。

5) 220V 直流可调稳压电源(GDS－05)

(1) 输入工作电源 220V。

(2) 输出电压 40～230V，1.5A。

(3) 整定电流 1.5A，过载保护。故障消除(负载减小)自恢复输出。

(4) 输出电压数显监控。

6) 常规负载(GDS－06)

(1) 无须工作电源。

(2) 配备常规电阻、常规电容、常规电感若干。

(3) 该部件完成直流回路基本实验，除常规负载外，配置 LED，二极管、灯电阻等。

(4) 特设置元件自由活动区，在实际实验时根据实验需要灵活选择参数。

7) 精密负载(GDS－07)

(1) 输入工作电源 36V。

(2) 两路精密可调负载，调节范围 1～9999Ω，步进调节 1Ω。精度 O.5 级。具有过载保护并自锁功能。

(3) 单片机控制，数字显示精密电阻阻值。由功能键选择调节位，利用上升、下降键调节位电阻。

8) 负载(GDS－08)

(1) 无工作电源。

(2) 每相负载为黄、绿、红三相灯泡(15W/220V)。

(3) 三相对称。

9) 荧光灯、可变电容(GDS－09)

(1) 利用 GDS－01 主控制屏荧光灯进行实验。

(2) 提供可变电容作功率因数提高实验效率。

(3) 提供多路电流插座，用以检测各工作电流。

(4) 提供照明实验用镇流器、熔断器保护。

(5) 提供 220V/36V、6.3V 变压器。

(6) 提供互感电路实验回路。

10) 直流电表(GDS-10)

(1) 工作电源 36V。

(2) 分直流电压表、直流电流表、直流电流表(微安级)各一个。

(3) 具有超量程保护、自锁、告警功能。

(4) 电压量程：5V、20V、50V、100V、250V、500V。

(5) 电流表 1 量程：25mA、100mA、250mA、1A、2.5A、5A。

(6) 电流表 2 量程：200μA、2mA、20mA、100mA。

(7) 量程切换采用上升、下降键，取消琴键开关。

(8) 所有仪表采用数显方式。

(9) 信号采集、处理采用单片机技术、具有计算机串口通信功能。

(10) 测量精度优于 1.0 级。

11) 交流电压表(GDS-11)

(1) 工作电源 36V。

(2) 由 3 个数字式电压表构成。信号采集、处理采用单片机技术、具有计算机串口通信功能。四位 LED 显示。

(3) 电压量程：5V、20V、50V、100V、250V、500V。

(4) 具有超量程保护、自锁、告警功能。

(5) 量程切换采用上升、下降键，取消琴键开关。

(6) 测量精度优于 1.0 级。

12) 交流电流表(GDS-12)

(1) 工作电源 36V。

(2) 由三个数字式电流表构成。四位 LED 显示；信号采集、处理采用单片机技术、具有计算机串口通信功能。

(3) 电流量程：25mA、100mA、250mA、1A、2.5A、5A。

(4) 具有超量程保护、自锁、告警功能。

(5) 量程切换采用上升、下降键，取消琴键开关。

(6) 测量精度优于 1.0 级。

13) 单、三相功率表(GDS-13)

(1) 工作电源 36V。

(2) 由两个数字式功率表和一个数字式功率因数表构成。信号采集、处理采用单片机技术、具有计算机串口通信功能，四位 LED 显示。

(3) 电压量程：75V、250V。

(4) 电流量程：500mA、2A。

(5) 具有超量程保护、自锁、告警功能。

(6) 量程切换采用上升、下降键，取消琴键开关。

(7) 测量精度优于1.0级。

14) GDS-14受控源

(1) 提供VCCS、CCCS、CCVS、VCVS回路。

(2) 提供R回转器、负阻抗变换器回路。

15) GDS-15继电接触挂箱

(1) 为方便学生操作和实验器件可视的目的，特留操作、观察窗口。

(2) 各器件工作电压为220V，工作时请注意电压等级。

(3) 热继电器、时间继电器的参数调整可直接通过操作窗口进行调整。

16) D21电机

和GDS-15继电接触箱配合使用，工作时请注意电机的耐压等级(三角型接法，220V)。

2. GDS-2高级电工实验教学平台使用说明

1) 主控制屏(GDS-01)

(1) 在使用时先将主控制屏电缆和实验桌内交流稳压电源相应插座联接(共有两个插座和主控制屏对应插座相连)。

(2) 将GDS-2实验平台三相四线插头插入相应插座中，使系统给电。

(3) 打开主控制屏配电箱(在实验平台主屏左下部)，合上断路器，三相四线电源经熔断器进入系统，等待供电。

(4) 合上钥匙开关(钥匙开关置于开状态)，电源经主接触器进入隔离变压器原边，照明电路可以工作，低压控制电源给电(36V)，各部件、仪表等进入工作状态。主控制屏各辅助电源给电输出(220V，各电源插座输出，用于实验外接设备)。三相相电压监测仪表显示输入相电压(电压监测开关置于进线输入电压指示)。主控制屏停止按钮(红色)点亮。照明开关置于照明，可以点亮荧光灯。

(5) 通过调节主控制屏上调压电位器可以预调节输出电压。通过三相相电压监测电压(选择开关置于输出电压)。

(6) 三相输出电压可以单独调节，也可以联动调节(为实验设备特殊设计)，通过选择开关(置于联动)调节三相联调电位器即可三相联动调压。选择开关置于单调，可单相调节输出电压(每相电压调节对应一个调压电位器)。

(7) 将各仪表、信号源等实验部件接插于相应主屏插座中，各仪表进入工作状态。

(8) 按主控制屏启动按钮，(红色)停止按钮熄灭，(绿色)启动按钮点亮。各使用220V电源部件(稳压源、稳流源等)相应插座给电，可以工作。三相四线电源输出预调电压。可通过调压电位器调节输出电压。

(9) 将各电源部件插入主控制屏相应插座，各部件进入工作状态。

(10) 主控制屏设有多种保护功能。

如主电路发生过载现象，自动切断主回路，同时发出告警信号(红色 LED 显示、蜂鸣器响)，按复位按钮可消除告警，重新启动。

如发生漏电现象，自动切断主回路，同时发出告警信号(红色 LED 显示、蜂鸣器响)，按复位按钮可消除告警，重新启动。

(11) 荧光灯照明、实验共用。开关置于照明侧，荧光灯可正常照明；开关置于实验侧。两接线柱将荧光灯接线端子外接。主控制屏内荧光灯可供外部实验使用，和 GDS-09 共同使用。

2) 稳压源(GDS-02)

(1) 将 GDS-02 部件电源插头插入相应电源插座，按主控制屏绿色按钮，GDS-02 电源开关合上，开关内指示灯点亮，表明主控制屏提供工作电源正常。红色 LED 点亮，各固定电源输出指示灯点亮。

(2) 左侧输出电压 5V、±15V，为固定电压不可调节。具有过载保护功能，故障消除自恢复。

(3) 右侧输出可调电压，0～30V 连续可调。整定电流 1.5A，过载切除输出，告警指示并自锁，可按复位按钮后再启动工作。输出数码显示输出电压，用以监测输出电压。

(4) 调节时可先调节粗调电位器确定范围，再由细调电位器精确定位。

3) 稳流源(GDS-03)

(1) 将 GDS-03 部件电源插头插入相应电源插座，和前述 GDS-02 开启顺序相同。两路红色数码点亮。

(2) 左侧输出可调电压，0～30V 连续可调。整定电流 1.5A，过载切除输出，告警指示并自锁，可按复位按钮后再启动工作。数码显示输出电压，用以监测输出电压。

(3) 调压时可先调节粗调电位器确定范围，再由细调电位器精确定位。

(4) 右侧输出可调电流，0～500mA 连续可调。调节电流时可先调节粗调电位器确定范围，再由细调电位器精确定位。

(5) 稳流源具有稳流指示功能，绿色 LED 点亮表明电流源工作于稳流状态(在输出电压为 20V 以内)。

4) 信号源(GDS-04)

(1) 将 GDS-04 部件电源插头插入相应电源插座，和前述 GDS-02 开启顺序相同。红色 LED 点亮。频率计显示 000000。

(2) 频率计计数输入，输出信号接入频率计即可工作。

(3) 通过功能选择按钮可选择输出波形，通过上升、下降键可以改变频率范围，并由 LED 显示。

(4) 通过调节电位器可改变频率、幅值、占控比。

(5) 为显示高频信号读数方便，可按量程选择按钮(显示 Hz 或 kHz)，LED 显示输出状态。

5）220V 直流电源(GDS－05)

(1) 将 GDS－05 部件电源插头插入相应电源插座，开关合上，开关内指示灯点亮，表明主控制屏提供工作电源正常，红色 LED 点亮。

(2) 调节调压电位器，电压可由 40～230V 连续可调。

(3) 输出数显监控。

6）常规负载(GDS－06)

(1) 无特殊使用注意事项。

(2) 实际使用时，注意器件的功率、耐压。

为突出设计性实验要求，加装自由接插实验板，在实际实验时可接插不同实验负载于自由接插板，在通过连接导线完成相应实验。

7）精密负载(GDS－07)

(1) 将 GDS－07 部件电源插头插入相应电源插座，开关合上，开关内指示灯点亮，表明主控制屏提供工作电源正常，红色 LED 点亮。两路负载输出。

(2) 调节分四档(个位、十位、百位、千位)由功能选择键确定调节档位，并由 LED 显示。

(3) 确定档位后，通过调节上升、下降键改变输出电阻，由 LED 显示输出。

(4) 电阻输出具有过载保护功能，过流后切断主屏输出电源和各源部件输出电源。并由红色 LED 显示，复位后可重启动工作(每路负载允许功率 4W)。在工作时负载电压输入必须小于直流 30V，交流 250V。

8）三相大功率负载(GDS－08)

无特殊使用要求。在工作时请将黄、绿、红三色灯泡安装于对应插座上。在实际加电时，注意加电电压。

9）荧光灯、可变电容(GDS－09)

(1) 全部线路采用外接形式。采用主控制屏(GDS－01)上荧光灯作为实验对象。相应接线柱连接。

(2) 镇流器和主控制屏独立使用。在做荧光灯实验时用 GDS－09 部件上镇流器。

(3) 可变电容采用开关控制。可以切入电路或断开。

(4) 面板上对应虚线处用于连接电流插座，也可直接连接。

10）仪表(GDS－10、GDS－11、GDS－12、GDS－13)

(1) 将仪表部件电源插头插入相应电源插座，开关合上，红色数码点亮，表明主控制屏提供工作电源正常。

(2) 所有档位选择采用单片机控制，上升、下降按钮改变量程，LED 显示。

(3) GDS－13 具有功能键，用以选择调节对象(电压量程改变或电流量程改变)。

(4) 具有过载保护功能，过流后切断主屏主回路输出电源和各源部件输出电源。并由红色 LED 显示，复位后可重启动工作。

(5) 数字式 LED 显示。

(6) 主控制屏两侧都装有计算机串口插座，方便连接。

11) 受控源(GDS-14)

(1) 采用挂箱式结构，合上GDS-14电源开关，部件给电。

(2) 根据面板显示对应输入电压或电流信号，即可进入正常工作状态。

(3) 注意输入电压的大小，一般控制在直流4V左右(用GDS-02或GDS-03挂箱)。

12) 继电接触挂箱(GDS-15)

(1) 为方便学生操作和实验器件可视的目的，特留操作、观察窗口。

(2) 各器件工作电压为220V，工作时请注意电压等级。

(3) 热继电器、时间继电器的参数调整可直接通过操作窗口进行。

13) 电机(D21)

电机和GDS-15继电接触箱配合使用，工作时请注意电机的耐压等级(三角型接法，线电压220V)。

附录三

模电实验教学平台简介

本模电实验教学平台(ZSD－MD－1)是浙江师范大学自主研制的实验教学平台，主要由分立元件组成，通过连线的方式来搭建电路，也可在面包板上自行搭建设计性实验电路，可完成高等院校模拟电子电路课程所开设的实验内容。

模电实验教学平台主要包括以下模块：分立元件、稳压电源、差动放大、低频功放、温度控制、电源、电位器。各部分的具体分布图如附图 3－1 所示。

由于都是分立元件，实验电路连接非常灵活，故参考附图 3－1 介绍一下所有模块。

1. 分立元件部分

此部分由分立元件和集成运放组成，包括各种规格碳膜电阻 38 只、电容 16 只、二极管 4 只、三极管 3 只，集成运放 uA741 2 只和 LM324 1 只。可以在此搭建大部分分立元件电路和集成运放基本电路。

2. 稳压电源部分

此部分由变压器及开关、整流电桥、滤波电容、固定稳压电路、可调稳压电路、负载组成。其中各部分说明如下。

(1) 变压器及开关：变压器输入由变压器开关控制，输出可提供两组 7.5V 交流电压或一组 15V 交流电压。

(2) 整流电桥：由 4 个二极管 1N4001 组成整流电路。

(3) 滤波电容：由 2 个 1000μF/35V 电解电容组成，可单独使用，主要用于滤波电路中。

(4) 固定稳压电路：由 L7905 组成的负稳压电路，电路主体已搭建，只需输入滤波后的电压即可。

(5) 可调稳压电路：由 LM317 组成可调稳压电路，电路主体已搭建，只需输入滤波后的电压即可，可由 5kΩ 电位器调节稳压幅值。

(6) 负载：包含 2 只 100Ω/2W 的功率电阻。

3. 电源部分

整个实验教学平台的供电部分，提供±5V、±12V 电源，通过插孔连线连接到实验中，并具有过流保护功能。

4. 差动放大部分

差动放大由差动放大部分、恒流源部分和长尾式电阻组成。可通过简单连线进行电路搭建。

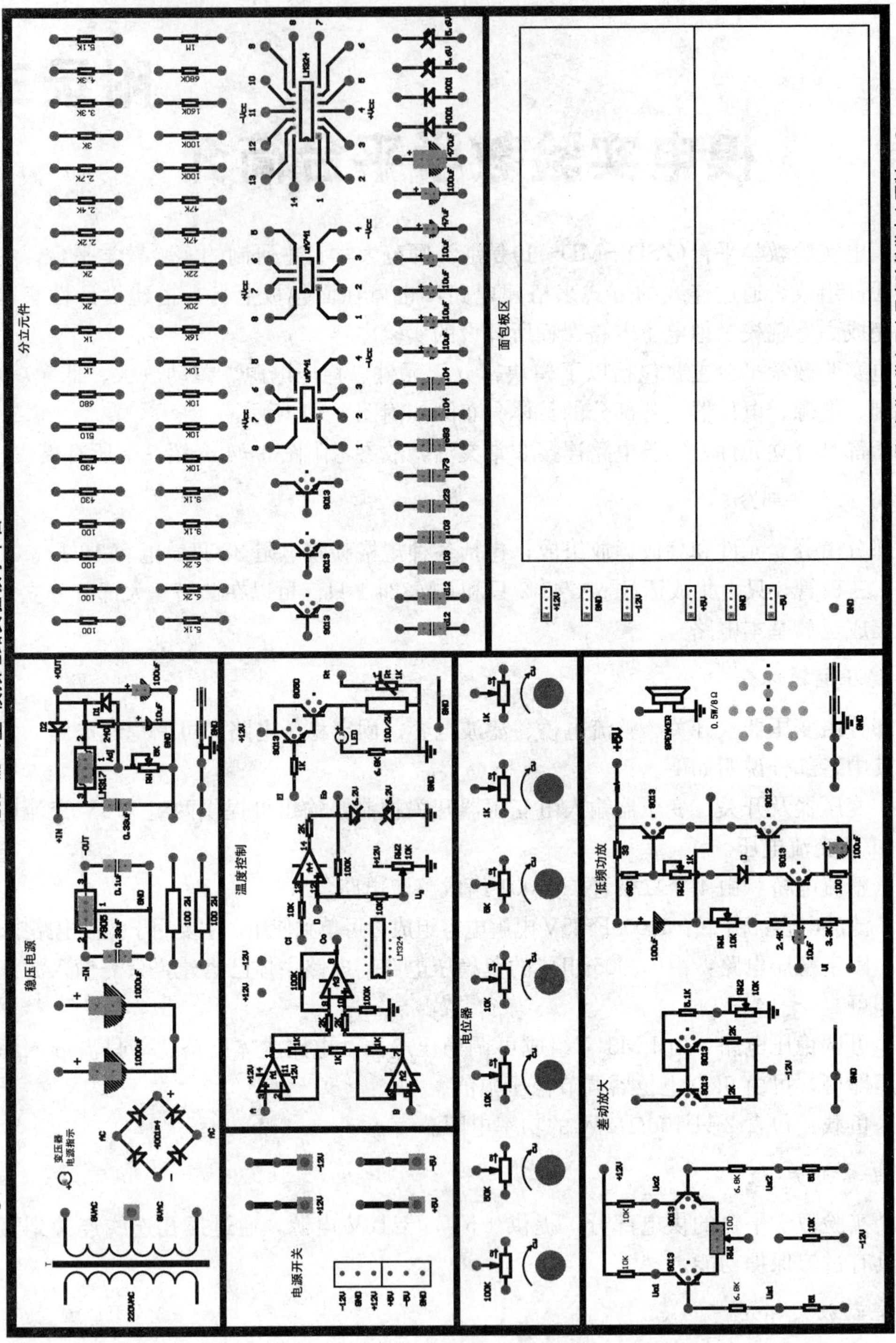

附图 3-1 模电实验教学平台元件分布图

5. 低频功放部分

低频功放可用于进行 OTL 或 OCL 低频功率放大实验，可通过简单连线进行电路搭建。另外虚线部分为根据需要自行连接。

6. 温度控制部分

温度控制电路可实现一定范围内的温度自动控制，主要由直流电桥、测量放大器、滞回比较器、功率放大级组成。其中热敏电阻和功率电阻捆绑在一起。可通过简单连线进行电路搭建。

7. 电位器部分

实验教学平台上有 7 只不同值的多圈电位器，分别为 2 只 1kΩ，1 只 5kΩ，2 只 10kΩ，1 只 50kΩ，1 只 100kΩ。电位器起改变阻值作用，电位器插孔图如附图 3－2 所示。实验中，电位器为虚线接入的，都需要按附图 3－3 所示连接方法接入电位器，只要知道改变阻值情况即可。

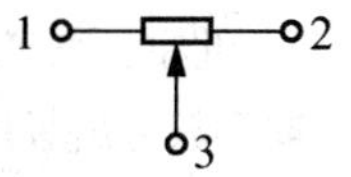

附图 3－2　电位器插孔图

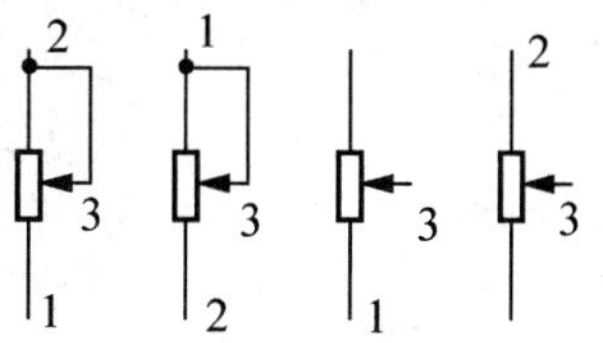

附图 3－3　电位器的连接方法

参考文献

[1] 徐伟，徐钦民，谷海青．电路实践指导教程[M]．北京：清华大学出版社，2008.
[2] 赵桂钦．电路分析基础教程与实验[M]．北京：清华大学出版社，2008.
[3] 刘宏，黄筱霞．电路理论实验教程电路[M]．广州：华南理工大学出版社，2007.
[4] 于佩琼，孙惠英．电路实验教程[M]．北京：人民邮电出版社，2010.
[5] 曹才开，陆秀令，龙卓珉，等．电路实验[M]．北京：清华大学出版社，2005.
[6] 余孟尝．数字电子技术基础简明教程[M]．北京：高等教育出版社，2006.
[7] 付家才．电子实验与实践[M]．北京：高等教育出版社，2004.
[8] 谢自美．电子线路设计·实验·测试[M]．武汉：华中科技大学出版社，2006.
[9] 张大彪．电子技能与实训[M]．北京：电子工业出版社，2007.
[10] 沈小丰，余琼蓉．电子线路实验——模拟电路实验[M]．北京：清华大学出版社，2008.
[11] 罗杰，谢自美．电子线路设计·实验·测试[M]．4 版．北京：电子工业出版社，2008.
[12] 华成英，童诗白．模拟电子技术基础[M]．5 版．北京：高等教育出版社，2006.
[13] 康华光．模拟电子技术基础[M]．5 版．北京：高等教育出版社，2006.
[14] 张啸文．高频电子线路[M]．北京：高等教育出版社，2004.
[15] 严国萍，龙占超．通信电子线路[M]．北京：科学出版社，2011.
[16] 夏术泉．通信电子线路[M]．北京：北京理工大学出版社，2010.

北京大学出版社本科计算机系列实用规划教材

序号	标准书号	书　名	主　编	定价	序号	标准书号	书　名	主　编	定价
1	7-301-10511-5	离散数学	段禅伦	28	38	7-301-13684-3	单片机原理及应用	王新颖	25
2	7-301-10457-X	线性代数	陈付贵	20	39	7-301-14505-0	Visual C++程序设计案例教程	张荣梅	30
3	7-301-10510-X	概率论与数理统计	陈荣江	26	40	7-301-14259-2	多媒体技术应用案例教程	李　建	30
4	7-301-10503-0	Visual Basic 程序设计	闵联营	22	41	7-301-14503-6	ASP .NET 动态网页设计案例教程(Visual Basic .NET 版)	江　红	35
5	7-301-21752-8	多媒体技术及其应用(第 2 版)	张　明	39	42	7-301-14504-3	C++面向对象与 Visual C++程序设计案例教程	黄贤英	35
6	7-301-10466-8	C++程序设计	刘天印	33	43	7-301-14506-7	Photoshop CS3 案例教程	李建芳	34
7	7-301-10467-5	C++程序设计实验指导与习题解答	李　兰	20	44	7-301-14510-4	C++程序设计基础案例教程	于永彦	33
8	7-301-10505-4	Visual C++程序设计教程与上机指导	高志伟	25	45	7-301-14942-3	ASP .NET 网络应用案例教程(C# .NET 版)	张登辉	33
9	7-301-10462-0	XML 实用教程	丁跃潮	26	46	7-301-12377-5	计算机硬件技术基础	石　磊	26
10	7-301-10463-7	计算机网络系统集成	斯桃枝	22	47	7-301-15208-9	计算机组成原理	娄国焕	24
11	7-301-10465-1	单片机原理及应用教程	范立南	30	48	7-301-15463-2	网页设计与制作案例教程	房爱莲	36
12	7-5038-4421-3	ASP .NET 网络编程实用教程(C#版)	崔良海	31	49	7-301-04852-8	线性代数	姚喜妍	22
13	7-5038-4427-2	C 语言程序设计	赵建锋	25	50	7-301-15461-8	计算机网络技术	陈代武	33
14	7-5038-4420-5	Delphi 程序设计基础教程	张世明	37	51	7-301-15697-1	计算机辅助设计二次开发案例教程	谢安俊	26
15	7-5038-4417-5	SQL Server 数据库设计与管理	姜　力	31	52	7-301-15740-4	Visual C# 程序开发案例教程	韩朝阳	30
16	7-5038-4424-9	大学计算机基础	贾丽娟	34	53	7-301-16597-3	Visual C++程序设计实用案例教程	于永彦	32
17	7-5038-4430-0	计算机科学与技术导论	王昆仑	30	54	7-301-16850-9	Java 程序设计案例教程	胡巧多	32
18	7-5038-4418-3	计算机网络应用实例教程	魏　峥	25	55	7-301-16842-4	数据库原理与应用(SQL Server 版)	毛一梅	36
19	7-5038-4415-9	面向对象程序设计	冷英男	28	56	7-301-16910-0	计算机网络技术基础与应用	马秀峰	33
20	7-5038-4429-4	软件工程	赵春刚	22	57	7-301-15063-4	计算机网络基础与应用	刘远生	32
21	7-5038-4431-0	数据结构(C++版)	秦　锋	28	58	7-301-15250-8	汇编语言程序设计	张光长	28
22	7-5038-4423-2	微机应用基础	吕晓燕	33	59	7-301-15064-1	网络安全技术	骆耀祖	30
23	7-5038-4426-4	微型计算机原理与接口技术	刘彦文	26	60	7-301-15584-4	数据结构与算法	佟伟光	32
24	7-5038-4425-6	办公自动化教程	钱　俊	30	61	7-301-17087-8	操作系统实用教程	范立南	36
25	7-5038-4419-1	Java 语言程序设计实用教程	董迎红	33	62	7-301-16631-4	Visual Basic 2008 程序设计教程	隋晓红	34
26	7-5038-4428-0	计算机图形技术	龚声蓉	28	63	7-301-17537-8	C 语言基础案例教程	汪新民	31
27	7-301-11501-5	计算机软件技术基础	高　巍	25	64	7-301-17397-8	C++程序设计基础教程	郗亚辉	30
28	7-301-11500-8	计算机组装与维护实用教程	崔明远	33	65	7-301-17578-1	图论算法理论、实现及应用	王桂平	54
29	7-301-12174-0	Visual FoxPro 实用教程	马秀峰	29	66	7-301-17964-2	PHP 动态网页设计与制作案例教程	房爱莲	42
30	7-301-11500-8	管理信息系统实用教程	杨月江	27	67	7-301-18514-8	多媒体开发与编程	于永彦	35
31	7-301-11445-2	Photoshop CS 实用教程	张　瑾	28	68	7-301-18538-4	实用计算方法	徐亚平	24
32	7-301-12378-2	ASP .NET 课程设计指导	潘志红	35	69	7-301-18539-1	Visual FoxPro 数据库设计案例教程	谭红杨	35
33	7-301-12394-2	C# .NET 课程设计指导	龚自霞	32	70	7-301-19313-6	Java 程序设计案例教程与实训	董迎红	45
34	7-301-13259-3	VisualBasic .NET 课程设计指导	潘志红	30	71	7-301-19389-1	Visual FoxPro 实用教程与上机指导（第 2 版）	马秀峰	40
35	7-301-12371-3	网络工程实用教程	汪新民	34	72	7-301-19435-5	计算方法	尹景本	28
36	7-301-14132-8	J2EE 课程设计指导	王立丰	32	73	7-301-19388-4	Java 程序设计教程	张剑飞	35
37	7-301-21088-8	计算机专业英语(第 2 版)	张　勇	42	74	7-301-19386-0	计算机图形技术(第 2 版)	许承东	44

序号	标准书号	书　名	主　编	定价	序号	标准书号	书　名	主　编	定价
75	7-301-15689-6	Photoshop CS5 案例教程(第 2 版)	李建芳	39	84	7-301-16824-0	软件测试案例教程	丁宋涛	28
76	7-301-18395-3	概率论与数理统计	姚喜妍	29	85	7-301-20328-6	ASP. NET 动态网页案例教程(C#.NET 版)	江　红	45
77	7-301-19980-0	3ds Max 2011 案例教程	李建芳	44	86	7-301-16528-7	C#程序设计	胡艳菊	40
78	7-301-20052-0	数据结构与算法应用实践教程	李文书	36	87	7-301-21271-4	C#面向对象程序设计及实践教程	唐　燕	45
79	7-301-12375-1	汇编语言程序设计	张宝剑	36	88	7-301-21295-0	计算机专业英语	吴丽君	34
80	7-301-20523-5	Visual C++程序设计教程与上机指导(第 2 版)	牛江川	40	89	7-301-21341-4	计算机组成与结构教程	姚玉霞	42
81	7-301-20630-0	C#程序开发案例教程	李挥剑	39	90	7-301-21367-4	计算机组成与结构实验实训教程	姚玉霞	22
82	7-301-20898-4	SQL Server 2008 数据库应用案例教程	钱哨	38	91	7-301-22119-8	UML 实用基础教程	赵春刚	36
83	7-301-21052-9	ASP.NET 程序设计与开发	张绍兵	39					

北京大学出版社电气信息类教材书目(已出版)

欢迎选订

序号	标准书号	书　　名	主　编	定价	序号	标准书号	书　　名	主　编	定价
1	7-301-10759-1	DSP 技术及应用	吴冬梅	26	48	7-301-11151-2	电路基础学习指导与典型题解	公茂法	32
2	7-301-10760-7	单片机原理与应用技术	魏立峰	25	49	7-301-12326-3	过程控制与自动化仪表	张井岗	36
3	7-301-10765-2	电工学	蒋　中	29	50	7-301-23271-2	计算机控制系统(第 2 版)	徐文尚	48
4	7-301-19183-5	电工与电子技术(上册)(第2版)	吴舒辞	30	51	7-5038-4414-0	微机原理及接口技术	赵志诚	38
5	7-301-19229-0	电工与电子技术(下册)(第2版)	徐卓农	32	52	7-301-10465-1	单片机原理及应用教程	范立南	30
6	7-301-10699-0	电子工艺实习	周春阳	19	53	7-5038-4426-4	微型计算机原理与接口技术	刘彦文	26
7	7-301-10744-7	电子工艺学教程	张立毅	32	54	7-301-12562-5	嵌入式基础实践教程	杨　刚	30
8	7-301-10915-6	电子线路 CAD	吕建平	34	55	7-301-12530-4	嵌入式 ARM 系统原理与实例开发	杨宗德	25
9	7-301-10764-1	数据通信技术教程	吴延海	29	56	7-301-13676-8	单片机原理与应用及 C51 程序设计	唐　颖	30
10	7-301-18784-5	数字信号处理(第 2 版)	阎　毅	32	57	7-301-13577-8	电力电子技术及应用	张润和	38
11	7-301-18889-7	现代交换技术(第 2 版)	姚　军	36	58	7-301-20508-2	电磁场与电磁波（第 2 版）	邬春明	30
12	7-301-10761-4	信号与系统	华　容	33	59	7-301-12179-5	电路分析	王艳红	38
13	7-301-19318-1	信息与通信工程专业英语（第 2 版）	韩定定	32	60	7-301-12380-5	电子测量与传感技术	杨　雷	35
14	7-301-10757-7	自动控制原理	袁德成	29	61	7-301-14461-9	高电压技术	马永翔	28
15	7-301-16520-1	高频电子线路(第 2 版)	宋树祥	35	62	7-301-14472-5	生物医学数据分析及其 MATLAB 实现	尚志刚	25
16	7-301-11507-7	微机原理与接口技术	陈光军	34	63	7-301-14460-2	电力系统分析	曹　娜	35
17	7-301-11442-1	MATLAB 基础及其应用教程	周开利	24	64	7-301-14459-6	DSP 技术与应用基础	俞一彪	34
18	7-301-11508-4	计算机网络	郭银景	31	65	7-301-14994-2	综合布线系统基础教程	吴达金	24
19	7-301-12178-8	通信原理	隋晓红	32	66	7-301-15168-6	信号处理 MATLAB 实验教程	李　杰	20
20	7-301-12175-7	电子系统综合设计	郭　勇	25	67	7-301-15440-3	电工电子实验教程	魏　伟	26
21	7-301-11503-9	EDA 技术基础	赵明富	22	68	7-301-15445-8	检测与控制实验教程	魏　伟	24
22	7-301-12176-4	数字图像处理	曹茂永	23	69	7-301-04595-4	电路与模拟电子技术	张绪光	35
23	7-301-12177-1	现代通信系统	李白萍	27	70	7-301-15458-8	信号、系统与控制理论(上、下册)	邱德润	70
24	7-301-12340-9	模拟电子技术	陆秀令	28	71	7-301-15786-2	通信网的信令系统	张云麟	24
25	7-301-13121-3	模拟电子技术实验教程	谭海曙	24	72	7-301-23674-1	发电厂变电所电气部分(第 2 版)	马永翔	48
26	7-301-11502-2	移动通信	郭俊强	22	73	7-301-16076-3	数字信号处理	王震宇	32
27	7-301-11504-6	数字电子技术	梅开乡	30	74	7-301-16931-5	微机原理及接口技术	肖洪兵	32
28	7-301-18860-6	运筹学(第 2 版)	吴亚丽	28	75	7-301-16932-2	数字电子技术	刘金华	30
29	7-5038-4407-2	传感器与检测技术	祝诗平	30	76	7-301-16933-9	自动控制原理	丁　红	32
30	7-5038-4413-3	单片机原理及应用	刘　刚	24	77	7-301-17540-8	单片机原理及应用教程	周广兴	40
31	7-5038-4409-6	电机与拖动	杨天明	27	78	7-301-17614-6	微机原理及接口技术实验指导书	李干林	22
32	7-5038-4411-9	电力电子技术	樊立萍	25	79	7-301-12379-9	光纤通信	卢志茂	28
33	7-5038-4399-0	电力市场原理与实践	邹　斌	24	80	7-301-17382-4	离散信息论基础	范九伦	25
34	7-5038-4405-8	电力系统继电保护	马永翔	27	81	7-301-17677-1	新能源与分布式发电技术	朱永强	32
35	7-5038-4397-6	电力系统自动化	孟祥忠	25	82	7-301-17683-2	光纤通信	李丽君	26
36	7-301-24933-8	电气控制技术(第 2 版)	韩顺杰	28	83	7-301-17700-6	模拟电子技术	张绪光	36
37	7-5038-4403-4	电器与 PLC 控制技术	陈志新	38	84	7-301-17318-3	ARM 嵌入式系统基础与开发教程	丁文龙	36
38	7-5038-4400-3	工厂供配电	王玉华	34	85	7-301-17797-6	PLC 原理及应用	缪志农	26
39	7-5038-4410-2	控制系统仿真	郑恩让	26	86	7-301-17986-4	数字信号处理	王玉德	32
40	7-5038-4398-3	数字电子技术	李　元	27	87	7-301-18131-7	集散控制系统	周荣富	36
41	7-5038-4412-6	现代控制理论	刘永信	22	88	7-301-18285-7	电子线路 CAD	周荣富	41
42	7-5038-4401-0	自动化仪表	齐志才	27	89	7-301-16739-7	MATLAB 基础及应用	李国朝	39
43	7-5038-4408-9	自动化专业英语	李国厚	32	90	7-301-18352-6	信息论与编码	隋晓红	24
44	7-301-23081-7	集散控制系统(第 2 版)	刘翠玲	36	91	7-301-18260-4	控制电机与特种电机及其控制系统	孙冠群	42
45	7-301-19174-3	传感器基础(第 2 版)	赵玉刚	32	92	7-301-18493-6	电工技术	张　莉	26
46	7-5038-4396-9	自动控制原理	潘　丰	32	93	7-301-18496-7	现代电子系统设计教程	宋晓梅	36
47	7-301-10512-2	现代控制理论基础(国家级十一五规划教材)	侯媛彬	20	94	7-301-18672-5	太阳能电池原理与应用	靳瑞敏	25

序号	标准书号	书　　名	主　编	定价	序号	标准书号	书　　名	主　编	定价
95	7-301-18314-4	通信电子线路及仿真设计	王鲜芳	29	130	7-301-22111-2	平板显示技术基础	王丽娟	52
96	7-301-19175-0	单片机原理与接口技术	李　升	46	131	7-301-22448-9	自动控制原理	谭功全	44
97	7-301-19320-4	移动通信	刘维超	39	132	7-301-22474-8	电子电路基础实验与课程设计	武　林	36
98	7-301-19447-8	电气信息类专业英语	缪志农	40	133	7-301-22484-7	电文化——电气信息学科概论	高　心	30
99	7-301-19451-5	嵌入式系统设计及应用	邢吉生	44	134	7-301-22436-6	物联网技术案例教程	崔逊学	40
100	7-301-19452-2	电子信息类专业 MATLAB 实验教程	李明明	42	135	7-301-22598-1	实用数字电子技术	钱裕禄	30
101	7-301-16914-8	物理光学理论与应用	宋贵才	32	136	7-301-22529-5	PLC 技术与应用(西门子版)	丁金婷	32
102	7-301-16598-0	综合布线系统管理教程	吴达金	39	137	7-301-22386-4	自动控制原理	佟　威	30
103	7-301-20394-1	物联网基础与应用	李蔚田	44	138	7-301-22528-8	通信原理实验与课程设计	邬春明	34
104	7-301-20339-2	数字图像处理	李云红	36	139	7-301-22582-0	信号与系统	许丽佳	38
105	7-301-20340-8	信号与系统	李云红	29	140	7-301-22447-2	嵌入式系统基础实践教程	韩　磊	35
106	7-301-20505-1	电路分析基础	吴舒辞	38	141	7-301-22776-3	信号与线性系统	朱明旱	33
107	7-301-22447-2	嵌入式系统基础实践教程	韩　磊	35	142	7-301-22872-2	电机、拖动与控制	万芳瑛	34
108	7-301-20506-8	编码调制技术	黄　平	26	143	7-301-22882-1	MCS-51 单片机原理及应用	黄翠翠	34
109	7-301-20763-5	网络工程与管理	谢　慧	39	144	7-301-22936-1	自动控制原理	邢春芳	39
110	7-301-20845-8	单片机原理与接口技术实验与课程设计	徐懂理	26	145	7-301-22920-0	电气信息工程专业英语	余兴波	26
111	301-20725-3	模拟电子线路	宋树祥	38	146	7-301-22919-4	信号分析与处理	李会容	39
112	7-301-21058-1	单片机原理与应用及其实验指导书	邵发森	44	147	7-301-22385-7	家居物联网技术开发与实践	付　蔚	39
113	7-301-20918-9	Mathcad 在信号与系统中的应用	郭仁春	30	148	7-301-23124-1	模拟电子技术学习指导及习题精选	姚娅川	30
114	7-301-20327-9	电工学实验教程	王士军	34	149	7-301-23022-0	MATLAB 基础及实验教程	杨成慧	36
115	7-301-16367-2	供配电技术	王玉华	49	150	7-301-23221-7	电工电子基础实验及综合设计指导	盛桂珍	32
116	7-301-20351-4	电路与模拟电子技术实验指导书	唐　颖	26	151	7-301-23473-0	物联网概论	王　平	38
117	7-301-21247-9	MATLAB 基础与应用教程	王月明	32	152	7-301-23639-0	现代光学	宋贵才	36
118	7-301-21235-6	集成电路版图设计	陆学斌	36	153	7-301-23705-2	无线通信原理	许晓丽	42
119	7-301-21304-9	数字电子技术	秦长海	49	154	7-301-23736-6	电子技术实验教程	司朝良	33
120	7-301-21366-7	电力系统继电保护(第 2 版)	马永翔	42	155	7-301-23754-0	工控组态软件及应用	何坚强	49
121	7-301-21450-3	模拟电子与数字逻辑	邬春明	39	156	7-301-23877-6	EDA 技术及数字系统的应用	包　明	55
122	7-301-21439-8	物联网概论	王金甫	42	157	7-301-23983-4	通信网络基础	王　昊	32
123	7-301-21849-5	微波技术基础及其应用	李泽民	49	158	7-301-24153-0	物联网安全	王金甫	43
124	7-301-21688-0	电子信息与通信工程专业英语	孙桂芝	36	159	7-301-24181-3	电工技术	赵　莹	46
125	7-301-22110-5	传感器技术及应用电路项目化教程	钱裕禄	30	160	7-301-24449-4	电子技术实验教程	马秋明	26
126	7-301-21672-9	单片机系统设计与实例开发(MSP430)	顾　涛	44	161	7-301-24469-2	Android 开发工程师案例教程	倪红军	48
127	7-301-22112-9	自动控制原理	许丽佳	30	162	7-301-24557-6	现代通信网络	胡珺珺	38
128	7-301-22109-9	DSP 技术及应用	董　胜	39	163	7-301-24777-8	DSP 技术与应用基础(第 2 版)	俞一彪	45
129	7-301-21607-1	数字图像处理算法及应用	李文书	48	164	7-301-24812-6	微控制器原理及应用	丁筱玲	42

相关教学资源如电子课件、电子教材、习题答案等可以登录 www.pup6.cn 下载或在线阅读。

扑六知识网(www.pup6.com)有海量的相关教学资源和电子教材供阅读及下载(包括北京大学出版社第六事业部的相关资源)，同时欢迎您将教学课件、视频、教案、素材、习题、试卷、辅导材料、课改成果、设计作品、论文等教学资源上传到 pup6.com，与全国高校师生分享您的教学成就与经验，并可自由设定价格，知识也能创造财富。具体情况请登录网站查询。

如您需要免费纸质样书用于教学，欢迎登陆第六事业部门户网(www.pup6.com)填表申请，并欢迎在线登记选题以到北京大学出版社来出版您的大作，也可下载相关表格填写后发到我们的邮箱，我们将及时与您取得联系并做好全方位的服务。

扑六知识网将打造成全国最大的教育资源共享平台，欢迎您的加入——让知识有价值，让教学无界限，让学习更轻松。

联系方式：010-62750667，pup6_czq@163.com，szheng_pup6@163.com，欢迎来电来信咨询。